아주 긴밀한 연결

아주 긴밀한 연결

유전자에서 행동까지 이어지는 뇌의 비밀

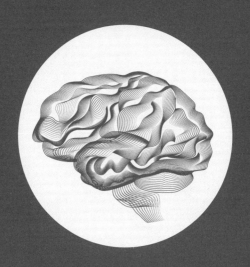

생각의힘

차례

프롤로그　유전자에서 행동까지 ···7

제1부　다윈에서 유전자 가위까지　　　유전학의 역사

1장　모든 것의 시작 ···35

2장　유전자의 내밀한 역사 ···63

3장　단순한 유전자가 그리는 복잡한 생명체 ···88

제2부　뇌에서 나를 발견하다　　　신경발생유전학

4장　뇌와 신경, 시작이 반이다 ···121

5장　나폴레옹도 앓았던 뇌전증 ···144

6장　자폐, 질환 혹은 개성 ···172

제3부　행동에서 인간을 마주하다　　　신경행동유전학

7장　엔그램, 숨겨진 기억의 저장소 ···199

8장　시간의 유전학 ···227

9장　노래 속의 신경과학 ···260

에필로그　유전학과 우생학 그 사이 어딘가 ···282

참고문헌　 ···315

유전자에서 행동까지

자라지 않는 아이

산다는 건 참 어렵다. 누구에게나 그렇다. 나보다 일이 잘 풀리는 사람들을 보면 가끔 부럽기도 하지만, 분명 그들에게도 내가 알지 못하는 자신만의 고충이 있을 테다. '살아 있다'는 행운을 누리는 우리는 모두 각자 합당한 짐을 짊어지고 살기 때문이다.

남부럽잖은 인생을 살아온 듯한 그도 다르지 않았다. 오랫동안 숨겨 와서 아무도 몰랐지만 많은 사람의 사랑과 존경을 받아온 그도 혼자만의 아픔을 품고 살아왔다. 심지어 그 아픔은 우리가 쉽게 상상할 수 없는 아주 큰 고통이었다.

그 아기는 그에게 어둠 속 빛과 같은 존재였다. 얼마 전까지만 해도, 사실 그의 삶에는 낙이란 게 없었다. 남편만 믿고 무려 태평양까지 건너왔건만, 정작 남편은 일에만 열정적일 뿐이었고 가정에는 큰 관심이 없었다. 마치 선교 활동에만 푹 빠져 가정을 돌보지 않았던 어릴 적 아버지의 모습을 보는 것 같아 더욱 마음에 들지 않았다. 그래서 여자라는 이유만으로 갖게 된 '벅'이라는 남편의 성도 싫었다. 상황이 이렇다 보니, 그는 삶이 행복하지 않았다. 하루하루가 지루하기만 했다. 그러나 아기가 생기고 모든 게 달라졌다. 아기의 파랗고 동그란 눈은 정말 아름다웠고, 아기를 보는 사람마다 그 사랑스러운 모습에 감탄했다. 행복했다. 아기와 함께하는 하루하루가 꿈처럼 느껴졌다. 그는 남은 인생을 하나뿐인 귀여운 딸을 위해 살겠다고 다짐했다. 그러나 안타깝게도 그의 인생에서 유일한 기쁨이었던 딸아이와의 행복한 시간은 그리 오래 이어지지 못했다.

아기가 태어나고 3년쯤 지난 후 그는 무언가 이상하단 것을 느꼈다. 아기가 말을 한마디도 못 했기 때문이다. 아기의 뇌와 지능에 문제가 있는 듯했다. 당시 중국에서 살던 그는 온 병원을 전전하며 아기를 치료해 줄 의사를 찾았다.

'내 아이는 어디가 아픈 것이죠? 원인이 무엇인가요? 내 딸을 치료해 줄 수 있는 의사, 아무도 없나요?'

밤낮 수소문을 했지만, 그 누구도 아기에게 문제가 생긴 이유를 명확히 설명하지 못했다. 그 와중에도 무심한 남편은 가없은 아내와 딸에게 큰 관심이 없었다. 결국, 그는 자신의 조국 미국으로 돌아가 딸을 치료해 줄 의사를 찾기 시작했다. 그러나 미국이라고 다를 건 없었다. 이번에도 의사들은 하나같이 원인을 알 수

아주 긴밀한 연결

없다는 말만 내놓을 뿐이었다. 심지어 어떤 의사는 조언이랍시고 치료를 포기하라는 말을 내뱉기까지 했다. 상황은 너무나 절망스러웠다.

그러나 그는 좌절하지 않았다. 대신 펜을 집어 들었다. 앞으로가 더 힘들 딸의 미래를 위해 스스로 돈을 벌어야겠다고 생각했기 때문이다. 그렇게 작가의 길에 들어섰으나 그리 쉬운 일은 아니었다. 어릴 때부터 중국에서 살았던 경험을 토대로 자전적인 소설을 썼지만, 여러 출판사에서 도대체 이런 글을 누가 읽겠냐는 조롱과 함께 퇴짜를 맞는 게 부지기수였다.

그렇게 몇 년이 지나고 1930년, 우여곡절 끝에 힘겹게 첫 소설이 출간되었다. 그리고 1년 후, 두 번째 소설이 세상에 나왔고 그의 인생은 곧바로 180도 뒤집혔다. 그에게 행운을 선물해 준 책의 제목은《대지The Good Earth》. 책이 나오기까지의 과정은 정말 험난했지만 막상 책이 출판되자 놀라울 정도로 엄청난 반향을 불러일으켰다. 그 책은 세계적인 인기를 누렸고, 그는 순식간에 유명 작가의 길에 들어섰다. 아픈 딸을 위해 글을 쓰기 시작한 어머니의 열정이 마침내 기적을 낳은 것이다. 안타깝게만 보이던 그의 인생이 드디어 꽃길로 접어드는 것 같았다.

그는 작가로 이름을 알리고 난 이후에 미국 내 아시아인 등 소수자를 위해 목소리를 내는 인권운동가로도 활동하기 시작했다. 아마도 치료가 어려운 정신질환으로 고통받는 딸을 보면서 사회적 약자들이 처한 현실에 대한 문제의식을 갖게 된 것이 아닐까 싶다. 그는 인생의 많은 부분을 약자의 편에서 싸우는 데 할애했고, 심지어 우리나라에도 혼혈아 입양을 돕는 재단을 설립했다.

이런 그에게도 아픈 딸의 존재를 공개적으로 세상에 알리는 건 쉽지 않은 선택이었나 보다. 당시에는 정신질환자를 바라보는 사회의 시선이 지금보다 더 매서웠다. 그래서였을까. 그는 오랫동안 자신에게 아픈 딸이 있다는 사실을 숨긴 채 살았다.

수십 년간 딸을 공개하지 않은 그는 60세가 다 되어서야 비로소 딸과의 이야기를 담은 수필집 《자라지 않는 아이The Child Who Never Grew》를 세상에 내놓으며 자신에게 아픈 딸이 있다는 사실을 고백한다. 그전까지는 소설 한 편으로 등단한 지 2년 만에 세계적인 소설가로 우뚝 선 그에게 이런 큰 아픔이 있었다는 사실을 아무도 알지 못했다. 그러나 모두의 동경을 받는 그에게도 삶의 어려움은 있었고, 평생 그 아픔을 짊어지고 노력한 끝에 위대한 소설가이자 인권운동가로 이름을 널리 알릴 수 있었다. 이 극적인 이야기의 주인공은 바로 펄 사이든스트리커 벅Pearl Sydenstricker Buck, 미국 최초로 노벨 문학상을 수상한 여성이다.

피할 수 없는 아픔

펄 벅의 딸을 평생 괴롭힌, 그리고 위대하게만 보이던 노벨상 수상자의 삶을 몹시 어렵게 한 질병의 이름은 페닐케톤뇨증

사진 1 펄 벅과 그의 딸 캐럴 벅(왼쪽),
그들의 이야기를 담은 수필 《자라지 않는 아이》(오른쪽)

phenylketonuria, 20가지 아미노산의 한 종류인 페닐알라닌phenylalanine
을 분해하는 성분이 몸에 없어 생기는 유전병이다.

유전병이란 말 그대로 유전에 의한 선천적인 질환인데, 안타
깝게도 태어날 때부터 운명처럼 환자를 괴롭히므로 노력한다고
피할 수 있는 일이 아니다. 펄 벅의 딸이 그러했듯이, 유전병 환자
들은 멀쩡히 태어났다가 점점 삶이 괴로워지기도 하고, 태어날 때
부터 생활에 큰 불편을 겪기도 한다. 따라서 무엇보다 빠른 시기
에 병을 진단하고 증상이 더 나빠지지 않게 관리하는 것이 매우
중요하다. 지금이야 발전한 의학 기술 덕분에 꽤 많은 유전병을
조기에 진단할 수 있지만, 안타깝게도 100년 전까지만 해도 인류
는 대부분의 유전병과 그 질환들의 진단과 치료 방법에 대해 알지
못했다. 아니, 이 질환들의 원인이 유전자에 있다는 사실조차 알
지 못했다. 당연히 환자들은 이유도 모른 채 그저 고통 속에서 살
아야만 했다.

펄 벅의 딸이 앓았던 페닐케톤뇨증의 경우는 그나마 비교적
일찍 원인과 치료법이 규명된 유전병에 속한다. 특히 정신적인 문
제를 유발하는 신경유전질환 중에서 그 원인이 가장 먼저 밝혀진
질환이다. 다른 질환보다 이 질환의 비밀이 조금 더 일찍 풀릴 수
있었던 것은 북유럽 출신의 한 의사가 질병 연구에 과학적인 접근
방식을 도입한 덕분이었다.

1934년, 노르웨이 오슬로대학교 병원의 의사 이바 아스비요
른 푈링Ivar Asbjørn Følling은 아픈 두 아이를 둔 어머니 보그니를 만

났다. 보그니의 아이들은 지적 장애를 앓고 있었다. "태어난 직후에는 아이들이 평범했는데, 어느 순간부터 지능에 문제가 있다는 걸 느꼈어요. 아, 그리고 특이한 점이 하나 있는데요. 둘째 아이가 한 살 때쯤부터 소변에서 아주 고약한 냄새가 나기 시작했어요. 그게 아이들의 상태와 뭔가 관련 있는 걸까요?"

보그니의 이야기를 들은 푈링은 아이들의 소변 냄새가 지적 장애와 연관되어 있을지도 모른다고 생각했다. 그래서 그는 냄새의 원인을 찾고자 두 아이의 소변을 분석했다. 의사로 일하고 있지만 원래 생화학을 전공한 과학자기도 했던 그는 다양한 방법으로 소변의 화학적 성분을 자세히 분석해 보았고, 마침내 지독한 냄새의 원인을 찾아냈다.

범인은 페닐피루브산phenylpyruvic acid이라는 성분이었다. 우리 몸을 구성하는 가장 중요한 성분 중 하나인 단백질은 아미노산이라는 기본 단위로 이루어진다. 단백질을 만드는 아미노산에는 총 20가지가 있는데, 그중 하나인 페닐알라닌이 분해되는 과정에서 만들어지는 부산물의 하나가 바로 페닐피루브산이다.

정상적인 사람의 혈액과 소변에는 페닐피루브산의 양이 아주 적다. 그러나 페닐알라닌을 분해하는 과정에 문제가 생기면, 원래 그 결과로 생겨야 할 물질을 대신해 페닐피루브산이 몸속에 점점 쌓이게 된다. 즉, 체내 페닐피루브산의 농도가 높게 나타나는 현상은 페닐알라닌의 대사 과정에 문제가 있다는 사실을 알려주는 중요한 척도인 셈이다.

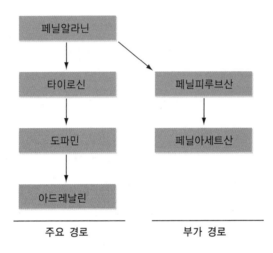

보통 사람의 경우 페닐알라닌이 대부분 주요 경로로 분해된다. 하지만 페닐케톤뇨증 환자들의 경우에는 페닐알라닌이 부가 경로로 처리되면서 다량의 페닐피루브산이 생성된다.

폴링은 두 아이의 대사 과정에 문제가 발생해 페닐알라닌을 제대로 분해하지 못하게 되었고, 그 결과로 아이들의 소변에서 페닐피루브산이 다량 검출된 것으로 추정했다. 그는 동료 의사들에게 자신의 발견을 알렸다. 그러자 동료들도 폴링처럼 담당 환자들의 소변 성분을 분석했고, 8명의 지적 장애 환자에게서 높은 농도의 페닐피루브산이 검출되었다. 페닐알라닌 대사 과정의 문제가 지적 장애를 유발할 수 있다는 증거가 발견된 것이다.

이후 연구를 통해 이 질환의 직접적인 원인이 페닐알라닌 분해 효소를 만드는 유전자의 이상이라는 사실이 밝혀졌다. 분해 효소에 문제가 생겨 페닐알라닌이 제대로 분해되지 않으면 독성 물질이 몸에 쌓인다. 이는 뇌의 발생 과정에 문제를 일으켜 소두증, 발작, 지적 장애, 행동 장애 등을 유발하게 된다. 노벨상 수상자 펄 벅의 딸이 말을 제대로 하지 못하고 지능이 낮았던 이유, 보그니의 두 아이 소변에서 쥐 오줌과 비슷한 독한 냄새가 났던 이유는 모두 페닐알라닌 분해 효소의 유전자가 지닌 치명적인 결함 때문이었다.

이렇게 페닐케톤뇨증이라 불리는 첫 번째 신경유전질환이 규명되었다. 이 질환의 원인이 페닐알라닌 분해 과정의 문제라는 것을 발견한 폴링은 현대 신경의학 분야의 선구자 중 한 명으로 여겨진다. 어떤 이는 그를 노벨상을 받지 못한 의과학자 중 가장 중요한 인물이었다고 말하기까지 했을 정도다. 하지만 정말 안타깝게도, 이토록 대단한 과학자 폴링조차 자신을 찾아와 첫 번째 신경유전질환이 밝혀지는 데 큰 공을 세운 어린 두 아이의 병을 치료하는 데는 실패했다. 보그니의 두 아이는 상태가 나아지지 않았고, 그중 한 명은 어린 나이에 세상을 떠나고 말았다. 유전병이라는 피할 수 없는 아픔이 얼마나 무서운지 알 수 있는 대목이다.

그래도 두 아이는 자신들과 똑같은 아픔을 가지고 태어난 이들에게 아주 큰 희망을 선물했다. 비록 자신들은 그 희망의 혜택을 누리지 못했지만, 이 두 작은 영웅 덕분에 수백만 명의 환자들이 행복한 삶을 살 수 있게 되었다. 폴링의 이 발견 이후에 손쉬운 페닐케톤뇨증 진단 기술이 등장했기 때문이다. 게다가 페닐케톤뇨증의 원인 규명을 시작으로, 여러 다른 신경유전질환의 숨겨진 비밀들도 하나둘 풀렸다. 드디어 인류가 오랜 기간 알게 모르게 우리를 괴롭혀 온 신경유전질환의 폭정에 맞서 반역을 꾀하기 시작했다.

그래도 희망

수많은 이들을 정신적, 육체적으로 괴롭히는 신경유전질환은 그 복잡성 때문에 완전히 정복하기가 쉽지 않다. 아니, 매우 어렵다. 그래도 인류는 포기하지 않고 이들과 힘겨운 싸움을 이어 가고 있다. 그리고 이제는 조금씩 그 성과를 거두고 있기까지 하다.

《자라지 않는 아이》의 저자 펄 벅은 뇌에 이상이 생긴 딸을 치료해 줄 의사를 찾아 밤낮을 가리지 않고 중국과 미국 두 나라를 돌아다녔지만 아무런 성과를 얻지 못했다. 당시에는 그의 딸을 치료할 방법이 세상 어디에도 없었기 때문이다. 그러나 지금은 상황이 달라졌다. 오늘날 페닐케톤뇨증은 더는 불치병이 아니다. 조금만 신경을 쓰면 얼마든지 이겨 낼 수 있는 극복 가능한 병이다.

페닐케톤뇨증의 치료법이 처음 알려진 때는 1954년으로, 꽤 오래전이다. 폴링이 이 병의 원인을 밝혀낸 게 1934년의 일이니, 병이 규명된 지 불과 20년 만에 굉장히 빠르게 치료법이 등장한

아주 긴밀한 연결

것이다. 그리고 놀랍게도 이 치료법은 누구나 생각할 수 있을 만큼 아주 쉽고 단순하다.

페닐케톤뇨증의 다양한 문제는 몸속에 있는 페닐알라닌이라는 아미노산이 분해되지 않는 데서 출발한다. 그럼 이 문제를 해결할 수 있는 가장 쉬운 방법은 뭘까? 그냥 페닐알라닌을 섭취하지 않는 것이다. 페닐알라닌을 먹지 않으면, 페닐알라닌을 제대로 분해하지 못해 몸에 독성 물질이 쌓이는 일도 없을 것이고, 그러면 당연히 그에 따르는 여러 가지 뇌의 이상 증상도 발생하지 않을 것이다. 이 단순한 발상을 토대로 호스트 비켈Horst Bickel, 존 제라드John Gerrard, 에블린 히크맨Evelyn Hickmans 세 사람은 페닐케톤뇨증 환자들의 식단에서 페닐알라닌을 줄이면 증상을 호전시킬 수 있다는 연구 결과를 발표했다. 이후 환자들에게 실제로 식이요법 치료가 적용되기 시작했고, 이 단순한 방식의 치료는 아직까지도 가장 효과적인 페닐케톤뇨증 치료법으로 널리 쓰인다.

여기서 아주 흥미로운 사실은 유전자의 결함으로 발생하는 몸의 문제를 식이요법이라는 행동 교정을 통해 치료할 수 있다는 것이다. 놀랍지 않은가?

우리가 일상에서 어떤 문제를 맞닥뜨리면 일단 그 문제의 원인을 먼저 파악한다. 무더운 여름날 선풍기가 작동하지 않는다면, 고장 난 이유를 먼저 찾아보는 것처럼 말이다. 왜 문제가 생겼는지를 이해해야 그 원인을 교정해 문제를 해결할 수 있으니, 당연한 이야기다. 선풍기 고장의 원인이 모터에 있다면 모터를 교체하면 된다. 원인이 콘덴서의 문제라면, 콘덴서를 바꿔 주면 된다. 일상 속 문제의 대부분은 원인을 파악하면 쉽게 해결할 수 있다.

그러나 때로는 이러한 근본적인 접근 방식이 효과적이지 않을 때도 있다. 바로 문제가 너무 복잡해 그 원인을 이해하기 어려울 때, 그리고 원인을 이해해도 그 원인을 바로잡아 결과를 바꾸는 게 쉽지 않을 때다. 이럴 때는 원인에 집착하기보다 그냥 문제 해결에만 집중하는 게 더 나을 수도 있다.

유전자의 문제를 행동으로 치료하는 것도 비슷한 맥락에서 이해할 수 있다. 페닐케톤뇨증의 경우, 페닐알라닌 분해 효소의 유전자 결함이 지적 장애와 같은 문제의 원인이라는 사실을 잘 알고 있다. 그러나 유전자 결함을 수정한다는 것은 그리 쉬운 일이 아니다.

생명공학 기술의 발달로 20세기 후반 정상적인 유전자를 몸에 주입해 유전병을 치료하는 이른바 유전자 치료gene therapy가 뜨겁게 관심을 받으며 등장했지만, 아쉽게도 명확한 한계가 있다. 유전자 치료의 효율을 높이기 위해서는 바이러스를 통해 정상 유전자를 인체에 주입해야 한다. 그러나 이런 방식의 치료는 바이러스에 의한 부작용의 가능성이 있다는 점에서 아주 위험하다. 부작용을 줄이기 위해 바이러스를 이용하지 않는 유전자 치료도 시도해 보았지만, 페닐케톤뇨증 치료에 그다지 효과적이지 못했다. 최근에는 크리스퍼CRISPR 유전자 가위 기술의 등장으로 이를 활용한 페닐케톤뇨증 유전자 치료 연구도 많이 진행되고 있으나, 얼마

아주 긴밀한 연결

나 효과가 있을지는 더 지켜봐야 한다.

종합하면, 페닐케톤뇨증의 원인을 수정해 병을 치료하는 건 정말 어려운 일이다. 그럼 이제 새로운 접근이 필요한 순간이다. 지금 우리가 난관에 봉착한 이유는 병의 원인이 쉽게 교정할 수 없는 유전자에 있기 때문이다. 그런데 병의 증상이 나타나는 걸 막기 위한 방법이 반드시 근본적인 원인을 공략해야 할 필요는 없지 않은가? 만약 원인이 결과로 이어지는 과정 사이에 있는 무언가를 조절해서 그 결과를 바꿀 수 있다면, 굳이 처음 문제의 시작이었던 유전자에 집착할 필요가 없다.

그렇게 생각해 낸 방법이 바로 식이요법이라는 행동치료이다. 지적 장애 등 행동 수준의 결과를 일으키는 페닐알라닌 분해 효소 유전자 결함을 직접 수정하는 것은 어려우니, 대신 뇌에 문제를 일으킬 가능성이 있는 페닐알라닌을 아예 섭취하지 않는 행동의 변화로 유전자의 문제를 교정하는 것이다. 식이요법으로 페닐케톤뇨증을 치료하는 것은 굉장히 손쉬운 접근 방식으로 보인다. 그러나 알고 보면, 유전자의 이상을 근본 원인이 아닌 그 이후 단계를 조절하는 방식으로 병에 대응하는 상당히 재미난 접근의 치료법이다.

이렇게 행동으로 병의 증상을 약화시키는 치료법은 페닐케톤뇨증 외에도 다양한 신경질환을 치료하는 데 이용되고 있다. 대표적으로 고지방, 저탄수화물, 저단백질 식단의 케톤 생성 식이요법은 무려 100년 전부터 발병 원리를 명확히 모르는 난치성 뇌

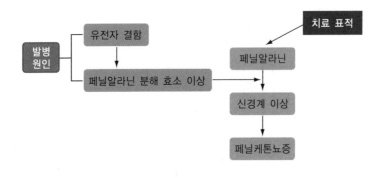

오늘날 페닐케톤뇨증 치료는 유전자 결함이라는 발병 원인 대신 페닐알라닌 섭취라는 행동 문제를 표적으로 삼는다.

전증 치료를 위해 쓰이고 있다. 마찬가지로 아직 원인이 구체적으로 규명되지 않은 자폐 스펙트럼 장애Autism spectrum disorder의 거의 유일한 치료법도 교육 치료, 언어 치료 등 행동 수준에서의 대응이다. 유전질환은 아니지만, 외상 후 스트레스 증후군 치료에도 안구운동 민감소실 및 재처리 요법eye movement desesitization and reprocessing, EMDR이라는 행동요법이 가장 널리 쓰이고 있다.

흥미롭게도 방금 소개한 뇌전증*, 자폐 스펙트럼 장애, 외상 후 스트레스 증후군은 모두 인류가 아직 병을 둘러싼 역학

---

*   과거에는 간질이라고 불리기도 했다. 간질 자체가 잘못된 용어는 아니지만, 사회적 편견이 심하고 간질이라는 용어가 주는 사회적 낙인 때문에 뇌전증이라는 용어로 변경되었다.

mechanism과 조성architecture을 완전히 이해하지 못한 어려운 병에 속한다. 사실 따지고 보면 거의 모든 신경유전질환이 그렇다. 우리 몸은 상당히 복잡한데, 그중에서도 뇌는 특히 더 복잡하다. 사실 우리가 뇌에 대해 알고 있는 지식은 빙산의 일각에 불과하다. 당연하게도 복잡한 뇌에 이상이 생겨 발생하는 신경질환의 원리에 대해서도 아는 게 많지 않다. 페닐케톤뇨증에 대해서는 그나마 페닐알라닌 분해 효소 유전자 결함이라는 명백한 원인이 밝혀져 있지만, 소아 난치성 뇌전증이나 자폐 스펙트럼 장애 등 그 밖의 많은 신경유전질환의 경우에는 도대체 우릴 어떻게 아프게 하는 것인지 그 원리조차 제대로 모른다. 페닐케톤뇨증은 원인을 직접 고치는 것이 어려워 행동치료를 시도했지만, 더 복잡한 다른 질환들은 그 원인조차 밝혀내지 못해서 근본적인 치료가 불가능한 상황이다.

우리가 이런 엄청난 상대들과 겨루면서 마치 고장 난 선풍기를 고치듯이 처음부터 원인을 완벽히 분석해 공략하려고 한다면, 100퍼센트 필패하고 말 것이다. 따라서 학자들은 모든 현상의 인과관계를 먼저 파악하기보다 일단 가장 쉽게 공략할 수 있는 대상을 먼저 파악하는 쪽을 선택했다. 이 선택은 옳았고, 그렇게 그들은 비교적 만만한 상대인 행동을 교정하는 치료법들을 찾아냈다.

물론 행동치료가 완벽하지는 않다. 여기에도 단점은 있다. 발병 과정이 아주 복잡한 자폐 스펙트럼 장애나 뇌전증의 행동치료는 완전한 치료 전략이라기보다 어쩔 수 없는 현실적인 대안 정도로 받아들여지고 있다. 게다가 신경질환 대부분의 행동치료는 아직 정확한 생물학적 원리가 밝혀져 있지 않아서 그 효과 여부와 타당성에 대해 많은 의문이 제기되고 있기도 하다. 그나마 페닐케톤뇨증처럼 치료 원리가 명확한 병에는 행동치료가 효과적인 방법이긴 하나, 이 경우에도 반드시 성공하는 것은 아니다. 드물지만 때에 따라서는 식이요법 치료가 통하지 않는 페닐케톤뇨증 환자도 있다. 게다가 페닐알라닌이 많이 들어 있는 음식은 전부 피하다 보니 페닐케톤뇨증 환자들에게서는 빈번히 영양실조가 나타나고, 먹고 싶은 음식을 마음대로 먹을 수 없어 삶의 질도 현저히 떨어진다. 그래서 의학계는 식이요법을 대체할 수 있는 한 단계 더 개선된 페닐케톤뇨증 치료법을 찾아 지금도 고군분투하고 있다.

궁극적으로는 문제를 일으키는 페닐알라닌 분해 효소 유전자 결함이라는 원인을 직접 고칠 수 있는 방법이 나와야 한다. 마찬가지로 다른 질환들도 정확한 발병 원리를 이해하고, 이를 공략할 치료법이 등장해야 완전히 정복할 수 있다. 그러나 처음부터 모든 게 완벽할 수는 없지 않은가? 신경유전질환이 처음으로 밝혀진 지 아직 100년 정도밖에 지나지 않았다는 걸 고려하면 인류는 꽤 선전하고 있다. 아직은 미흡한 수준이지만 지금까지 찾아낸 신경유전질환의 행동치료는 분명히 효과가 있다.

특히 페닐케톤뇨증처럼 병의 인과관계를 꽤 자세히 파악하고 있는 경우에는 행동치료가 상당히 유용하게 쓰인다. 식이요법 치료로 모든 페닐케톤뇨증 환자를 완벽하게 치료할 수는 없지만 대부분의 경우 환자가 겪는 증상을 약화시키고 일상을 누릴 수 있게 도울 수 있다. 펄 벅의 딸이 지적 장애로 힘겹게 살았고 그 가족들도 어려움을 겪었던 것을 생각하면, 완전하게 나아질 수는 없다고 해도 치료가 가능하다는 것 자체가 정말 감사한 일이다. 과거에는 이유도 모른 채 피할 수 없는 아픔을 운명처럼 받아들여야 했으나 이제는 우리도 질병과 맞서 싸울 수 있는 무기를 갖추고 대적할 수 있게 되었기 때문이다. 물론 여전히 갈 길은 멀지만 이제는 그래도 희망이 보인다.

유전자, 시냅스, 그리고 행동

"선생님, 우리 진주 상태 어때요? 괜찮나요?"

"전체적으로 아주 건강해요. 음, 문제가 하나 있긴 합니다만 크게 걱정하실 필요는 없습니다. 금방 고칠 수 있어요."

"고쳐야 한다고요? 무슨 병이라도 있는 건 아니죠?"

"병은 병이긴 한데요. 그렇게 문제가 될 만한 건 아니에요. 안심하셔도 됩니다. 페닐케톤뇨증이라고 들어 보셨을 수도 있어요. 지적 장애를 유발할 수 있는 유전질환입니다. 아주 예전에는 원인조차 몰라서 전혀 손도 못 쓰고 아이 상태가 나빠지는 걸 지켜봐야만 했거든요. 그런데 요즘 시대가 어떤 시대입니까? 유전자 치료로 쉽게 고칠 수 있으니, 괜찮습니다. 여기 서명해 주시면 바로 치료에 들어갈 거에요. 실패할 확률도 거의 없고요. 진주 건강하게 잘 자랄 겁니다. 산모님, 걱정하지 마세요!"

"감사합니다, 선생님. 감사합니다."

의사는 뿌듯한 표정으로 발길을 돌렸다. 그리고 신경외과 건물 가장 꼭대기에 자리 잡은 자신의 연구실로 돌아가 외래 환자를 맞이할 준비를 했다. 오늘 만날 환자는 포근한 엄마 뱃속에서 무럭무럭 자라는 중인 캐럴이(태명). 크리스마스에 엄마 아빠를 찾아온 복덩이다.

"크게 문제는 없네요. 잘 치료되고 있습니다. 원래 국소 피질 이형성증 환우들은 뇌세포 모양도 특이하고 위치도 일반적이지 않거든요. 그래서 저번에 말씀드렸다시피, 태어난 이후에 난치성 뇌전증으로 이어져 심각한 발작을 일으킬 가능성이 아주 커요. 그런데 지금 캐럴이는 뇌 모양도 괜찮고, 아마도 별다른 문제없이 잘 자랄 것 같아요. 출산 이후에 다시 살펴봐야겠지만 괜찮을 겁니다. 만약 지금 치료가 잘 안 된 상태여도 태어난 이후에 약물 치료를 할 수 있으니, 아무 걱정 안 하셔도 돼요. 산모님 건강만 잘 챙기시면 캐럴이는 분명히 건강하게 태어날 겁니다. 조심해서 들어가시고, 2주 후에 다시 살펴볼게요."

먼 미래, 인류는 신경유전질환을 완전히 정복했다. 비교적 발병 원리를 쉽게 파악할 수 있었던 페닐케톤뇨증의 근본적인 치료법을 찾아낸 것은 물론이고, 병의 조성이 너무 복잡해 증상이 나타나는 과정조차 제대로 설명하지 못했던 소아 난치성 뇌전증을 빠르게 진단하고 손쉽게 치료할 수 있게 되었다. 이 모든 것이 유전자에서 행동까지 이어지는 뇌와 신경계의 비밀이 전부 풀린 덕분이다. 우리의 예상보다도 훨씬 똑똑했던 인류는 신경유전학 연구를 통해 신경유전질환을 둘러싼 유전자, 분자, 세포, 세포 네트워크 수준에서의 역학과 조성을 제대로 규명해 냈다. 덕분에 어떤 유전자의 문제가 분자 수준에서 어떤 효과를 일으키는지, 분자 네트워크의 변화가 세포와 조직 수준에서는 어떤 작용을 유도하는지, 그리고 최종적으로 이러한 생물학적 현상이 어떻게 사람의 행동과 신경질환 증상에 영향을 미치는지 파악할 수 있었다(그림 3 참조). 그리고 마침내 신경유전질환과의 힘겨운 전투에서 완전한 승리를 거둘 수 있었다.

그림 3   유전자에서 행동까지 이르는 여러 생물학적 수준

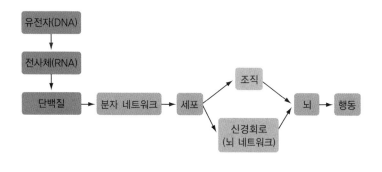

이런 날이 언젠가는 오게 될까? 글쎄, 쉽지는 않을 것이다. 페닐케톤뇨증의 유전자 치료쯤이야 충분히 가능할지도 모른다. 그러나 몇 마디 말로는 다 설명할 수 없을 정도로 복잡한 조성을 가지는 난치성 뇌전증이나 자폐 스펙트럼 장애를 완전히 정복하는 날은 어쩌면 영영 오지 않을 수도 있다. 그만큼 그 질환들은 어렵고 복잡하다. 그렇다고 포기할 수는 없지 않은가? 힘들더라도 차근차근 이 독한 놈들과 싸움을 이어 가야 한다. 치료법에 대한 힌트가 많이 부족한 신경유전질환들을 정복하기 위해서는 유전자에서 행동까지 이어지는 뇌 신경계의 작용을 훨씬 더 구체적으로 이해해야 한다.

특히 뇌 신경세포 네트워크를 잘 알아야 할 필요가 있다. 페닐케톤뇨증, 뇌전증, 자폐 스펙트럼 장애 등 대다수의 신경유전질환은 정신적인 문제를 동반하는데, 그 주된 원인이 대부분 뇌 신경세포 네트워크의 붕괴에 있기 때문이다.

뇌에 있는 신경세포는 서로 긴밀하게 연결되어 있다. 마치 우리가 악수하는 것처럼 세포들도 팔을 뻗어 서로 손을 잡고 있다. 그리고 이 연결이 이어져 구성되는 그들 간의 거대한 네트워크는 뇌의 기능적 단위로 작용한다.

어렸을 때 학교 수련회나 레크리에이션 행사에서 훌라후프 전달놀이를 해 본 적 있을 것이다. 대여섯이 서로 손을 잡은 채로 나란히 옆으로 선 후, 한쪽 끝 사람부터 반대쪽 끝 사람까지 손을 놓지 않은 채로 모두 훌라후프를 통과하면 성공하는 게임이다. 이

　　　　　　　　　　　　　아주 긴밀한 연결

놀이를 하는 사람들처럼 손에 손잡고 연결된 상태의 신경세포들은 우리 몸에서 주어진 자극에 적절히 반응하도록 신호를 잘 전달하는 것이 주된 역할이다. 이때 신호가 전달되는 방법은 훌라후프 전달놀이에서 훌라후프가 전달되는 과정과 매우 유사하다. 신호를 받은 세포가 자신의 몸 한쪽 끝부터 반대쪽 끝까지 신호를 전달한 후, 그쪽 손을 잡고 있는 다음 세포에게 신호를 넘기고, 그 세포가 또 자신의 몸 반대쪽 끝까지 신호를 전달한 후, 다시 다음 세포에게 이를 넘기는 방식으로 신호가 처리된다.

기억, 학습, 감정 생성, 자극에 의한 반응 등 우리가 흔히 뇌의 역할이라고 생각하는 모든 작용은 이 신호 전달, 즉 신경세포 네트워크 활동의 결과물이다. 당연히 이 핵심 구조가 무너지면 뇌가 제대로 기능할 리 없다. 그러므로 신경세포 네트워크의 붕괴는 신경유전질환의 여러 증상을 일으키는 직접적인 원인으로 작용한다.

따라서 단순히 생각하면, 신경유전질환이란 훌라후프 전달놀이에서 실패하는 상황과 매우 비슷하다. 어렸을 때 저 놀이를 했던 기억을 떠올려 보면 대부분 옆 사람의 손을 놓쳐서 실패했다. 마찬가지로 신경세포들의 연결 상태에 문제가 생기면 신경유전질환이 나타날 수 있다. 실제로 신경세포가 연결되는 부위인 시냅스synapse의 결함이 지적 장애, 사회성 부족, 발작 등 심각한 증상들을 유발할 수 있다는 사실이 아주 잘 알려져 있다. 그래서 많은 과학자들이 지금도 시냅스에 관심을 가지고 다양한 연구를 이

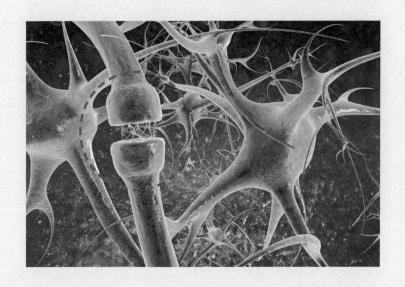

사진 2 　신경세포는 접합 부위인 시냅스(점선 동그라미)를 통해 전기·화학적 신호를 주고받으며 기억, 학습, 감정 생성, 자극에 의한 반응 등 뇌의 활동에 관여한다.

어 가는 중이며 이런 노력은 인류가 신경유전질환을 제대로 이해하는 데 크게 기여할 것이다.

나 그리고 우리

신경세포 네트워크와 시냅스에 관한 연구는 신경유전질환 정복에 아주 결정적인 역할을 할 것으로 기대된다. 그러나 뇌 네트워크를 이해하여 얻을 수 있는 통찰은 이뿐만이 아니다. 사실 뇌세포들이 서로 어떻게 연결되어 있는지 살펴보는 것은 '나'의 정체성을 찾는 과정과도 아주 밀접하게 연관되어 있다.

신경세포들의 연결 상태는 살아가는 동안 계속 변화한다. 우리가 어떤 활동을 하거나 생각을 하고 감정을 느낄 때마다 세포들은 팔을 뻗어서 다른 세포와 새로운 연결을 만들거나 혹은 원래 있던 연결을 해제한다. 이때 어느 세포가 어떤 다른 세포와 연결되느냐는 그 세포의 주인이 어떤 경험을 했느냐에 따라 결정이 된다. 즉 신경세포의 연결이 생성되고 해제되는 행위는 그 사람의 경험을 기록하고 기억을 구성하는 과정이다. 따라서 신경세포 네트워크는 우리가 살면서 해 온 모든 경험과 그중 머릿속에 남아 있는 기억을 담고 있는 저장소 역할을 한다.

혹시 어느 집 아들이 자르고 버린 손톱 조각을 주워 먹은 쥐가 손톱의 주인과 똑 닮은 사람이 되어 주인 행세를 하는 옛날이야기를 들어 본 적 있는가? 이 이야기에 등장하는 주인공의 부모는 진짜를 가려내기 위해 두 사람에게 가족과 관련된 질문을 던진다. 누가 원래 아들의 기억을 가졌는지 검증해 진짜와 가짜를 구별하기 위해서다.

이 이야기 속 부모처럼 사람들은 자아를 정의할 때 지금까지 자신이 해 온 모든 경험과 그중에서도 내 머릿속에 남아 있는 기억을 가장 중요하게 여긴다. 이런 관점에서 본다면 기억이 저장된 신경세포 네트워크를 곧 우리의 자아라 부를 수 있다. '나'의 정체는 다름 아닌 뇌의 세포 네트워크에 숨겨져 있는 것이다.

그러나 어떤 사람들에게는 이렇게 '나를 구성하는 네트워크'를 통해 '나'를 생물학적으로 정의하는 것이 별로 익숙하지 않을 수도 있다. 아마 이보다 더 쉽게 자신의 정체성을 정의하는 방법은 '내가 구성하는 네트워크'로 접근하는 방식일 거다. 많은 이들이 대한민국 국민, ○○시민, ○○회사 사원, 연구소의 과학자, 부모님의 자녀, 내 남편의 아내 등 내가 속한 공동체의 일원으로 자신을 소개한다. 내가 구성하고 있는 네트워크에서 내가 어떤 역할을 하고 있는지, 즉 사회에서 자신이 어떤 지위에 있는지를 통해 정체성을 찾는 것이다.

종합하면, 나의 정체는 '나를 구성하는 (뇌) 네트워크'와 '내가 구성하는 (사회) 네트워크' 두 가지 관점에서 찾을 수 있다. 이렇게 보니 문득, 산다는 건 누구에게나 어려운 일이지만, 신경유전질환에 고통받는 이들에게는 훨씬 더 어려울 거라는 생각이

든다. 신경유전질환은 두 가지 관점의 나를 모두 잃게 만드는 병이기 때문이다.

신경유전질환은 한 인격을 구성하는 뇌 신경세포 네트워크를 망가뜨린다. 네트워크를 구성하는 신경세포 혹은 신경세포들이 서로 연결되는 시냅스에 문제를 일으켜 뇌가 제 기능을 제대로 하지 못하게 한다. 이런 병을 가진 이들에게는 자신의 정체성을 찾는 것이 더 어려울 수밖에 없다.

게다가 이 무서운 병은 사회 네트워크를 구성하기 어렵게까지 만든다. 정신적인 문제를 가진 사람들은 사회에 쉽게 적응하지 못한다. 이들의 사회성 부족도 그 한 가지 이유이겠지만 더 큰 문제는 그들을 바라보는 사회의 시선이다. 문학 작가보다 오히려 소수자 인권을 위해 싸운 인권운동가로 이름을 남긴 펄 벅조차 자신의 딸이 정신적 문제를 가지고 있다는 사실을 아주 오랜 기간 숨겼다. 다른 사람들의 시선 때문에 말이다. 그로부터 수십 년이 흘렀고 그 사이에 사회는 많이 바뀌었지만, 여전히 펄 벅의 딸과 같은 아픔을 가진 이들이 세상에 나오는 건 쉽지 않은 일이다.

사실 생물학적 결함이 환자들의 삶을 특별히 어렵게 만드는 건 아니다. 산다는 건 누구에게나 어려운 일이고, 다들 저마다의 이유로 삶의 어려움을 느낀다. 병에 따르는 여러 정신적, 신체적 증상도 남들과는 조금 다른 삶의 어려움 중 하나일 뿐이다. 신경유전질환을 겪는 이들이 겪는 진짜 어려움은 이런 직접적인 증상이 아니라, 이들이 구성하는 네트워크, 즉 사회 공동체가 이들의 아픔에 공감하지 못해 오히려 그들을 소외시킨다는 사실일지도 모른다.

이런 아픔이 치유되지 않으면, 유전자에서 행동까지 이어지는 우리 몸의 비밀을 과학적으로 완전히 풀어낸다 해도 신경유전 질환의 반밖에 고칠 수 없다. 나머지 반, 사회적인 아픔도 함께 해결하기 위해서는 병에 고통받는 사람들이 사회에 진출해 차별받지 않고 다름을 인정받으며 살아갈 수 있는 환경이 만들어져야 한다. 신경유전학 연구가 질환의 생물학적 원인을 치료하는 데만 집중하지 않고, 환자들에 대한 사회의 인식과 문화를 함께 바꿔가야 하는 이유이다.

의학의 발달로 과거에는 신의 저주로 여겨지던 병들이 이제는 충분히 극복 가능한 가벼운 질환이 되었고, 또 치료해야 할 병으로 여겨지던 것들의 일부가 인간의 다양성을 보여주는 개성으로 받아들여지게 되었다. 신경유전학은 앞으로도 이렇게 피할 수 없는 아픔에 고통받는 이들이 자신의 정체성과 권리를 찾아갈 수 있게 도울 것이다. 그리고 언젠가는 이러한 과학의 지혜가 쌓여서 삶의 어려움을 겪고 있는 모든 사람이 행복을 누리면서 살아갈 수 있도록 돕기를 바라며, 오늘도 과학자들은 복잡한 뇌에 숨겨진 비밀을 풀기 위해 실험실로 향하고 있다.

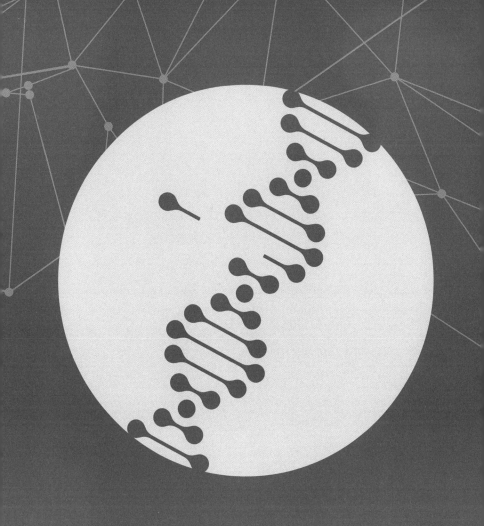

1부 유전학의 역사

다윈에서 유전자 가위까지

1장
모든 것의 시작

변화를 동반한 계승

'드디어 고향에 돌아왔다. 무려 5년 만이다! 오랜만에 만나니 가족들이 참 반갑다. 그사이 다들 더 멋있어졌다. 쏟아지는 빗줄기도 마음에 든다. 세계 일주를 하는 동안에 이 우중충한 잉글랜드의 하늘이 얼마나 그리웠는지 모른다. 이번 항해는 새로운 경험을 통해 성장할 수 있었던 소중한 시간이었지만 역시 제일 편한 건 집이다. 마음 같아서는 이곳에서 1년이고 2년이고 계속 머물고 싶다.

하지만 그럴 수는 없다. 5년 전 내가 배에 오를 수 있게 도와준 헨슬로 선생님이 나를 애타게 기다리고 있기 때문이다. 헨슬로 선생님께는 고마운 일이 참 많다. 아버지를 설득해 내가 박물학자로 비글호 항해에 합류할 수 있게 도와줬을 뿐 아니라, 항해 도중 짬짬이 보낸 편지를 모아 책으로 출판하여 나도 모르는 사이에 나를 유명인사로 만들어 주셨다. 내일 케임브리지에 도착하면 그동안 수집한 표본들을 선생님과 함께 분류하기 시작할 것이다. 나는 물론이고 선생님께도 유익하고 행복한 시간이 되었으면 좋겠다."

1836년, 비글호 항해를 무사히 마치고 영국으로 돌아온 찰스 다윈Charles Darwin은 가족들과 짧은 만남을 뒤로 한 채, 자신이 수집한 표본 분류 작업을 하기 위해 스승인 존 스티븐스 헨슬로John Stevens Henslow가 머무는 케임브리지로 떠났다. 그러나 또 다른 할 일이 있었던 다윈은 그곳에서도 오래 머무를 수 없었다. 아메리카 대륙에서 수집한 그의 표본 중에는 당시 영국에서는 쉽게 볼 수 없던 희귀한 자료들이 많았고, 정성스레 분류한 이 표본들을 자신보다 더 잘 연구해 줄 사람들을 찾아야 했다. 다윈과 동료들, 또 가족들은 여기저기 각 분야의 전문가들을 수소문했다. 얼마 지나지 않아 비글호 항해의 결과물들은 하나둘 자신을 빛내 줄 주인을 찾게 되었고, 해부학자 리처드 오웬Richard Owen에게 도착한 정체 모를 거대한 두개골도 그중 하나였다.

1832년인가 33년쯤 비글호를 타고 한창 세계 일주를 이어가던 다윈은 오늘날 아르헨티나의 수도 부에노스아이레스 부근의 한 해변에서 거대한 두개골 화석을 하나 발견했다. 다윈은 자신이

---

*   35쪽에서 38쪽 중 다윈이 생각하는 부분과 일부 대화는 독자들의 흥미를 위해 《비글호 항해기》를 바탕으로 재구성했다.

아주 긴밀한 연결

존경하던 선배 학자에게 당시 잘 나가던 해부학자 리처드 오웬을 소개받았고, 그에게 이 두개골을 자세히 분석해 달라고 부탁했다. 다윈의 이야기를 들은 오웬은 흔쾌히 수락했다.

얼마 후 무사히 분석이 끝났다. 오웬은 다윈에게 자신의 연구 결과를 설명해 주었고, 곧 다윈의 눈은 휘둥그레졌다.

"일단 이 두개골의 주인은 지금은 멸종된 것으로 보여요. 남아메리카에 사는 포유류 중에 이런 동물은 없습니다. 한 가지 재미있는 점은 이 두개골의 구조가 지금 현존하는 동물 중 나무늘보의 머리와 매우 비슷하다는 거예요. 어림잡아도 크기가 3미터는 되어 보이는 이 동물의 해부학적 구조가 비슷한 크기의 다른 포유류가 아니라 조그만 나무늘보와 유사하다는 건 참 재미있는 사실이네요."

오웬의 이야기를 들은 다윈은 아주 흥미로운 아이디어를 하나 떠올렸다.

'아니, 이 거대한 화석이 나무늘보의 머리와 해부학적 구조가 비슷하다고? 이 동물이 코끼리나 다른 몸집이 큰 포유류보다 나무늘보와 더 가까운 친척이란 얘긴가? 어떻게 이런 일이 가능하지? 정말 신기하군. 과거에 살았던 이 거대한 동물이 이제는 나무늘보로 변하기라도 했다는 것도 아니고……. 어? 잠시만, 만약 생물종이 변하는 게 가능하다면, 이 고대 동물의 외형이 오랜 시간을 거쳐 이제는 전혀 다른 모습인 나무늘보처럼 변했을 수도 있지. 어쩌면 충분한 시간만 주어진다면 생물종의 모습이 완전히 바뀌는 것도 가능하겠어. 우리 눈에 그 변화가 보이지 않는 이유는 변화의 속도가 너무 느려서일 테고 말이야. 이거 꽤 그럴싸한데?'

다윈은 거대한 고대 포유류의 해부학적 구조가 나무늘보와 비슷하다는 사실을 바탕으로 생물종의 특성이 처음 창조된 그대로 영원히 유지되는 것이 아니라, 긴 시간 동안 서서히 변할지도 모른다는 생각을 하게 된다. 이후 그는 다른 고대 종들의 화석으로부터 생명의 정보가 선조에서 자손에게로 전달되는 과정에서 정보의 '변화'가 나타난다는 사실을 뒷받침하는 여러 가지 증거를 발견했고, 이 이론에 더욱 확신을 갖게 된다. 물론 생물종이 변한다는 생각을 다윈이 처음 한 것은 아니었다. 당시 학자들은 이미 생명체에 변이가 존재한다는 사실을 알고 있었다. 그러나 신이 정해 준 원래의 모습에서 크게 벗어나는 변화는 결코 없을 것으로 생각했다. 하지만 충분한 시간만 주어진다면, 3.5미터의 고대 포유류가 50센티미터의 나무늘보로도 변할 수 있다는 사실을 알게 된 다윈은 '변화를 동반한 계승descent with modification'이 생명 다양성을 만들어 내는 핵심이라고 주장하게 된다.*

---

*   다윈은 원래 '진화evolution'라는 표현을 별로 좋아하지 않았다. 1859년 발표한 저서 《종의 기원The Origin of Species》에도 '진화'라는 단어는 등장하지 않는다. 대신 그는 '변화를 동반한 계승'이라는 직관적인 표현으로 생명체의 변이가 생명의 다양성을 끌어내는 현상을 설명했다.

아주 긴밀한 연결

사진 3 **멸종한 거대 나무늘보 중 하나인 메가테리움**

영국 자연사 박물관에 보관된 대표적인 거대 땅늘보 메가테리움 Megatherium의 화석. 다윈이 발견한 두개골 화석은 나무늘보와 친척뻘인 멸종 동물 땅늘보Ground Sloth의 한 종 'Scelidotherium'이다. 다윈의 초기 발견이후, 멸종된 다양한 땅늘보 종들이 더 밝혀졌는데, 그 크기가 1미터 정도의 작은 것에서부터 6~7미터 정도의 매우 큰 개체까지 다양하다.

차원이 다른 생각

여기까지가 다윈이 진화론을 확신하게 된 이야기다. 하지만 진짜 중요한 건 바로 그다음이다. 다윈의 가장 큰 업적은 단순히 진화 개념을 주장했다는 것이 아니라, 진화가 일어나는 구체적인 메커니즘을 제대로 설명했다는 데 있다. 다윈 이전에도 라마르크의 용불용설* 등 생명의 다양성을 설명하는 몇몇 진화이론들이 있었으나, 몇 가지 결정적인 오류가 있었다.

다윈 이전의 진화론자들 혹은 아직도 다윈의 진화론을 제대로 이해하지 못한 사람들은 생명의 진화를 1차원적으로 설명한다. 비유적인 표현이 아니라, 정말 '시간'이라는 한 가지 차원에서 모든 생물종을 줄 세우는 '진화의 사다리'로 생명의 역사를 이해한다(그림 4 왼쪽). 가장 원시적이라고 생각되는 박테리아에서 더 고등한 원시 포유류로 진화했고, 거기에서 또 원숭이로 진화했으며, 원숭이에서 사람으로 진화했다는 방식으로 말이다. 그러나 다윈은 이런 일차원적인 의견에 동의하지 않았다. 역사에 이름을 남긴 사람은 역시 다른 사람들과 차원이 달랐다. 그는 시간이라는 한 가지 차원에 집중하는 진화의 사다리에 '공간'이라는 또 하나

---

* '용불용설theory of use and disuse'은 많이 사용하는 기관은 발전하고 사용하지 않는 기관은 퇴화하여 생물종이 변한다는 이론이다. 프랑스 동물학자 라마르크와 찰스 다윈의 할아버지 에라스무스 다윈 등 초기 진화론자들이 주장했다.

아주 긴밀한 연결

그림 4 진화의 사다리 vs 진화의 나무

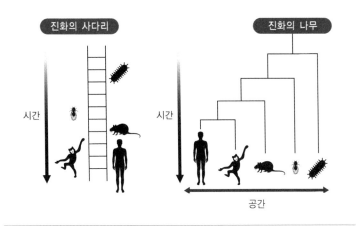

다윈 이전의 진화론은 생명 진화를 시간의 흐름에 따른 일차원적인 변화로 생각했지만(왼쪽), 다윈의 자연선택 이론은 시간의 흐름과 공간의 분리를 모두 고려했다(오른쪽).

의 차원을 더해 이차원적인 '진화의 나무' 개념을 만들었다(그림 4 오른쪽).

　다윈이 주장한 이 새로운 진화론은 갈라파고스 핀치새를 그 예로 든다. 비글호 항해 도중 여러 작은 섬이 모여 있는 갈라파고 스 군도에 갔던 다윈은 섬에 서식하고 있는 다양한 새들의 표본을 수집했다. 이후 다윈이 영국으로 돌아온 이후, 다른 표본들과 함께 새 표본도 전문가에게 전해졌는데, 이를 담당한 이는 존 굴드 John Gould라는 조류학자였다. 표본을 열심히 연구한 굴드는 다윈이 서로 다른 종이라고 생각했었던 갈라파고스 군도의 새들이 사실은 각기 다른 섬에 사는 12종의 핀치새라는 것을 알려 준다. 이

말을 들은 다윈은 깜짝 놀랐다. 아무리 봐도 생김새가 전혀 달라 보이는 12종의 새가 모두 가까운 친척이라는 사실을 믿을 수 없었다. 그러나 3.5미터의 고대 포유류와 오늘날 나무늘보의 사례에서처럼 군도 안의 서로 다른 섬에 사는 핀치새들도 외형적으로 큰 차이를 보였지만, 실제로는 서로 가까운 친척이었다. 이들이 서로 다른 생물종일 것이라 생각했던 다윈은 이번에도 또 한 번 겉모습에 현혹되어 속아 넘어간 셈이 됐다.

고대 포유류 화석이 '시간의 흐름'에 따라 생물종이 변할 수 있다는 사실을 보여 주었다면, 갈라파고스 군도의 핀치새들은 '공간의 분리'에 따라 생물종이 변할 수 있다는 사실을 보여 준다.

갈라파고스의 섬들은 기후와 환경이 조금씩 다르다. 그리고 각 섬에 사는 핀치새들의 특징은 섬의 환경적 요인과 밀접하게 연관되어 있다. 부리를 예로 들자면 열매가 풍부한 식물이 많은 지역에 사는 핀치새들은 과일을 먹는 데 적합한 큰 부리를 가지고 있고 씨앗을 먹는 핀치새는 부리가 다른 섬의 핀치새들보다 단단하다. 또 곤충을 잡아먹는 핀치새들은 자신이 먹는 곤충의 서식지와 특징에 알맞은 부리를 가지고 있다.

다윈은 이를 각 섬의 환경에 맞게 핀치새들의 외형적 특징이 변한 현상으로 생각했다. 원래는 비슷한 부리를 가졌던 핀치새들이 공간적으로 분리되어 각 섬에 살게 되면서 긴 시간 동안 각자의 생활 공간에 적합하도록 서서히 변한 것이라고 설명했다. 다시 말해 생명의 진화는 시간의 흐름에 따라 원시적인 생물에서 고

아주 긴밀한 연결

등한 생물로 변하는 일차원적인 현상이 아니라, 서로 다른 공간에서 살게 된 과거의 공통 조상이 시간의 흐름에 따라 그 환경에 적응해 가는 과정이라는 것이다. 더 정확하게는 공통 조상이 우연한 변화를 통해 특성이 바뀌면, 그중 환경에 가장 적합한 개체가 살아남아 정착하고, 이 과정에서 생물종이 사라지거나 새로 나타난다고 주장했다. 자연에 가장 적합하게 적응한 개체만이 살아남아 생물이 진화한다는 다윈의 이 이론을 자연선택natural selection이라 부른다.

이렇게 새로운 진화론이 세상에 등장했다. 다윈의 혁신적인 이론은 이후 인류 사회에 지대한 영향을 끼친다. 심지어 유전학도 바로 이때부터 태동한 학문이다. 지금까지 이야기를 들으며 왜 이렇게 갑자기 다윈과 진화론을 열심히 소개하는지 궁금했던 독자들도 있었을 텐데, 이유는 간단하다. 이 책에서 다루는 유전학의 모든 이야기가 바로 다윈으로부터 시작되었기 때문이다.

다윈으로부터 출발한 진화유전학은 시간이 흐르면서 실험실 밖에서 직접 자연과 부딪히는 진화생물학과 실험실 안에서 자연을 재현하는 분자유전학으로 갈라졌다. 그중 분자유전학 분야는 20세기 중반 급속도로 발전하며 유전자의 정체와 생명 유전의 원리를 하나둘 밝혀냈다. 그 덕분에 인간 유전학이 전성기를 맞이하기 시작한 1970년 즈음 드디어 신경유전학이 세상에 등장했다. 그렇게 시작된 신경유전학은 프롤로그에서 이야기했던 페닐케톤뇨증과 앞으로 만날 자폐 스펙트럼 장애, 난치성 뇌전증 등 심각한 신경유전질환을 이해하여 많은 사람들의 삶을 되찾아 주고 있으며, 사람의 행동과 심리에 숨어 있는 재미난 비밀을 하나둘 풀어 가고 있다.

지금부터는 다윈이 쏘아 올린 신호탄이 어떻게 오늘날의 신경유전학에까지 도착하게 되었는지 유전학의 역사를 천천히 쫓아가 볼 생각이다. 일단 이번 장에서는 다윈 이후 진화생물학과 분자유전학이 완전히 갈라서기 전까지의 이야기를 하려고 한다. 그리고 다음 장부터는 그 이후 지난 100년 동안 유전학의 눈부신 발전을 만나 볼 것이다.

맨 처음 신경유전학의 가장 깊은 뿌리에서부터 이야기해 보자. 모든 것의 시작은 다윈의 실수였다.

다윈의 실수

생명의 다양성을 '변화를 동반한 계승', 즉 진화로 설명하고, 그 구체적인 방법을 '진화의 나무', 즉 자연선택으로 설명한 다윈의 다음 목표는 더 작은 단위의 메커니즘을 설명하는 것이었다. 선조의 정보가 여러 세대를 거쳐 자손에게 전달되는 도중 나타나는 변화를 이해했으니, 이제 범위를 훨씬 좁혀 한 세대에서 일어나는 현상, 즉 부모에게서 자식에게로 정보가 직접 전달되는 유전에 집중한 것이다. 쉽게 말하면, 보통 자식들은 부모를 닮는데 도대체 어떻게 부모의 생명 정보가 자식에게 전달되는 것인지 알고 싶어 했다.

다윈은 생명체의 몸 곳곳에 있는 '제뮬gemule'이라는 물질이 자손에게 생명 정보를 전달해 준다고 생각했다. 그의 주장에 따르면 평소에는 부모의 몸에 퍼져 있는 제뮬은 번식할 때 생식세포로 모인다. 제뮬이 모여 있는 어미와 아비의 생식세포가 만나 자식이 만들어지면, 부모의 제뮬은 발생 과정에서 다시 자식의 몸 곳곳으로 퍼진다. 그리고 그 자식이 번식할 때가 되면 제뮬은 또 한 번 생식세포로 모여 그 정보를 다음 세대에 전달한다. 부모의 유전물질인 제뮬이 섞여 자식의 정보를 결정한다는 다윈의 이 유전이론을 '범생설pangenesis'이라고 부른다.

범생설은 진화의 기본 단위인 유전 현상을 설명할 수 있는

그림 5 범생설의 모식도

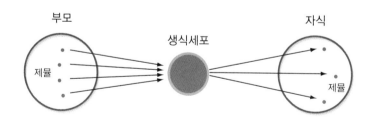

부모의 몸에 퍼져 있던 제뮬은 생식세포로 모였다가 다시 자식의 온몸으로 퍼져 나간다.

그럴싸한 가설로 보인다. 그러나 이 가설에는 결정적인 문제가 하나 있다. 바로 다윈 진화의 핵심인 변화를 설명하지 못한다는 것이다.

이 가설에 따르면 몸에 퍼져 있는 제뮬은 세대가 흐름에 따라 계속 섞이게 된다. 한 번 상상해 보자. 제뮬이 무채색으로 표현되는데 어머니의 제뮬이 검은색, 아버지의 제뮬이 흰색이라고 가정한다면 내 제뮬은 회색일 것이다. 그럼 내 배우자의 제뮬이 검은색이든 흰색이든 내 자식의 제뮬 역시 회색일 것이다. 물론 짙은 회색 혹은 옅은 회색으로 약간의 차이는 있을 것이다. 그러나 이 차이도 몇 세대가 지나면 다 섞여서 결국에는 모든 이들이 회색의 제뮬을 가지게 될 것이다. 다윈의 진화론에 따르면 생명의 정보가 전달되는 과정에서 나타나는 변화가 생물종을 더 다양하게 만드는데, 그의 범생설에 따르면 생명의 정보가 서로 섞여 모든 생명이 비슷한 형태를 띠게 된다. 완전히 반대의 결과가 나오는 셈이다.

이처럼 다윈의 범생설은 바로 자신의 진화론으로 반박당했다. 따라서 후대 학자들에게 인정받지 못했고 다윈의 열렬한 지지자들조차 범생설은 받아들이지 않았다. 심지어 대표적인 다윈의 추종자이자 그의 외사촌 동생인 프랜시스 골턴Francis Galton도 그의 유전가설에는 동의하지 않았다. 《종의 기원》을 읽고 유전을 통해 생명이 변할 수 있다는 것에 크게 감명받아 자신의 연구 분야를 인류학으로 바꿀 정도로 다윈을 존경했는데도 말이다.

아주 긴밀한 연결

골턴은 다윈과는 다른 자신만의 방식으로 부모의 정보가 자식에게 전달되는 유전 현상을 설명하기 위해 노력했다. 그리고 뜬금없겠지만 바로 이 대목에서 유전학의 역사가 시작된다.

골턴은《종의 기원》1장 '사육과 재배하에서 발생하는 변이'를 읽고, 크기가 큰 토마토를 선택적으로 재배해 슈퍼 토마토를 얻을 수 있는 것처럼 사람도 인위 선택을 통해 원하는 방향으로 진화시킬 수 있을 것이라는 생각을 떠올렸다. 저명한 학자 에라스무스 다윈Erasmus Darwin의 손자이자 찰스 다윈의 외사촌이던 그는 인류 사회가 자신의 가문처럼 우월한 사람들로만 구성되면 지금보다 훨씬 진보할 수 있을 것으로 생각한 것이다. 이를 위해 부적합한 이들을 말살하고 적합한 이들의 생존을 도와 유전적으로 인간을 개량하려는 '우생학eugenics'을 창시했다. 이 사상은 19세기 말부터 20세기 초까지 유럽 사회를 강타했는데 나중에는 나치의 유대인 학살에도 영향을 미친다.

우생학 그 자체로서는 과학적으로도 도덕적으로도 정말 크게 문제 있는 사상임에 틀림없다. 그러나 선한 의도에서 비롯한 행동이더라도 늘 좋은 결과를 낳는 것은 아니듯, 우생학이 우리 사회에 남긴 결과물 역시 전부 나쁜 영향만 있지는 않았다. 아이러니하게도 비과학의 대명사인 우생학 연구는 근대 학문, 특히 과학의 발전에 크게 이바지했다.

유전자를 이용해 인류를 개량하는 방법을 연구하다 보니, 우생학자들은 복잡한 집단을 단순한 변수들로 설명해야 할 필요가 있었다. 따라서 그들은 자연스레 복잡한 현상을 수치로 간단히 표현하는 통계학에 관심을 두게 되었다. 그렇게 통계학은 20세기 초 우생학자들로부터 시작되었는데, 100년이 지난 오늘날에는 현대 과학과 사회학 연구에 매우 유용하게 활용되고 있다.

프랜시스 골턴과 그의 제자 칼 피어슨Karl Pearson은 변수 간의 연관성을 쉽게 살펴볼 수 있는 회귀 분석regression analysis과 상관 분석correlation analysis을 각각 만들었고, 이 두 통계 분석은 현대 과학에서 데이터 처리에 가장 흔하게 쓰이는 방법이다. 특히 세계 최초로 대학에서 통계학과를 설립하기도 한 칼 피어슨은 현대 수리통계학의 선구자로 평가받을 정도로 엄청난 수학자이다. 그런 그의 연구가 실은 다윈이 유전 현상을 잘못 설명하여 시작된 우생학에 뿌리를 두고 있다는 점은 참 재미있다. 가끔 다른 분야의 과학자들이 생명과학 분야는 수학이나 물리학보다 천재가 적지 않냐고 놀리기도 하는데, 이들이 수리통계학이 범생설이라는 다윈의 실수를 만회하는 과정에서 시작되었다는 걸 알게 되면 어떤 표정을 지을지 궁금하다.

우생학자들이 현대 과학에 남긴 공로는 이게 끝이 아니다. 20세기 초 우생학자들은 유전학이 세상에 등장할 수 있도록 일등 공신 역할을 했다. 앞으로 등장할 로널드 피셔Ronald Fisher와 토마스 헌트 모건Thomas Hunt Morgan 등 유전학의 선구자로 꼽히는 과학자 대부분이 우생학자였다. 흔히 우생학자라고 하면 나치의 만행에 동조한 악당 같은 과학자를 떠올리겠지만, 당시에는 우생학이

아주 긴밀한 연결

너무 당연한 사상으로 퍼져 있었다. 그래서 우리가 훌륭한 과학자라고 여기는 많은 이들이 우생학을 믿었고, 이를 바탕으로 연구를 진행했다. 훌륭한 과학자가 반드시 좋은 사람은 아니라는 사실을 알 수 있는 대목이다.

그럼 지금부터 본격적으로 다윈의 후계자, 우생학자들이 문을 연 현대 유전학의 탄생을 살펴보도록 하자. 주인공은 집단유전학의 선구자 로널드 피셔와 실험 유전학의 선구자 토마스 모건, 그리고 이들의 연구에 결정적인 영감을 준 그레고어 멘델Gregor Johann Mendel이다.

완두콩의 유전법칙

다윈의 뒤를 이어 생명의 유전과 진화를 연구한 우생학자들은 새로운 지식을 많이 발견했지만, 정작 다윈의 실수를 바로잡지는 못했다. 여전히 자연선택의 핵심인 생물이 '변화'하는 메커니즘을 설명하지 못했다. 이 문제에 대한 힌트는 뜬금없이 저 멀리 동유럽 오스트리아의 수도사 그레고어 멘델의 완두콩 연구에서 발견되었다.

다윈은 유전물질이 마치 물감처럼 우리 몸 곳곳에 퍼져 있다가 번식 때만 모인다고 주장했는데, 이 설명에 따르면 번식 때마다 유전물질은 서로 혼합되므로 생명의 다양성이 증가하기 어렵다. 이와 반대로 멘델은 유전물질이 셀 수 있는 '유전인자 hereditary factor'로 구성되고, 하나의 유전인자가 하나의 형질을 결정한다고 주장했다.

이러한 멘델의 주장은 자신의 완두콩 교배 실험 결과를 근거로 두고 있었다. 멘델은 보라색 꽃 완두콩과 흰색 꽃 완두콩을 교배시켰다. 그리고 자식 세대의 완두콩들이 모두 보라색 꽃을 피우는 현상을 관찰했다. 이 실험 결과는 부모의 유전물질이 혼합되어 다음 세대로 전달된다는 다윈의 범생설을 반박한다. 다윈의 이론에 따르면 멘델의 실험 결과는 보라색과 흰색이 섞인 연보라색 꽃을 피우는 완두콩이 나타났어야 했다. 그러나 예상과 다르게 자식 세대의 완두콩들은 모두 보라색 꽃을 피웠고, 멘델은 이를 바탕으로 새로운 유전법칙을 만들었다.

멘델은 다른 유전물질과 섞이지 않고 혼자만의 고유한 특성을 유지하는 입자 형태의 유전인자가 존재한다고 주장했다. 그리고 우리는 모든 유전인자를 어머니에게서 받은 것과 아버지에게서 받은 것 총 2개씩 가진다고 말했다. 이에 따르면, 보라색 꽃과 흰색 꽃 부모 사이에서 태어난 자녀 세대는 꽃을 보라색으로 피우는 유전인자와 흰색으로 피우는 유전인자를 각각 하나씩 가지게 된다.

여기서 주목할 점은 두 유전인자를 가진 완두콩들이 모두 보라색 꽃을 피웠다는 것이다. 멘델은 이를 통해 유전인자들 사이에 우열성이 존재한다고 주장했다. 여기서 우열이라는 단어가 더 좋고 더 나쁜 형질이나 더 강하고 더 약한 형질을 뜻하는 것은 결코 아니다. 그저 어머니와 아버지에게서 물려받은 유전인자가 서로 다를 때 자식에게는 둘 중 하나의 형질만이 나타나며, 어느 형질이 나타날지는 이미 정해져 있다는 의미일 뿐이다. 보라색 꽃과 흰색 꽃 부모 사이에서 태어난 자녀 세대는 무조건 보라색 꽃을 피우는 것처럼 말이다. 멘델은 두 형질 중 자녀에게 발현되는 형질을 우성, 발현되지 않는 형질을 열성이라 표현했다.

이후 여러 추가 실험을 진행한 멘델은 어머니와 아버지에게서 각각 물려받은 2개의 같은 유전인자는 생식 도중 분리되어 무작위로 하나만 자식에게 전달된다는 것을 알아냈다. 또 유전인자들은 분리될 때 서로 다른 유전인자의 분리에 영향을 주지 않고 독립적으로 행동한다는 사실도 발견했다.

이러한 멘델의 발견이 지금도 그대로 받아들여지고 있지는 않다. 자연에서 우열의 법칙, 분리의 법칙, 독립의 법칙 등으로 불리는 그의 이론이 모두 완벽하게 적용되는 유전 현상의 예시는 얼마 되지 않는다. 멘델의 실험모델이었던 완두콩은 운 좋게도 그 얼마 되지 않는 예시 중 하나였고, 덕분에 그는 복잡한 예외를 배제하고 깔끔하게 유전 현상을 설명할 수 있었다. 그리고 후배 학자들은 이를 바탕으로 멘델의 유전법칙에서 어긋나는 더 복잡한 현상들을 해석해 내며 부모의 유전인자가 자식에게 전달되는 체제를 구체적으로 이해하게 되었다.

이처럼 유전학의 탄생과 발전에 결정적인 역할을 한 멘델이지만 생전에 그는 그저 동유럽의 평범한 수도사에 불과했고, 안타깝게도 그의 이론은 세상에 알려지지 못한 채 오랫동안 묻혀 있었다. 그가 자신의 연구 결과를 처음 발표한 때가 1866년이고 그의 이론이 세상에 주목을 받게 된 때가 1900년경이니, 위대한 이론이 인정받기까지 거의 40년에 가까운 시간이 필요했던 셈이다. 멘델이 연구 결과를 발표했던 시기는 한창 다윈의 진화론으로 온 유럽이 떠들썩했다. 이때 사람들이 멘델의 유전법칙에 관심을 가졌더라면, 그래서 범생설이라는 다윈의 실수를 빠르게 고쳤더라면, 생명과학의 역사가 꽤 많이 바뀌었을지도 모른다. 그래도 다행인 점은 멘델의 연구가 완전히 잊혀지진 않았다는 것이다. 시간이 흐른 후 그의 이론은 다른 학자들에 의해 재발견되고 곧 정설로 자리 잡는다.

네덜란드의 식물학자이자 유전학자 휴고 드 브리스Hugo de Vries는 유전물질이 다윈의 주장대로 물감같이 흐르는 물질인지, 아니면 분리된 입자인지 알고 싶었다. 그래서 이를 확인하기 위해 식물 교배 실험을 여러 차례 진행했는데 유전인자가 입자 형태로 분리되어 있으며, 우리는 모든 유전인자를 어머니와 아버지에게서 각각 하나씩 물려받아 총 2개씩 가지고 있다는 결론에 도달한다. 눈치챘겠지만 앞에서 말한 멘델의 유전법칙과 똑같은 결론이다. 1899년 연구 결과를 책으로 출간한 드 브리스는 몇 년 후, 이미 수십 년 전에 자신과 같은 주장을 한 사람이 있었다는 것을 알게 된다. 그리고 다음 논문에서 자기 연구 결과가 이미 그레고어 멘델의 연구에서 밝혀진 사실이었다는 것을 인정한다.

비슷한 시기에 드 브리스 외에 다른 학자 두 명도 독립된 연구에서 멘델의 유전법칙을 재발견한다. 다윈의 범생설이 탐탁지 않던 학자들에게 유전인자라는 개념은 아주 그럴싸하게 들렸고, 이 새로운 유전이론은 점점 유명해지기 시작했다. 그리고 20세기 초 아예 멘델의 이론을 지지하는 학자들로 이뤄진 멘델학파가 구성되기에까지 이른다.

멘델학파는 당시 학계의 중심에 있던 생물계측학파와 첨예하게 대립했다. 생물계측학파는 다윈의 외사촌 프랜시스 골턴과 그의 제자 칼 피어슨 등 수학을 도구로 복잡한 유전 현상을 해석한 우생학자들을 말한다. 복잡한 유전 현상을 단순화하여 살펴봤던 이들은 멘델의 유전법칙에 집중하여서 한 세대 내에서 일어나는 단순한 유전 현상에 관심을 가진 멘델학파와 학문적 관점이 완전히 달랐다. 따라서 이들은 멘델의 이론을 제대로 인정하지 않았다. 심지어 생물계측학파의 대표적인 학자 칼 피어슨과 멘델의 뒤를 이어 '유전학genetics'이라는 용어를 처음 사용한 윌리엄 베이트슨William Bateson은 유전 메커니즘에 관한 공개 토론을 진행하기도 했다.

다행히 이들의 논쟁은 그리 오래 이어지지 않았다. 1930년 우생학자였던 로널드 피셔를 비롯해 몇몇 통계학자들이 집단유전학이라는 분야를 열었고, 집단유전학은 멘델 유전으로 다윈 진화를 깔끔히 설명해 냈다. 동시대의 두 위대한 과학자 다윈과 멘델의 이론이 드디어 합쳐진 것이다. 마침내 현대 유전학이 등장할 수 있는 모든 발판이 마련되었다.

다윈, 드디어 멘델과 만나다

멘델의 유전법칙을 재발견한 네덜란드의 휴고 드 브리스는 몇 년 후, 멘델의 원리를 바탕으로 진화 과정의 '변화'를 설명할 수 있는 새로운 모델을 제안한다. 다윈과 그의 후계자 우생학자들이 그토록 알고 싶어 했던 진화의 비밀을 풀어낼 힌트를 찾은 것이다. 드 브리스는 우연히 유전자에 갑작스러운 변이가 발생하면 개체의 특성이 변하고 새로운 종이 나타난다고 주장했다. 이 주장은 '돌연변이설mutation theory'라고 불린다.

드 브리스는 돌연변이가 항상 좋은 방향으로 나타나지는 않는다고 생각했다. 돌연변이가 생존과 번식에 결정적인 도움을 주기도 하지만, 때로는 생존에 치명적인 결함으로 작용할 수도 있다고 보았다. 돌연변이가 신이 의도한 방향대로 나타나는 게 아니라 우연히 발생하는 것이라면 당연히 유리한 돌연변이도 있고 불리한 돌연변이도 있을 것이기 때문이다. 만약 이 주장이 사실이라면, 환경에 적응하는 데 이익이 되는 돌연변이를 가진 개체는 다른 개체보다 더 잘 살아남을 것이다. 반면, 적응에 방해되는 치명적인 돌연변이를 가진 개체는 생존에 어려움을 겪어 생존율이 많

아주 긴밀한 연결

이 낮아질 것이다. 그러면 환경에 적합한 돌연변이를 획득해 형질이 변한 개체들은 자연선택되어 살아남고 나머지 개체들은 사라져 버려 생물종의 특성이 변하게 된다. 그리고 마침내 새로운 종이 나타날 것이다.

드 브리스의 돌연변이설은 현대진화생물학 이론이 발전하는 데 결정적인 영감을 줬다. 그의 말대로 우연히 개체에 돌연변이가 발생하고, 그중 환경에 적합한 돌연변이를 획득한 개체가 자연선택에서 살아남는 것은 생명 진화의 핵심 메커니즘 중 하나다.

물론 과거 이론들이 대부분 그러하듯이 드 브리스의 이론에도 사실과 다른 부분이 있다. 그는 돌연변이가 직접 새로운 종을 탄생시킬 수 있다고 보았다. 그러나 진화는 그렇게 급진적으로 일어나지 않는다. 실제 자연에서 돌연변이 하나로 종이 갑자기 변하는 마법 같은 일은 없다. 새로운 종의 탄생은 한순간에 발생하는 일이 아니라는 얘기다. 돌연변이에 의한 개체의 변화가 새로운 종의 등장으로까지 이어지려면 적어도 1만 세대 이상의 아주 오랜 시간이 필요하다.

드 브리스가 돌연변이의 영향을 과대 해석한 것은 아마 그가 한두 세대의 유전 현상만을 주목하여 연구한 멘델의 후계자이기 때문이지 않을까 싶다. 드 브리스는 아주 짧은 시간에 이루어진 유전 정보 전달을 살펴보았기 때문에 몇 만 년 단위의 진화를 직관적으로 이해하기는 어려웠을 것이다. 그래서였을까. 진화에 필요한 긴 시간을 간과한 드 브리스의 실수까지 보완해 생명이 변하는 과정을 좀더 정확하게 설명한 집단은 여러 세대에 걸친 훨씬 복잡한 유전 현상에 관심을 둔 우생학자들이었다.

통계유전학, 집단유전학 분야의 선구자로 여겨지는 로널드 피셔는 부모의 정보를 자손에게 전달해 주는 매개체가 연속적인 유전물질이 아니라 입자 형태의 유전자라는 멘델의 의견과 돌연 변이가 진화의 핵심이라는 드 브리스의 의견에 모두 동의했다. 그 는 이 이론들을 통해 다윈의 진화론을 구체적으로 설명할 수 있다 고 생각했다. 피셔는 이런 생각을 정리하여 1930년에《자연선택 의 유전학적 이론*The Genetical Theory of Natural Selection*》이라는 책을 출판했 고, 여기서 '멘델 유전학은 다윈 진화론을 입증한다'라는 역사적 인 말을 남긴다.

그림 6 진화유전학자 계보 I

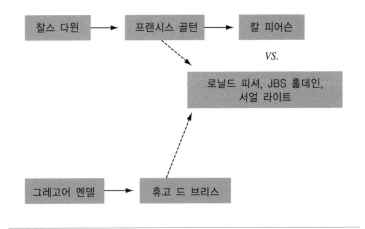

바로 이 문장에서 유전학의 아버지와 어머니라 해도 부족함이 없는 다윈과 멘델의 이론이 서로 만난다. 정확하게는 피셔의 연구와 다른 두 통계학자 서얼 라이트Sewell Wright, J. B. S. 홀데인 John Burdon Sanderson Haldane의 연구를 바탕으로 집단유전학 분야가 만들어졌고, 이 새로운 학문은 멘델의 유전법칙을 바탕으로 과거 다윈이 설명하지 못했던 진화의 핵심 요소인 '변화'가 나타나는 메커니즘을 깔끔히 그려 냈다.

실험실 밖 유전학

집단유전학은 수만 년 단위에서 생물종 변화를 설명한 다윈 진화와 한두 세대 수준에서 유전 정보의 흐름을 설명한 멘델 유전의 중간 단위에 해당하는 집단 수준의 유전적 특성 변화에 관심을 두었다. 피셔를 비롯한 집단유전학의 창시자들이 인간 집단을 개량하려는 우생학자였으니 당연히 그랬을 테다.

초기 집단유전학은 먼저 유전적 특성이 전혀 변하지 않는 안정적인 상태의 가상 집단을 가정했다. 본격적인 과학 용어를 빌려 오자면, 대립유전자allele의 빈도가 일정하게 유지되는 집단을 가정했다.

대립유전자란, 같은 성질을 결정하지만 서로 다른 형질을 발현하는 유전자들을 의미한다. 예를 들어, 완두콩에서 보라색 꽃을 만드는 유전인자와 흰색 꽃을 만드는 유전인자는 서로 대립유전자 관계이다. 대립유전자 빈도가 일정하게 유지된다는 것은 보라색 꽃을 피우게 만드는 대립유전자와 흰색 꽃을 피우게 만드는 대립유전자의 집단 내 비율이 처음 그대로 계속 유지된다는 뜻이다. 즉, 집단의 유전적 특성이 변하지 않고 유지된다는 것인데, 다른 말로 하자면 변화하지 않고 진화하지 않는 집단이라는 것이다.

대립유전자 개념은 유전학에서 상당히 중요하다. 다소 헷갈리는 내용이니 잘 기억해 두면 좋겠다. 완두콩 꽃의 색을 예시로 조금 더 자세히 살펴보자. 멘델의 이론에 따르면, 모든 완두콩은 꽃의 색을 결정하는 대립유전자를 2개 가진다. 하나는 아버지에게서 받고, 나머지 하나는 어머니에게서 받는다. 두 대립유전자가 모두 보라색이면 꽃은 보라색일 것이고, 흰색이면 그 꽃은 흰색일 것이다. 그리고 앞서 살펴본 우열의 법칙 때문에 보라색 대립유전자와 흰색 대립유전자를 하나씩 가지는 완두콩은 보라색 꽃을 피울 것이다.

그럼 여기에서 간단한 문제를 하나 풀어 보자. 어느 완두콩 집단의 꽃 색을 결정하는 대립유전자 빈도가 보라색 50퍼센트, 흰색 50퍼센트라면, 이 집단의 완두콩이 보라색 꽃을 피울 확률은 얼마일까? 정답은 '알 수 없다'이다. 어? 보라색과 흰색 대립유전자가 반반씩 있으면 보라색과 흰색 꽃이 필 확률 역시 반반이지 않냐고? 그렇지 않다. 바로 우열의 법칙 때문이다.

방금 이야기했듯이 모든 완두콩은 꽃 색을 결정하는 대립유전자를 2개씩 가진다. 만약 전체 완두콩의 50퍼센트가 2개의 대립유전자를 모두 보라색으로 가지고, 나머지 50퍼센트의 완두콩이 대립유전자를 모두 흰색으로 가진다면, 전체 대립유전자의 빈도역시 보라색 50퍼센트, 흰색 50퍼센트가 된다. 그리고 보라색과 흰색 꽃도 각각 50퍼센트씩 나타날 것이다(그림 7 왼쪽).

그러나 이 상황이 대립유전자의 빈도가 반씩 나오는 유일한 예시는 아니다. 모든 완두콩이 보라색 대립유전자와 흰색 대립유전자를 하나씩 가지는 잡종일 때도 전체 집단의 대립유전자의 빈도는 보라색 50퍼센트, 흰색 50퍼센트이다. 이 경우 우열에 법칙에 따라 모든 완두콩이 보라색 꽃을 피운다. 대립유전자의 빈도는

그림 7   대립유전자 빈도와 표현형 비율

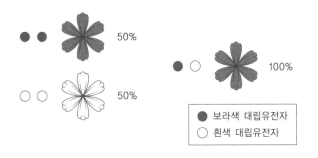

두 대립유전자를 모두 보라색으로 가지는 꽃이 50퍼센트(왼쪽 위), 모두 흰색으로 가지는 꽃이 50퍼센트(왼쪽 아래)일 때, 꽃의 색은 보라색 50퍼센트, 흰색 50퍼센트이다. 한편, 대립유전자를 보라색과 흰색 하나씩 가지는 꽃만 100퍼센트(오른쪽)일 때 꽃의 색은 100퍼센트 보라색이다. 하지만 이 두 경우 모두 대립유전자의 빈도는 보라색 50퍼센트, 흰색 50퍼센트이다. 이처럼 대립유전자 빈도와 표현형 비율이 항상 일치하지는 않는다.

50대 50인데, 꽃의 색은 100대 0의 비율이 나오는 신기한 상황이 펼쳐지는 것이다(그림 7 오른쪽).

이처럼 집단 내 대립유전자의 빈도, 즉 유전적 특성과 실제 개체 수준에서 발현되는 형질의 특성은 서로 일치하지 않는다. 이는 집단의 경우뿐만 아니라 개체의 특성에도 마찬가지로 적용된다. 우열의 법칙을 비롯한 다른 복잡한 이유로, 개체의 대립유전자만 보고 그 형질을 짐작하기는 쉽지 않기 때문이다. 따라서 우리는 유전적 특성과 형질을 서로 다른 개념으로 이해해야 한다. 이때 개체의 특정 성질을 결정하는 대립유전자의 상황을 유전자형genotype이라 부르며, 실제 개체에 나타나는 형질을 표현형phenotype이라고 부른다. 방금 이야기한 대로 이 둘은 직접 연관되어 있지 않으므로 복잡한 유전자형-표현형 관계genotype-phenotype correlation를 이해하는 것은 유전학의 핵심 과제 중 하나이다. 이에 대해서는 뒤에서 좀더 자세히 다룰 것이다.

그럼 다시 원래 이야기로 돌아와 집단유전학이 어떻게 멘델의 법칙으로 다윈 진화를 설명했는지 자세히 살펴보자. 대립유전자 이야기에 빠져 잘 기억이 안 날 수도 있는데, 우리는 직전까지 초기 집단유전학이 대립유전자가 일정하게 유지되는 안정적인 집단, 즉 유전적 특성이 변하지 않는 집단을 가정했다는 이야기를 하고 있었다. 이런 집단을 멘델의 모든 유전법칙이 그대로 적용되는 안정적인 집단이라는 뜻에서 '멘델 집단'이라 부른다.

집단유전학은 멘델 집단을 유지하는 몇 가지 조건이 무너지면 집단의 대립유전자 빈도가 변하고, 이 변화가 진화를 일으킬 것으로 보았다. 멘델 집단이 유지되지 못하게 하는 예시에는 다윈이 진화의 핵심 메커니즘으로 지목한 자연선택, 드 브리스가 강조한 돌연변이, 그리고 유전자 흐름 등이 있다.

집단의 대립유전자 빈도가 변한다는 것은 곧 집단 내에서 보라색 꽃 대립유전자와 흰색 꽃 대립유전자의 비율이 달라질 거라는 이야기이다. 어떤 이유로 이 집단이 흰색 꽃을 피우면 살아남기 힘든 환경에 처했다고 가정해 보자. 가령 이 집단이 서식하는 지역에 사는 초식동물들이 밝은색을 어두운색보다 더 잘 보는 것이다. 그러면 흰색 꽃이 주로 이들의 먹이가 될 것이고, 자연스레 보라색 꽃의 비율이 점차 높아질 것이다. 또 보라색 대립유전자의 빈도도 높아질 것이다. 그리고 이 유전적 변화가 긴 시간에 걸쳐 계속 쌓이면 결국에는 보라색 꽃을 피우는 완두콩만 남게 된다. 외부 환경의 선택으로 생물종의 특징이 완전히 바뀌게 되는 것이다. 이처럼 자연선택은 집단의 대립유전자 빈도를 변화시키는데 이 상황이 이어지면 생물종의 변화로 이어질 수 있다.

드 브리스가 좋아했던 돌연변이 역시 자연선택과 함께 멘델 집단의 안정적인 상태를 무너뜨릴 수 있는 아주 좋은 방법이다. 돌연변이는 쉽게 말해 흰색 꽃을 피우는 대립유전자가 우연히 보라색 꽃을 피우는 대립유전자로 바뀌는 현상이다. 따라서 돌연변이는 당연히 집단의 대립유전자 빈도를 변화시킨다. 돌연변이가 한 번 나타난다고 해서 종의 탄생이나 멸절을 불러올 수는 없겠지만, 작은 수준에서 집단의 대립유전자 빈도를 변화시킬 수는 있다. 그리고 이 변화가 긴 시간 동안 쌓이거나 자연선택과 함께 작용하면 생물종 수준의 엄청난 변화를 일으킬 수 있다.

이외에도 다양한 방법으로 멘델 집단의 대립유전자 빈도를 바꿀 수 있다. 예를 들어 보라색 꽃과 흰색 꽃이 각각 열 그루씩 피어있던 집단에 갑자기 보라색 꽃 완두콩을 다섯 그루 더 심는다면 또는 흰색 꽃 다섯 그루를 뽑아 버린다면, 당연히 집단의 유전적 특성이 변하게 된다. 이처럼 새로운 개체의 유입이나 유출 역시 집단의 진화에 결정적인 역할을 할 수 있다.

요약하면, 멘델의 유전법칙을 바탕으로 한 집단유전학은 자연선택, 돌연변이, 유전자 흐름 등의 방법으로 집단의 대립유전자 빈도가 변할 수 있다는 설명을 통해 다윈 진화의 핵심인 '변화'를 동반한 계승의 비밀을 풀어냈다. 덕분에 다윈의 실수가 해결됐고, 이제는 우리가 어떻게 부모님의 얼굴과 성격을 닮을 수 있는 것인지 이해할 수 있게 되었다. 다윈과 멘델의 이론이 세상에 등장한 지 반세기가 지나고서야 두 이론이 서로 만난 것이다. 마침내 현대 유전학이 그 모습을 어렴풋이 드러내기 시작했다.

2장
유전자의 내밀한 역사

과학이란 무엇일까

과학은 언제 시작됐을까? 어떤 이들은 고대 그리스 시절 아고라에 모인 사람들이 자유롭게 각자 의견을 말하고 서로 반박하던 민주적 토의가 그 출발이라고 말한다. 과학의 본질은 자유로운 논쟁인데, 인류의 역사에서 바로 그 장면이 처음 등장한 고대 그리스 철학이 과학의 시작점이라는 의견이다.

그러나 이 의견에 동의하지 않는 이들도 있다. 고대 그리스 철학자들이 펼쳤던 주장 대부분에는 확실한 근거가 없었기 때문이다. 그들은 세련된 언어로 논쟁했지만, 자기주장을 제대로 '팩트체크'하지는 않았다. 가령 우주가 물, 불, 흙, 공기로 구성된다는 아리스토텔레스의 4원소설에 어떤 사실적 근거가 있는가? 전혀 없다. 그냥 그렇게 생각한 것뿐이다. 그 당시 철학자들은 사람들이 혹할 만한 그럴싸한 이야기를 했을 뿐 자신의 주장에 물질적인 증거를 제시하지는 않았다. 따라서 증거를 기반으로 논리를 전개하는 현대 과학과는 많은 차이가 있고, 이 때문에 어떤 이들은 고대 그리스의 논쟁은 과학이 아니며, 진짜 과학의 시작은 그보다 훨씬 나중이라고 말한다.

고대 그리스를 과학의 시작으로 받아들이지 않는 이들은 주로 17세기 과학혁명 이후에 진짜 과학이 세상에 등장했다고 여긴다. 15~17세기 유럽 사회는 종교개혁, 르네상스 등을 거치면서 중세 봉건사회에서 벗어나 근대사회로 향하고 있었다. 그리고 이 흐름을 따라 인류의 과학기술도 크게 도약했다. 오랜 기간 쌓여온 교회의 모순을 드러낸 종교개혁은 중세 교회의 전통뿐만 아니라 중세를 지배했던 아리스토텔레스 사상도 함께 무너뜨렸고, 이는 새로운 과학이 등장할 기회를 제공했다. 또 고대 그리스 시대로의 회귀를 주장한 르네상스는 발전된 기술이 곁들여진 자유로운 토론을 끌어냈고, 이는 근대 과학이 형성되는 데 결정적인 역할을 했다.

이런 역사의 물결과 함께 진행된 과학혁명의 핵심은 과학이 아주 강력한 무기 두 가지를 획득한 것이었다. 두 무기 중 하나는 갈릴레오 갈릴레이가 우주 현상을 설명하는 데 활용한 '수학'이며, 나머지 하나는 복잡한 자연을 사람이 제어할 수 있는 책상 위로 가져와 재현하는 '실험'이다. 수학과 실험은 과학자들이 자신의 주장을 뒷받침하는 물질적 증거를 제시할 수 있게 해 주었다.

그 덕분에 과학은 드디어 제대로 된 시스템을 갖출 수 있었고, 코페르니쿠스의 지동설 주장을 시작으로 다양하고 새로운 관점과 기술들이 쏟아져 나왔다. 그리고 17세기 후반, 그 유명한 아이작 뉴턴이 수학과 실험이라는 강력한 무기를 적절히 활용해 만유인력의 법칙을 비롯한 역사적인 발견을 해내며 과학혁명이 완성되었다.

이후 수학과 실험은 갈릴레오와 뉴턴의 물리학뿐만 아니라 모든 과학 분야의 핵심 무기로 활용되기 시작한다. 19세기 다윈의 실수 이후 등장한 유전학 역시 이 강력한 두 무기를 발판 삼아 급속도로 발전할 수 있었다.

그렇다면 혹시 과학의 두 무기 중 수학을 아주 잘 활용해 복잡한 유전 현상을 훌륭히 설명해 낸 유전학자로 누가 있는지 알겠는가? 그렇다. 바로 앞에서 만나 봤던 골턴, 피어슨, 피셔 등 우생학자들이다. 이들은 통계학적 접근을 바탕으로 집단의 유전을 깔끔히 설명했다.

과학의 또 다른 무기, 실험을 잘 활용해 유전 현상을 기가 막히게 설명한 인물로는 누가 있을까? 멘델? 좋다. 멘델은 실험을 유용하게 쓴 유전학자이다. 그러나 멘델보다도 훨씬 실험이라는 무기를 신뢰하고, 이를 적극적으로 활용해 인류의 지식을 한 단계 발전시킨 대표적인 인물이 있다. 바로 지금부터 소개할 유전학자 토머스 헌트 모건Thomas Hunt Morgan 이다.

모건은 초파리를 이용해 멘델의 유전 원리를 실험적으로 증명했다. 당시 멘델의 유전 원리는 꽤 논쟁적인 이론이었다. 돌연변이설을 주장한 드 브리스처럼 멘델을 지지하는 학자들도 많았지만, 그렇지 않은 이들도 많았다. 놀랍게도 나중에 이 논쟁의 마침표를 찍게 되는 모건조차 처음에는 멘델의 유전 원리를 믿지 않는 쪽에 속했다. 그는 완두콩의 형질이 세대 흐름에 따라 어떻게 변하는지 관찰하고, 이를 통해 유전 현상을 설명한 멘델의 방식이 순전히 가설에 바탕을 두고 있다고 생각했다. 잘 생각해 보면 멘델은 완두콩의 유전 현상을 관찰하고 이를 통해 유전법칙을 만들었지만, 자신의 법칙을 설명할 새로운 검증 실험은 진행하지 않았다. 게다가 그는 유전인자가 존재하며 그것이 부모에게서 자식으로 전달된다는 두루뭉술한 주장만 했을 뿐 구체적인 메커니즘은 제대로 설명하지 못했다. 모건은 확실한 실험적 증거가 없으면 제대로 된 과학적 이론이 아니라고 생각했던 과학적 회의주의자였고, 이런 부실한 이론을 받아들일 수 없었다.

그 당시 멘델학파 학자들은 멘델이 주장한 유전인자가 염색체 위에 존재한다고 믿었다. 염색체는 세포가 분열하는 과정에서 관찰되는 구조물의 하나로, DNA와 단백질로 이루어져 있다. 미국의 유전학자 월터 스텐버러 서턴Walter Stanborough Sutton은 모든 세포 안에 염색체가 일정한 양 존재한다는 사실을 발견했다. 특히 모든 염색체는 한 세포 안에 쌍으로 존재하고, 정자와 난자가 수정되는 과정에서 이뤄지는 세포 분열에서 이 두 쌍의 염색체가 서로 분리된다는 사실을 함께 알아냈다.

이러한 염색체의 행동은 멘델이 예측한 유전인자의 행동과 완전히 일치했다. 사람의 모든 유전인자는 2개씩 존재하며, 이 두 유전인자는 자식에게 전달될 때 서로 분리된다는 멘델의 이론이 염색체에서 완전히 재현된 것이었다. 이를 근거로 많은 학자는 멘델이 주장한 유전인자가 염색체 어딘가에 존재할 것으로 생각했다. 이 이론을 '염색체설chromosome theory'이라 부른다. 그러나 누구도 유전인자가 염색체 안에 있다는 염색체설을 실험으로 증명하지는 못했다. 당연히 토머스 모건은 실험이 뒷받침되지 않은 이 주장을 사실로 받아들이지 않았다.

유전학의 핵심 이론이 될 멘델의 유전법칙에 이렇게 회의적인 태도를 유지하던 프로불편러 모건은 1908년 초파리 연구를 시작한다. 그리고 정말 어이없게도 그로부터 불과 2년 만에 엄청난 태세 전환을 보여 준다. 이 줏대 없는 양반이 1910년, 자신의 견해를 완전히 바꿔 멘델 이론을 적극적으로 지지하기 시작한 것이다.

그 시작은 이랬다. 어느 날 모건은 우연히 흰색 눈을 가진 수컷 초파리를 발견했다. 원래 초파리의 눈은 붉은색이다. 흰 눈을 가진 수컷 초파리를 신기하게 생각한 모건은 곧이어 교배 실험을 진행했다. 그리고 재미있는 현상을 하나 관찰했다. 여러 세대를 거쳐 진행된 교배 실험에서 새롭게 태어난 흰 눈 초파리 대부분은 수컷이었다. 그러고 보니 모건이 처음에 우연히 발견했던 흰 눈 초파리들도 모두 수컷이었다. 이렇게 특정 형질이 성별의 영향을 받는다는 것은 누구도 생각하지 못한 특이한 현상이었다. 모건은 수컷이 유독 흰 눈을 많이 가지는 신기한 현상에 깜짝 놀랐다. 그리고 곧 이 실험 결과가 염색체설을 증명한다는 사실을 깨닫고서는 더 놀랐다. 자신이 회의적으로 받아들이던 멘델 이론과 염색체설을 뒷받침하는 실험적 증거를 얼떨결에 직접 발견한 것이었다.

우리의 염색체 중 한 쌍은 성을 결정한다. 인간과 초파리의 경우, X와 Y 두 종류의 성염색체를 가지는데, 부모에게서 XX 염색체를 물려받으면 암컷 혹은 여성, XY 염색체를 물려받으면 수컷 혹은 남성이 된다. 혹시 힌트를 발견했는가? 그렇다. 암컷과 수컷은 서로 성염색체 구성이 다르다. 만약 염색체설이 사실이고 초파리의 눈 색상을 결정하는 유전인자가 염색체에 있다면, 정확히는 수컷과 암컷의 구성이 다른 성염색체에 있다면, 각 성에서 나타나는 유전 현상이 서로 다를 수 있다. 흰 눈 초파리의 비율이 성별에 따라 달라질 수 있다는 얘기다.

모건은 우연히 발견한 흰 눈 수컷을 붉은 눈 암컷과 교배시켰다. 그러자 자손들은 모두 붉은 눈을 보였다. 멘델이 완두콩 교배 실험에서 얻은 결과와 마찬가지로 말이다. 멘델은 서로 다른 두 대립유전자[*]를 가지는 개체의 성질은 그중 한 대립유전자의 영향만을 받는다는 우열의 법칙을 주장했고, 흰 눈 수컷과 붉은 눈 암컷 사이에서 태어난 새끼들이 모두 붉은 눈이었던 모건의 실험 결과는 멘델의 주장을 강하게 지지했다. 두 종류의 대립유전자를 모두 가진 자손들이 우성인 붉은 눈 대립유전자의 영향만을 받아 붉은 눈을 가지게 된 것이다. 이 실험 결과로 우리는 붉은 눈 대립유전자가 우성, 흰 눈 대립유전자가 열성이라는 사실을 알 수 있다.

그럼 앞서 예상한 대로 초파리의 눈 색을 결정하는 유전인자가 성염색체, 그중에서도 X 염색체에 있다고 가정해 보자. 놀랍게도 모든 현상이 깔끔히 설명된다. 모건은 교배 실험을 통해 흰 눈 대립유전자가 열성이라는 것을 확인했다. 따라서 초파리가 흰 눈을 가지려면 모든 X 염색체가 흰 눈 대립유전자를 가져야 한다. 수컷은 X 염색체가 하나뿐이므로 그 하나가 흰 눈 대립유전자를 포함하기만 하면 흰 눈을 가질 수 있다. 반면에 암컷은 X 염색체 2개가 모두 흰 눈 대립유전자를 가져야 흰 눈이 될 수 있다. 그러니 확률적으로 흰 눈을 얻기가 수컷보다 훨씬 어렵다. 이는 모건이 실제로 초파리들을 교배시켜 얻은 실험 결과와 딱 맞아떨어진다. 게다가 그는 흰 눈 대립유전자가 X 염색체 열성일 때 흰 눈

[*]   앞에서는 같은 성질을 결정하는 두 유전인자라고 표현했지만, 집단 유전학을 공부한 우리는 이제 이 두 유전자가 서로 대립유전자 관계임을 잘 알고 있다.

그림 8 　　　　　초파리 눈 대립유전자의 X 염색체 열성 유전

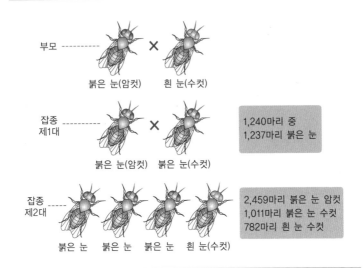

붉은 눈 암컷과 흰 눈 수컷의 교배 결과, 대부분의 자식 세대 초파리는 붉은 눈이었다. 그리고 그중 붉은 눈 암컷 자손들과 붉은 눈 수컷 자손들을 교배하자, 그 자식 세대의 암컷은 모두 붉은 눈이었고, 수컷은 절반은 붉은 눈, 절반은 흰 눈이었다.

수컷 초파리가 나타날 수학적 확률을 계산해 보았는데 그 수치도 실제 관찰된 초파리의 수와 비슷하다는 것을 확인했다. 흰 눈 초파리의 암컷과 수컷 비율이 다르다는 실험 결과를 통해 초파리의 눈 색을 결정하는 유전인자가 X 염색체에 있다는 사실을 발견한 것이다.

　멘델학파에 매우 부정적인 태도를 보였던 모건은 결국 멘델과 서턴의 이론을 받아들인다. 그리고 순식간에 멘델주의자로 변신한다. 심지어 멘델 유전 원리의 구체적인 메커니즘을 설명한 공

로를 인정받아 1933년 노벨 생리의학상을 수상하기까지 했다.

어떤 이는 변절자 모건의 이런 박쥐 같은 행동을 비판할지도 모른다. 자기 소신을 지키지 않고 금세 의견을 바꾸는 모습이 별로 좋아 보이지는 않으니 말이다. 그러나 내 생각은 다르다. 자기 이론을 포기하고 실험 결과에 승복한 모건의 태도는 그가 존경받을 만한 진짜 과학자인 이유를 보여 준다.

과학혁명 이후 자리 잡은 근대 과학이 고대 그리스의 논쟁과 차별되는 한 가지 특징은 '눈에 보이는 증거'를 바탕으로 논리를 전개해야 한다는 것이다. 오늘날 증거가 부족한 이론은 아무리 그 럴싸하게 보일지라도 결코 동료 학자들에게 인정받지 못한다. 과학에서 정말 중요한 것은 맥락과 정황이 아니라 사실과 증거다. 전혀 이해할 수 없는 결과, 절대로 받아들이기 싫은 결과라고 해도 내 실험이 그 결과를 말하고 있다면 깔끔하게 그 사실을 받아들이는 것이 과학적인 태도이다.

이런 의미에서 초파리 교배 실험 결과를 보고 곧바로 태세 전환을 한 모건의 행동은 과학자로서 가장 이상적인 선택이었다. 그는 모두가 인정하는 정설을 의심했고 자신의 주장을 확신했지만, 실험 결과는 예상과 달랐다. 그리고 예상하지 못했던 그 결과를 깔끔하게 인정했다. 언제나 증거로 이야기하는 것. 이것이 진짜 과학자의 자세다. 모건이 자존심 때문에 실험 결과를 숨기려고 했다면 유전학의 발전은 더 느렸을 것이고, 자신도 역사에 이름을 남기지 못했을 것이다. 참된 과학자 토머스 모건은 초파리 교배 연구 결과로 인류가 유전 현상을 이해하게 도와줬을 뿐 아니라 연구 과정에서 진정한 과학자의 모습을 보여 주었다. 또한 논리와 이성으로 묵묵히 자신의 길을 가는 과학적 태도가 무엇인지도 함께 보여 주었다.

벤저 vs 허쉬, 신경유전학의 두 선구자

모건에 의해 염색체에 자리 잡은 유전자의 존재가 명확히 밝혀진 후, 생명과학자들은 도대체 이 유전자의 정체가 무엇일지 궁금해했다. 가장 유력한 후보는 염색체를 구성하는 두 물질인 단백질과 DNA였다. 단백질은 아미노산이라는 기본 단위로 구성되는데 아미노산은 총 20종류가 있다. 반면에 DNA는 뉴클레오타이드 nucleotide라는 기본 단위로 구성되는데, 뉴클레오타이드는 총 4종류뿐이다. 따라서 당시 학자들은 훨씬 다양한 조합이 가능한 아미노산으로 구성된 단백질이 생명의 복잡한 표현형을 결정하는 유전자일 것으로 보았다.

그러나 1934년 알프레드 허쉬Alfred Hershey와 마사 체이스 Martha Chas의 박테리오파지 실험으로 생명의 정보를 담고 있는 유전자는 단백질이 아닌 DNA라는 사실이 밝혀진다. 이후 제임스 왓슨James Dewey Watson을 비롯해 프랜시스 크릭Francis Crick, 로잘린드 프랭클린Rosalind Franklin, 모리스 윌킨스Maurice Wilkins 등 여러 유전학자의 연구 결과를 통해 DNA가 이중나선 구조라는 사실도 밝혀진다.

이제 인류는 생명의 정보를 전달하는 유전자가 염색체의 이중나선 DNA라는 것을 알게 됐다. 이어지는 다음 질문은 도대체 어떻게 단순한 DNA가 생명의 복잡한 형질을 결정하느냐는 것이었다. 그리고 얼마 지나지 않아 DNA가 RNA를 거쳐 단백질을 합성하고, 이 단백질이 생명의 모든 형질을 표현한다는 '생명과학의 중심 원리'가 밝혀진다. 드디어 유전자가 무엇이고 어떻게 생명체의 행동과 모양에 영향을 주는지까지 알게 된 것이다.

이렇게 다양한 지식을 쌓은 학계는 20세기 중반 이후 훨씬 구체적인 질문을 던지기 시작했다. 여러 생명의 특정 형질을 각각 어떤 유전자가 결정하는지 궁금해진 것이다. 그렇게 유전자와 형질의 관계를 연구하기 시작한 이들 중에는 생명의 여러 성질 중에서도 복잡한 동물 행동에 관심을 가진 학자가 있었다. 그는 바로 신경유전학의 아버지라고도 불리는 시모어 벤저Seymor Benzer였다.

1971년, 벤저는 최초의 생체시계 유전자 피리어드를 밝혀냈다. 이 연구는 행동을 조절하는 단일 유전자를 찾아낸 첫 사례였다(자세한 내용은 8장에서 이야기할 것이다). 이후 동물 행동에 중요한 유전자들이 하나둘 규명되었고, 이제는 그 유전자들이 행동을 끌어내는 구체적인 메커니즘도 밝혀지고 있다. 이렇게 벤저의 연구는 유전자가 어떻게 뇌 신경계의 작용에 영향을 주어 동물의 행동을 조절하는지 연구할 수 있는 길을 열어 주었다. 그가 신경유전학의 아버지라는 이름을 얻게 된 것은 이런 훌륭한 업적 덕분이다.

그러나 벤저의 공로를 칭송하는 낯간지러운 호칭이 한 유전학자에게는 꽤 거슬리게 들릴지도 모른다. 어쩌면 그는 벤저에게 자신이 차지했어야 할 영광을 빼앗겼다고 생각할 수도 있다. 벤저와는 상당히 다른 관점에서 동물 행동을 연구한 그 역시 벤저 못지않게 신경유전학의 등장에 결정적인 역할을 했기 때문이다.

벤저의 라이벌로도 평가되는 이 유전학자는 제리 허쉬Jerry Hirsch다. 허쉬는 벤저와 상당히 비슷한 부분이 많다. 둘 다 동물의 행동과 유전자에 관심을 두고 연구했고, 모델 생물로도 똑같이 초파리를 이용했다. 하지만 흥미롭게도 초파리 행동의 유전적 원리에 접근한 이 둘의 과학적 관점은 정반대였다. 양자역학이 태동하던 시기에 물리학을 공부하며 과학자로서의 커리어를 시작한 벤저는 환원주의적 사고로 생명 현상의 근본 원리를 찾고자 했다. 따라서 그는 동물 행동을 유전자 한두 개의 작용만으로도 충분히 설명할 수 있다고 생각했다. 이와 반대로 집단유전학적 관점에 집중한 허쉬는 고차원적인 동물 행동을 설명하기 위해서는 여러 유전자의 복잡한 상호작용을 살펴야 한다고 생각했다.

유전자들 각각의 역할이 아닌 그들의 통합적인 영향에 관심을 둔 허쉬의 학문적 관점은 컬럼비아대학교 동료이자 과거 모건의 제자였던 테오도시우스 도브잔스키Theodosius Grygorovych Dobzhansky의 영향을 많이 받았다. 모건의 초파리 방에서 수십 년을

아주 긴밀한 연결

공부한 도브잔스키는 그의 전통을 이어받은 실험유전학자였다. 그러나 도브잔스키는 하나의 유전자와 하나의 형질에 집중한 멘델과 모건의 연구가 유전 현상을 이해하기 위한 최고의 방법은 아니라고 생각했다. 단순한 유전자가 생명의 복잡한 특성을 결정하는 유일한 요소는 아니라고 생각했기 때문이다. 그는 유전자 외에도 환경, 우연한 사건 등 후천적 요인도 생명의 특성에 많은 영향을 줄 것으로 보았다. 그래서 하나의 유전자와 하나의 형질이 아닌 그들의 복잡한 상호작용에 관심을 뒀다.

자연스레 도브잔스키는 피셔 등 통계유전학자들처럼 집단 수준의 유전과 진화에도 흥미를 느꼈다. 같은 뿌리에서 출발해 갈라져 버린 실험실 바깥의 집단유전학과 실험실 안의 멘델 유전학을 모두 좋아했던 것이다. 그래서 그는 이 두 학문의 통합을 시도하기도 했다. 안타깝게도 그 시도는 성공적이지 못했고, 그 결과 관찰과 수학이 주요 무기인 진화생물학과 집단유전학, 체계적인 실험이 주요 무기인 분자유전학은 명확히 구분된 학문으로 자리 잡게 되었다. 그러나 도브잔스키의 시도가 의미 없는 것은 아니었다. 허쉬처럼 그의 생각을 이어받은 후배 학자들이 실험실에서 집단 수준의 유전 현상을 살펴보는 연구를 이어 갔고, 이런 접근은 모건이나 벤저의 방식으로는 알 수 없는 유전자 간 상호작용의 중요성을 밝혀냈다.

도브잔스키의 뒤를 이은 허쉬는 물리학자 출신 벤저와 학문적 시각뿐만 아니라, 연구 방법에서도 확연한 차이를 보였다. 단

그림 9   진화유전학자 계보 II

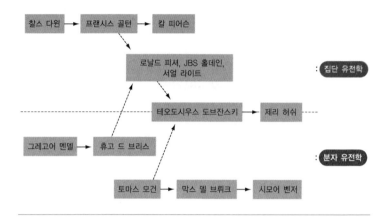

일 유전자의 기능에 집중한 벤저는 일단 많은 수의 초파리들에게 돌연변이를 가해 준 후 그중 행동이 이상하게 변한 개체들을 골라 내 그들의 유전자를 연구했다. 초파리를 변화시킨 돌연변이가 위치한 바로 그 유전자가 초파리 행동을 결정하는 핵심일 것으로 생각했기 때문이다. 벤저의 뒤를 이은 실험실 유전학의 후계자들도 그렇게 찾아낸 한두 개 유전자의 특성과 기능에 집중해 연구를 이어 나갔다.

하지만 허쉬의 입장에서는 단 하나의 유전자가 복잡한 초파리 행동에 결정적인 영향을 준다는 건 말도 안 되는 소리였다. 그래서 그는 벤저와 달리 각 개체의 유전적 특성이 아니라 여러 초파리가 모인 '집단' 내 유전자 빈도가 어떻게 변하는지에 집중했다. 주된 연구 방법도 초파리들의 행동을 기준으로 특정 그룹을 골라내 인위적인 선택을 가하고, 세대의 흐름에 따라 관심 유전자의 빈도가 어떻게 변하는지 살펴보는 것이었다. 이러한 접근을 통해 허쉬는 동물 행동에 대한 유전자의 영향을 정량적으로 분석하는 방법을 찾아냈다.

한마디로 정리하면 벤저는 단일 유전자의 기능에 집중했고, 허쉬는 여러 유전자를 종합적으로 살펴보며 '유전적 조성Genetic architecture'에 집중했다. 그럼 이쯤에서 조금은 유치해도 궁금할 수밖에 없는 재밌는 질문을 하나 할까 한다. 유전자 하나하나의 기능을 분리해서 살펴본 벤저와 그들의 상호작용에 집중해 전체적인 영향을 살펴본 허쉬를 현재 시점에서 보았을 때, 둘 중 누구의 접근이 더 적절했을까? 이런 질문에 대한 답이 대체로 그러하듯이, 둘 다 좋은 접근 방식이었다.

먼저 벤저와 같이 단일 유전자 기능에 집중하는 연구 접근은 수많은 유전자가 우리 몸에서 하는 역할을 규명해 내며, 20세기 후반 '유전자의 시대'가 등장하는 데 결정적인 역할을 했다. 나무를 보지 말고 숲을 보라는 명언이 있지만, 사실 나무 하나하나의 특성을 파악하지 않고서는 숲을 제대로 이해할 수 없다. 마찬가지로 벤저와 동료들처럼 개별 유전자의 기능과 특성을 연구하지 않고서는 그들의 종합적인 효과를 제대로 이해할 수 없다.

그러나 벤저의 단순한 접근 방식에는 명확한 한계가 있다. 우리 몸은 생각보다 훨씬 복잡하고, 이 복잡한 시스템을 단순하게 구현한 실험실의 조건에서 규명된 유전자의 기능이 실제 생체 내에서도 똑같이 적용될 거라고는 확신할 수 없다. 따라서 실제 생명 현상을 제대로 이해하기 위해서는 단일 유전자의 기능이 복잡한 환경 내에서 다른 유전자들과 상호작용할 때 어떻게 발현되는지를 살펴봐야 한다. 단일 유전자의 역할에 관심을 가지더라도 허쉬가 접근했던 것처럼 유전적 조성도 함께 고려해야 한다는 이야기이다.

또한 생명 시스템에서 하나의 유전자와 하나의 행동이 정확히 일대일로 대응하는 경우는 거의 없다. 대부분 하나의 유전자가 여러 행동에 영향을 주고, 하나의 행동이 여러 유전자의 영향을 받는다(그림 10). 따라서 단순히 어떤 유전자가 어떤 행동을 결

그림 10 　　　　　　　　　　　　　　　　유전자형과 표현형의 복잡한 관계

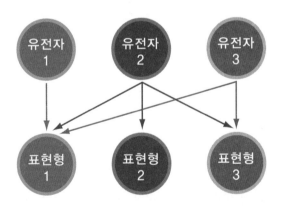

생명 시스템의 유전자와 표현형 사이의 관계는 상당히 복잡하다. 여러 유전자가 하나의 표현형에 영향을 주기도 하고, 하나의 유전자가 여러 표현형에 영향을 주기도 한다.

정한다고 콕 집어 말하기는 어렵다. 행동의 유전적 특성을 제대로 이해하기 위해서는 유전자 하나, 행동 하나를 짝지어 그 연관성을 살피기보다는 여러 관련 유전자와 행동 특성 간의 연관성을 함께 이해해야 할 필요가 있다.

결론적으로 유전자들을 하나하나 분리해 살펴본 벤저의 접근과 그들의 상호작용을 정량적으로 살펴본 허쉬의 연구가 함께 있었기에 유전학이 한 걸음 더 발전할 수 있었다. 실제로 그들이 학계에서 활발하게 활동했던 현재는 1970년대 이후 유전학은 한 차례 큰 도약을 했고, 현재는 인간의 유전자 일부를 편집할 수 있는 수준에까지 도달했다.

생명의 설계도

다윈과 멘델의 시절, 유전자는 부모의 정보를 자손에게 전해주는 전달자의 개념으로 받아들여졌다. 그러나 본격적으로 그 정체와 비밀이 밝혀지기 시작하자, 학자들은 유전자가 단순한 전달자를 넘어 생명의 기능과 형태를 만들기 위한 설계도라는 사실을 깨닫는다.

우리 몸의 형태와 기능은 대부분 단백질이 결정한다. 그런데 '생명과학의 중심 원리'에 따르면, 이 단백질은 유전자인 DNA가 RNA를 거쳐 합성하는 유전자 발현의 결과물이다(그림 11). 따라서

그림 11   생명과학의 중심 원리

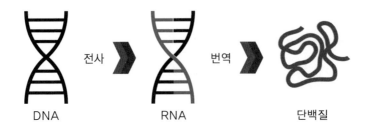

생명의 유전자 발현은 DNA에서 RNA를 합성하는 전사transcription, RNA 염기 서열을 바탕으로 단백질을 만드는 번역translation 과정을 거쳐 이뤄진다.

단백질을 만드는 정보는 DNA에 숨겨져 있다. DNA는 생명의 핵심 정보를 저장하는 '유전 부호genetic code'인 셈이다. 이 사실을 깨달은 학자들은 유전 부호를 해석하면 우리 몸의 형태와 기능을 만드는 설계도를 얻을 수 있을 것으로 생각하기 시작했다. 자연스레 유전자의 암호를 해독하려는 시도가 나타났고, 컴퓨터 과학을 바탕으로 생명의 정보를 분석하는 '생물정보학Bioinformatics' 분야가 크게 주목받게 되었다.

　20세기 중반 생물정보학은 정보의 투명한 공개를 핵심 가치로 여긴 영국 케임브리지대학교의 MRC 분자생물학 연구소(Medical Research Council Laboratory of Molecular Biology, LMB)를 주축으로 발전했다. DNA의 이중나선 구조를 밝히고 생명과학의 중심 원리가 세워지는 데도 큰 공을 세운 프랜시스 크릭도 MRC 분자생물학 연구소 소속이었는데, 그는 시드니 브레너와 함께 유전 부

호의 기본 작동 원리를 밝혀냈다.

유전자인 DNA가 생명의 정보를 설명하는 일종의 부호라면, 모스부호에서 점과 선의 여러 조합이 각 알파벳을 의미하듯이, DNA 유전 부호도 그만의 방식으로 우리 생명의 정보를 설명할 수 있어야 한다. 우리 몸의 기능과 형태를 묘사할 수 있는 유전 부호만의 언어 체계가 있어야 한다는 얘기다.

언어가 구성되려면, 일단 그 기본 단위인 기본 글자가 있어야만 한다(가령, 영어에서는 알파벳이 필요하다). DNA에서 기본 글자 역할을 하는 것은 바로 그 유명한 A, G, T, C 염기 서열이다. DNA는 뉴클레오타이드라는 기본 단위가 계속 반복되어 나타나는 구조다. 뉴클레오타이드는 인산, 당, 염기라는 세 부분으로 구성되는데, 이 중에서 염기가 무엇이냐에 따라 A(아데닌Adenine), G(구아닌Guanine), T(타이민Thymine), C(사이토신Cytocine), 총 4종류의 뉴클레오타이드가 결정된다. 이 4종류의 뉴클레오타이드는 유전 부호의 기본 글자로 작용한다. 영어에서 l, i, f, e 라는 네 가지 알파벳이 연결되어 'life'라는 의미가 있는 한 단어가 만들어지듯이 DNA 유전 부호의 기본 글자인 A, G, T, C가 연결되어 'GATATTT' 혹은 'TACACGT' 등의 서열을 구성하면 생명의 정보를 코딩하는 의미 있는 표현이 만들어진다.

MRC 분자생물학 연구소의 크릭과 동료들은 유전자의 염기 서열이 단백질의 구조를 어떻게 정하는지 밝혀냈다. DNA 뉴클레오타이드 3개의 염기 서열이 한 단위로 작용하여 단백질의 기본 단위인 아미노산 하나를 만들어 낸다는 사실을 알아낸 것이다.

유전자가 단백질로 발현되는 첫 과정에서 DNA는 먼저 RNA를 만드는데, 이때 DNA 염기 서열에 따라 그에 대응하는 RNA 서열이 만들어진다. DNA의 사촌 격인 RNA는 마찬가지로 뉴클레오타이드로 구성되며, 당연히 염기 서열도 가진다. 차이가 하나 있다면 A, G, T, C 4종류의 기본 글자를 가지는 DNA와 달리, RNA는 T 대신 화학적으로 그와 유사한 U를 포함하여 A, G, U, C 4종류의 기본 글자를 가진다. DNA 염기가 A, G, T, C이면 그에 대응하는 RNA는 각각 U, C, A, G의 서열을 갖게 된다(그림 12, DNA→RNA). DNA 서열에 의해 결정된 RNA 서열은 또 그에 대응하는 서열의 아미노산을 만들어 내는데, 이때 3개의 염기 서열

그림 12   DNA의 유전 부호

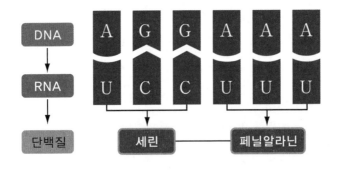

생명의 유전자 발현에서 DNA의 A, G, T, C 염기는 각각 RNA의 U, C, A, G 서열로 전사되고, RNA의 염기 서열은 3개가 한 묶음으로 작용하여 1개의 아미노산으로 번역된다.

                                            아주 긴밀한 연결

이 모여 1개의 아미노산을 결정한다. 예를 들어 RNA의 AUG 염기 서열은 모든 단백질의 시작점인 아미노산 메티오닌을 만들고, UUU 염기 서열은 페닐케톤뇨증의 증상을 유발하는 아미노산 페닐알라닌을 만든다(그림 12, RNA→단백질).

아미노산은 그 종류가 20가지가 있는데, DNA 염기 서열과 마찬가지로 단백질에서는 이 아미노산의 서열이 단백질의 구조와 기능을 묘사하는 기본 글자(알파벳) 역할을 한다. DNA 염기 서열은 RNA 염기 서열에, RNA 염기 서열은 아미노산 서열에 영향을 주고, 이것이 단백질의 체내 기능에 영향을 주는 것이다. 결국 우리 몸의 표현형은 DNA의 염기 서열로부터 만들어지는 셈이다.

유전자에서 유전체로

유전 부호의 원리가 밝혀지자, 학자들은 드디어 생명의 모든 신비가 밝혀질지도 모른다는 기대를 품었다. 생명의 기본 글자 역할을 하는 유전 부호의 염기 서열을 모두 해독해 내면, 그 안에 숨겨진 생명의 비밀을 전부 알아낼 수 있을 것으로 생각했다.

유전 부호를 해독하려는 시도는 노벨 화학상을 무려 두 번이나 수상한 MRC 분자생물학 연구소의 과학자 프레데릭 생어 Frederick Sanger로부터 시작되었다. 본래 생화학자였던 생어는 생명의 핵심 기능을 담당하는 단백질의 화학적 구조를 아주 근본적으로 이해하고자 했고, 1955년 세계 최초로 단백질의 정확한 서열을 밝혀내며 멋지게 그 목표를 달성했다. 혈당량을 조절하는 단백질인 인슐린을 구성하는 아미노산 서열을 정확히 밝혀낸 것이다. 이 발견으로 생어는 1958년에 첫 번째 노벨 화학상을 수상한다.

곧이어 생어는 단백질보다 더 근본적인 비밀을 담고 있는 DNA의 화학적 구조에 관심을 보이기 시작했다. 그는 DNA 암호를 해독할 방법을 찾기 위해 한참을 고민했고, 마침내 '생어 분석법'이라는 DNA 염기 서열 분석법을 발표한다. 그리고 이 연구로 1980년에 두 번째 노벨 화학상을 수상한다. 하지만 생어는 여기에서 멈추지 않았다. 자신이 직접 개발한 생어 분석법으로 소 미토콘드리아에 있는 모든 DNA 염기 서열을 완전히 분석하기에 이른다.

이 대목에서 세상에 유전체학Genomics이라는 새로운 학문이 등장한다. 유전체는 한 개체의 모든 유전자 서열을 포함해서 부르는 단어다. 즉, 유전체학은 유전자 하나하나가 아니라 한 개체 안의 모든 유전자를 통합적으로 연구하는 분야다. 앞에서 우리는 제리 허쉬와 도브잔스키의 이야기를 들으며 유전 현상을 제대로 이해하려면 한 유전자의 작용만이 아니라 여러 유전자의 상호작용을 함께 살펴봐야 한다는 것을 배웠다. 따라서 생명체의 모든 유전자를 함께 분석하는 유전체학이 상당히 괜찮은 접근 방법이라는 걸 쉽게 알 수 있다. 벤저처럼 유전자 하나하나를 살펴보는 연구에 유전체학이 더해지면 인류는 유전자에 숨겨진 생명의 비밀을 훨씬 수월하게 풀 수 있을 것이 분명했다.

생어가 최초로 유전체 분석에 성공하며 유전체학이 등장하자, 과학자들은 더 큰 꿈을 꾸기 시작했다. 어쩌면 인간의 전체 유전체를 해독하는 게 가능할지도 모를 일이었다. 인간의 유전체가 완전히 분석된다면, 우리 몸의 완전한 설계도를 가지게 되는 셈이었다. 이 원대한 꿈을 현실로 바꾸기 위해 미국, 중국, 일본, 프랑스, 독일, 영국 여섯 나라가 모였고, 1990년 그 유명한 '인간 유전체 프로젝트Human Genome Project'가 시작된다.

생명의 비밀을 담고 있는 인간의 유전 부호를 모두 해석하겠다는 인간 유전체 프로젝트는 초기에는 더디게 진행되었다. 생어 분석법만으로는 인간의 수많은 유전자 서열을 다 밝혀내기가 쉽지 않았다. 그러나 1990년대에 컴퓨터 기술이 발전하고 대중화되면서 상황이 바뀌었다. 발전된 기술과 함께 여러 나라의 수많은 연구진들의 힘을 모으면서 연구에 속도가 붙었고, 결국 원래 목표로 삼았던 시점보다 2년이나 빠른 2003년에 공식적으로 프로젝트가 완료된다. 마침내 인간 유전체의 모든 유전자 염기 서열이 밝혀진 것이다!

많은 이들이 환호했고, 이제 모든 궁금증이 다 해결되었다고 생각했다. 생명의 완전한 설계도를 확보했으니, 이를 바탕으로 생명체의 형태와 기능이 결정되는 원리를 읽어 내면 될 것 같았다. 그러나 세상일은 역시 뜻대로 되지 않는 법. 인류는 아주 중요한 한 가지 사실을 간과하고 있었다. 우리는 유전 부호의 기본 글자인 염기 서열로 된 설계도를 완성했지만 안타깝게도 그 글자를 읽는 법은 제대로 알지 못했다.

아니, 다 쓰여 있는 글자를 보고 읽을 줄 모른다는 게 무슨 말이냐고? 당연히 글자는 읽을 수 있다. 그러나 글자를 읽는 것과 이 글자로 구성된 유전 부호 언어의 뜻을 이해하는 것은 전혀 다른 얘기다. 가령, 영어의 알파벳을 읽을 줄 알아도 단어의 뜻을 모르면, 즉 l, i, f, e를 모두 알아도 'life'라는 단어의 뜻이 '생명'이라는 것을 모르면 'What is life?'라는 문장을 제대로 이해할 수 없다. 당연히 영어를 제대로 해석할 수 없다. 'GATACA'를 읽을 줄 알아도 이게 생물학적으로 무슨 의미인지 이해하지 못하면 유전체 설계도가 있어도 큰 의미가 없다는 이야기이다. 설계도를 제대로 해석하려면, 설계도에 적힌 글자를 이해하는 것은 물론, 거기에 적힌 단어는 무슨 뜻인지, 문장은 왜 저렇게 쓰인 건지, 글의 구조는 어떠한지를 다 파악할 수 있어야 한다. 마찬가지로 염기 서열이 단백질, 분자 네트워크, 세포, 조직, 개체의 수준에서 어떻게 영향을 끼치는지 알아야 유전 부호를 보고 사람의 특성을 읽어 낼 수 있다. 그러나 인류는 아직 생명의 언어를 해석하는 법을 완전히 터득하지 못했고, 아쉽지만 모든 생명의 비밀을 풀어내는 일을 조금 더 나중으로 미뤄야 했다.

생명을 완전히 이해하려는 유전체학의 첫 번째 시도인 인간 유전체 프로젝트가 절반의 성공으로 돌아간 후, 인류는 희망을 버리지 않고 곧바로 두 번째 시도를 시작했다. 첫 번째 실패를 교훈

삼아, 그리고 그 결과를 발판 삼아 생명의 설계도를 읽기 위한 유전 부호의 언어 체계를 공부하기 시작한 것이다.

3장

단순한 유전자가 그리는 복잡한 생명체

98퍼센트의 진실

'어디에도 없으며, 동시에 어디에나 있는 것'은 무엇일까? 정말 많은 답이 나올 수 있는 재미있는 질문이니, 잠시 책을 덮고 생각하는 시간을 가져도 좋을 듯하다.

아마 평소 사유가 깊은 이들은 머릿속에 여러 철학적인 답을 떠올렸을 것이다. 또 힙합에 관심 있는 사람이라면 이 문구가 유행했던 노래의 가사라는 사실을 눈치챘을지도 모른다. 아주 생각이 많은 두 고등학생 래퍼의 '바코드'라는 노래에 '행복이란 무엇일까 그것은 어디에도 없으며 동시에 어디에나 있구나'라는 가사가 등장하기 때문이다. 그리고 마지막으로 독자 중에 물리학자가 있다면, 아마 이렇게 대답했을 것이다.

'이거 암흑물질 이야기 아니야?'

암흑물질은 우주 물질의 대부분을 차지하고 있지만, 빛으로는 관측할 수 없는 미지의 물질이다. 물리학자들에 따르면, 은하의 질량을 중력으로 계산한 값과 광학적으로 관측한 값 사이에는 큰 차이가 있다고 한다. 계산값이 관측값보다 몇 배 이상 더 크게 나오는데, 이는 우리가 빛으로 볼 수는 없지만 실제로 존재하는 물질이 있다는 사실을 의미한다. 이 물질을 암흑물질이라 부른다. 놀랍게도 암흑물질은 빛이 감지할 수 있는 우주의 모든 물질을 합친 것보다도 더 많은 질량을 차지하고 있다. 그러니 눈에 안 보이는 암흑물질은 어디에도 없지만, 어디에나 있는 셈이다.

암흑물질은 현대 물리학자들이 가장 흥미를 느끼는 연구 주제 중 하나이다. 그런데 아직은 암흑물질이 무엇인지, 정말로 존재하는지조차 제대로 모르고 있다. 이처럼 모르는 부분이 많다는 말은 앞으로 연구할 거리가 넘친다는 뜻이기도 하다.

생명과학 분야에도 암흑물질처럼 분명히 존재하기는 하지만 그 역할과 정체를 알지 못해 앞으로 연구할 거리가 무궁무진한 것이 한 가지 있다. 바로 DNA의 암흑물질이라 불리는 비암호화 DNAnon-coding DNA다. 비암호화 DNA는 단백질을 만드는 설계도로 작용하는 염기 서열을 제외한 DNA의 나머지 부분을 의미한다. 다시 말해 DNA 중 유전 부호가 아닌 부위를 부르는 말이다. 그럼 우리 몸에는 비암호화 DNA가 몇 퍼센트 정도나 있을까? 5퍼센트? 10퍼센트? 놀라지 마시라. 무려 98퍼센트가 비암호화 DNA다. 즉 우리 몸의 DNA 중 유전자는 2퍼센트에 불과하다는 얘기다.

인간 유전체 프로젝트는 생명의 비밀을 해결하기는커녕 오히려 생명체에 관한 더 많은 질문을 불러일으켰다. 그중 가장 대표적인 질문이 DNA에서 유전자가 아닌 나머지 98퍼센트의 암흑물질의 기능과 역할에 대한 것이었다. 인류는 그동안 DNA가 유전물질로 기능한다고 추정해 왔다. 그런데 막상 뚜껑을 열고 보니 DNA 중에서 유전물질로 작용하는 부위는 고작 2퍼센트 정도였다. 도대체 나머지 98퍼센트는 무엇을 한다는 말인가? 이 질문에 대한 힌트는 흥미롭게도 인간 유전체 프로젝트를 통해 밝혀진 또 다른 발견에 담겨 있었다. 그 발견은 바로 인간이 가진 유전자의 수가 다른 생물종과 크게 다르지 않다는 충격적인 사실이었다.

인간 유전체 프로젝트를 통해 인간은 약 2만 개의 유전자를 가지고 있다는 게 밝혀졌다. 그 이전에는 인간은 고등하고 복잡한 생명체인 만큼 다른 종보다 훨씬 많은 유전자를 더 가지고 있을 거라고 보았다. 하지만 알고 보니 우리는 우리가 매일 먹는 밀(12만 개)과 쌀(5만 개)보다도 적은 수의 유전자를 가지고 있었다. 인간이 만물의 영장이라는 생각을 버리지 못하고 있던 일부 유전학자들에게는 매우 충격적인 소식이었다. 다윈의 진화론으로 인간이 원숭이와 사돈에 팔촌 관계라는 사실이 밝혀지면서 자존심에 금이 갔던 인류는, 150년을 기다린 설욕의 기회에서 통쾌한 복수는커녕 유전자 개수에서도 다른 종들보다 우월한 모습을 보여주지 못하고, 또 한 번 고개를 숙이고 말았다.

아주 긴밀한 연결

인간이 다른 생물종보다 더 훌륭하거나 고등한 생명체라고 는 결코 말할 수 없다. 그러나 지능을 포함해 여러 표현형을 살펴 보았을 때 인간이 다른 생물종들보다 훨씬 다양하고 복잡한 작용 을 할 수 있다는 건 명백하다. 인간의 유전자 수가 2만 개에 불과 하다는 진실이 밝혀지자, 학자들은 그럼 도대체 인간의 복잡성이 어디에서 유래된 것인지 궁금해하기 시작했다. 그리고 멀지 않은 곳에서 그 답을 찾아냈다.

인간의 복잡성이 유전자에서 비롯된 것이 아니라면, 당연히 유전자가 아닌 다른 어딘가에서 그 복잡함이 비롯되었을 거다. 그 래서 과학자들은 유전자가 아닌 DNA, 즉 98퍼센트의 비암호화 DNA에 주목했다. 처음 인간 유전체 프로젝트의 결과가 발표되 었을 때, 과학자들은 유전자가 아닌 마치 암흑물질 같은 비암호화 DNA를 필요 없는 부분으로 여겼다. 그런 의미에서 이 부분을 쓰 레기 DNAjunk DNA라고 부르기도 했다. 그러나 지금 그렇게 생각 하는 생명과학자는 아무도 없다. 비암호화 DNA가 2퍼센트의 유 전자, 2만 개의 유전자로는 다 만들어 내지 못하는 인간의 다양하 고 복잡한 형질을 조절하는 핵심인 것을 알게 되었기 때문이다.

20세기 유전학이 유전자의 정체와 기능에 관심을 가진 학 문이었다면, 21세기 유전학은 유전자가 아닌 나머지 98퍼센트의 DNA에 관심을 가지는 학문이다. 그 정도로 현대 유전학에서 비 암호화 DNA의 영향은 크다. 인간의 복잡성처럼 유전자로는 설명 할 수 없는 생명의 신비를 해결할 열쇠이기 때문이다. 게다가 비암호화 DNA 연구는 인간 유전체 프로젝트로 얻은 생명의 설계도를 해석할 생명의 언어 체계, 즉 DNA의 유전 부호가 개체 수준의 행동 혹은 형태로 이어지는 과정을 이해하는 데에도 결정적인 도움을 주고 있다. 지난 100년간 유전학이 등한시했던 비암호화 DNA가 오히려 생명의 특성에 더 결정적인 역할을 하고 있었던 셈이다.

한 지붕 여러 가족

시작은 미약하나 그 끝은 창대하다는 말이 가장 잘 어울리는 건 아마 생명의 발생 과정일 거다. 인간처럼 유성생식을 하는 모든 생명은 난자와 정자가 만나 합쳐진 세포 하나에서 시작된다. 그 단 하나의 세포가 분열해 세포 2개가 만들어지고, 한 번 더 분열해 세포 4개가 되고, 8개, 16개, 32개, 64개가 되는 과정을 거쳐 인간이 태어난다. 그렇게 하나의 세포에서 시작해 자라난 인간의 평균 세포 수는 무려 30조 개에 달한다. 그리고 이 수많은 세포는 우리 몸에서 각자 정해진 역할을 충실히 하며, 우리가 행복한 하루하루를 살아갈 수 있게 돕는다.

이처럼 하나의 세포에서 개체가 완성되기까지의 발생은 생명 활동의 핵심 과정이다. 그런데 사실은 굉장히 귀찮은 과정이기도 하다. 처음 상태 그대로 아니면 크기만 커진 채로 살면 참 편할 텐데, 우리 세포들은 굳이 열심히 분열해서 세포 수를 엄청나게 늘린다. 도대체 왜 그런 걸까? 그냥 세포 한두 개 상태로 살면 무슨 문제라도 있는 걸까? 그렇지는 않다. 아메바처럼 세포 하나만으로도 잘 살아가는 생물도 있다. 그러나 더 복잡한 생리작용을 하려면 여러 세포로 몸이 구획화되어 있어야 일을 효율적으로 처리할 수 있다.

쉽게 말해 우리 몸의 각 세포는 큰 회사의 부서 역할을 하는 셈이다. 직원이 10명 정도인 작은 회사라면 경영, 회계, 생산, 영업 등의 업무를 맡아 일할 사람들을 굳이 팀으로 나눌 필요가 없다. 그냥 모두가 각자 맡은 일을 하면 된다. 오히려 팀을 나눠 역할 분담을 하는 것이 비효율적이다. 그러나 직원이 수천 명인 대기업이라면 이야기가 달라진다. 경영관리팀, 회계팀이 따로 있어야 회사가 제대로 굴러갈 수 있다. 수많은 업무를 함께하기보다 각 업무의 담당자를 정하고, 팀을 구성해 특화된 작업을 하게 하는 것이 훨씬 더 효율적이다.

마찬가지로 우리 몸도 굉장히 다양한 업무를 보는 복잡한 유기체이므로 구성원들에게 각자 할 일을 정해 주고, 비슷한 일을 하는 이들끼리 팀을 지어 줄 필요가 있다. 즉, '구획화'가 필요하다. 따라서 신체는 세포, 조직, 기관 등의 단위로 구획이 나뉜다. 그리고 각자 나눠진 구획에서 자신이 해야 할 생리 활동을 수행한다. 가령, 췌장의 세포들은 혈당량 조절에 관여하고, 혈액 안에 있는 백혈구는 몸을 방어하는 면역 작용을 담당한다. 그런데 여기서 궁금한 점이 하나 생긴다. 유전 정보가 같은 우리 몸의 세포들은 도대체 어떻게 서로 다른 기능을 할 수 있는 걸까?

우리 몸에서 실질적으로 기능하는 물질은 단백질이다. 따라서 세포의 기능이 다르다는 것은 세포들이 보유하고 있는 단백질이 서로 다르다는 것을 뜻한다. 앞에서 우리는 단백질의 설계도가 유전자라는 것을 알게 됐다. 단백질은 DNA의 유전 부호에 쓰인 대로 만들어진다. 그럼 세포마다 단백질이 다르려면, DNA도 달라야 하지 않을까? 그런데 우리 몸의 세포는 모두 하나의 세포에서 출발했다. 하나의 세포가 분열하고 또 분열하여 우리 몸의 모든 세포가 만들어졌다. 세포는 분열할 때 DNA를 복제하고, 두 쌍 중 하나씩을 새로 만들어지는 두 세포에 전달한다. 따라서 새로 만들어지는 세포는 처음 세포와 같은 유전자를 지닌다.

무슨 이야기를 하고 싶은지 알겠는가? 하나의 세포에서 출발한 우리 몸의 모든 세포는 전부 같은 유전자를 가진다는 것이다. 그런데 이들이 가지고 있는 단백질은 서로 다르다. 혈당량 조절에 관여하는 췌장의 베타 세포는 인슐린 단백질을 가지지만, 혈액 안의 백혈구는 그렇지 않다. 반대로 백혈구는 병원균의 공격에 방어하는 항체 단백질은 생산하지만, 인슐린은 만들지 않는다. 어떻게 유전자는 같은데, 유전자로부터 만들어지는 단백질은 다를 수 있는 걸까?

이 문제의 답은 그리 어렵지 않게 찾을 수 있다. 지금 우리 몸에서 벌어지는 상황은 마치 같은 설계도에서 서로 다른 건물이 지어지는 상황과 같다. 그 이유가 무엇이겠는가? 답은 간단하다. 설계도를 보고 건물을 짓는 과정에 차이가 있기 때문이다. 즉, 우리 몸의 여러 세포에서 유전자가 단백질로 발현되는 과정에 차이가 있기 때문이다.

각 세포가 창의력을 발휘해 같은 유전 부호를 보고 서로 다른 단백질을 만들기라도 했다는 뜻은 아니다. 그저 보유한 수많은 설계도 중 어떤 것을 보고 건물을 지을지 서로 다르게 결정을 내렸을 뿐이다. 우리 몸의 모든 세포는 체내의 모든 단백질을 만들 설계도를 이미 다 가지고 있다. 그러나 그 모든 설계도를 이용하는 세포는 없다. 자신이 맡은 역할에 맞게 그중에서 필요한 유전자만을 단백질로 발현시킨다. 췌장 세포뿐만 아니라 체내 모든 세포에 인슐린 유전자가 있고, 백혈구 역시 인슐린 유전자를 지닌다. 하지만 백혈구는 인슐린 단백질이 필요하지 않다. 따라서 이 세포는 굳이 인슐린 유전자로 단백질을 만들어 내는 귀찮은 일을 하지 않는다. 그래서 백혈구에 인슐린 단백질이 없는 것이다. 세포마다 단백질이 서로 다른 이유는 설계도인 유전자가 달라서가 아니라, 가지고 있는 유전자 중 어떤 것을 단백질로 발현시킬지에 관한 결정이 다르기 때문이다.

요약하자면, 우리의 세포는 대다수 단백질을 만들 수 있는 유전자를 가지고 있다. 그러나 그중 자신이 필요한 것만을 선택적으로 발현시킨다. 덕분에 각 세포는 자신의 담당 업무를 효과적으로 수행할 수 있다. 중요한 것은 유전자가 아니라 유전자 발현의 조절인 셈이다.

우리 몸에서 유전자 발현 조절이 중요한 이유는 이뿐만이 아니다. 한 세포 내에서도 상황과 시간에 따라 유전자 발현을 다르게 조절할 수 있어야 한다. 같은 세포라고 언제나 똑같은 유전자를 발현하지는 않기 때문이다. 예를 들어 췌장 베타 세포 인슐린 단백질의 경우, 밥을 먹은 직후 발현이 증가한다. 음식 섭취로 높아진 체내 혈당량을 줄이기 위해서다. 반대로 공복 시에는 작동할 필요가 없어 발현이 감소한다. 이 조절 과정에 문제가 생겨 인슐린이 필요하지 않을 때 만들어지거나 혹은 필요한 순간에 만들어지지 않는다면 심각한 문제로 이어진다. 실제로 인슐린 생성에 문제가 생기면 당뇨병이 발생한다. 따라서 췌장 세포가 혈당량 조절이라는 자신의 역할을 충실히 해내기 위해서는 항체처럼 아예 필요 없는 단백질의 발현을 막는 것뿐만 아니라, 주요 기능을 담당하는 인슐린을 적기에 발현하는 것도 매우 중요하다.

이렇게 유전자 발현 조절은 우리 몸속 세포들이 각자 맡은 역할을 제대로 해낼 수 있게 하는 핵심 작용이다. 따라서 단순히 유전자 서열을 아는 것을 넘어 어느 세포에서 어떤 유전자가 어떻게 발현되는지를 알게 된다면, 우리는 생명 현상을 훨씬 잘 이해할 수 있을 거다. 생명의 설계도를 읽는 방법을 터득하는 셈이니 말이다.

그럼 과연 우리 몸에서 유전자 발현은 어떻게 조절될까? 다양한 방법이 있고 다양한 요소들이 관여하지만, 그중 가장 중요한

아주 긴밀한 연결

두 요소는 아마 유전자가 자리 잡은 '염색체의 구조', 그리고 유전자는 아니나 DNA 대부분을 차지하는 '비암호화 DNA'일 것이다.

바로 여기서 98퍼센트 암흑물질 유전자의 비밀이 밝혀진다. 직접 단백질을 만들지 않는 비암호화 DNA 중 일부는 단백질을 만드는 유전자 발현과정을 효율적으로 조절하며, 유전자 못지않게 중요한 역할을 하고 있다. 2퍼센트의 유전자가 우리 몸의 핵심인 단백질을 만들기 위한 설계도라면, 나머지 중에서 일부는 단백질을 만드는 과정에 필요한 핵심 도구라 할 수 있다.

그래서 인간 유전체 프로젝트가 마무리된 후, 유전학자들은 비암호화 DNA 서열 정보를 바탕으로 어떤 세포에서 어떤 유전자가 어떻게 발현되는지를 파악하기 위한 연구를 시작했다. 미국국립보건원National Institutes of Health, NIH을 중심으로 32개 연구기관의 442명의 연구자가 참여하여, 인간 유전체의 모든 염기 서열 기능을 밝히려는 'DNA 구성 요소 백과사전 프로젝트Encyclopedia of DNA elements project, ENCODE'가 진행되기도 했다. 이 프로젝트는 인간 유전체의 기능적 구조를 밝히고, 여러 중요한 비암호화 DNA 부위를 규명하는 성과를 냈다. 그러나 아직 모든 유전체의 기능이 밝혀지지는 않았고, 오늘도 유전학자들은 여전히 암흑물질로 남아있는 DNA 부분들의 역할을 밝혀내기 위해 최선을 다하고 있다.

사람의 유전자 발현은 여러 단계에서 조절되는데, 그중에서도 특정 유전자를 발현할지 말지 가장 확실하게 조절하는 방법은 염색체 변형chromosome modification이다(그림 13, ①). 토머스 모건이 밝힌 것처럼 유전자는 염색체에 위치하는데, 이 염색체의 화학적 구조를 바꿔 유전자를 발현할지 말지를 결정하는 것이다.

유전자 발현이 시작되려면 이에 필수적인 인자들이 DNA의 유전자 부위에 붙어 발현을 도와주어야 한다. 만약 DNA와 여러

그림 13　　　　　　　　　　　　　　　　　유전자 발현 조절 수도꼭지

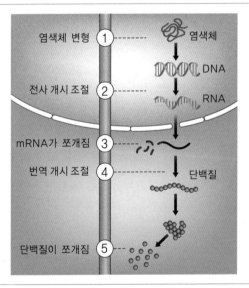

DNA로부터 단백질이 만들어지기까지 유전자 발현이 조절되는 여러 단계.

　　　　　　　　　　　　　　　　　아주 긴밀한 연결

다른 인자가 모여 발현을 시작할 충분한 공간이 제공되지 않으면 이 유전자는 단백질을 만들 수 없다. 따라서 세포에서 발현하지 않을 유전자 부위의 염색체는 아주 강하게 꼬여 있다. 염색체가 서로 꽁꽁 뭉쳐 있어 유전자 부위에서 그 어떤 일도 일어날 틈을 주지 않는다. 그냥 유전자라는 기계의 전원을 꺼버리는 셈이다. 이와 반대로 세포에서 발현하고 싶은 유전자 부위의 염색체는 발현을 도와줄 친구들이 쉽게 다가올 수 있도록 충분히 널찍한 공간을 제공한다.

우리 몸의 각 세포가 자기 역할에 필요하지 않아 발현시키지 않는 유전자들, 예를 들어 췌장 세포의 항체나 백혈구의 인슐린은 대부분 이렇게 염색체 변형으로 걸러지는 경우가 대부분이다. 다른 단계에서 유전자 발현을 조절할 수 있는 다양한 방법이 있긴 하지만, 세포가 태어나 사라질 때까지 전혀 쓸 일이 없는 유전자들을 굳이 발현시키고 나서 그 이후에 조절할 이유가 없다. 처음 단계를 조절하는 것이 훨씬 경제적인 선택이다. 따라서 대부분 발생 과정에서 염색체의 구조적인 변화를 통해 필요 없는 유전자를 침묵시키는 방식을 선택한다. 필요 없는 유전자는 아예 염색체 공간을 막아 버려 발현이 시작될 기회조차 주지 않는 것이다.

염색체 변형은 유전자 발현을 켜거나 끌 수 있는 가장 확실한 방법이다. 그러나 특정 세포에서 전혀 필요 없는 유전자가 아닌 경우에는 이런 방식으로 발현을 조절할 수 없다. 상황에 따라 유전자 발현을 촉진하기도 하고 때로 억제하기도 해야 하는데, 염색체를 아예 발현할 수 없는 구조로 만들어 버리면 그런 가역적인 조절이 불가능하기 때문이다. 따라서 이런 경우에는 다른 유전자 발현 조절 방법을 선택해야 한다.

세포에 필요하기는 하지만 상황에 따라 발현이 조절되어야 하는 유전자들은 다양한 방법으로 단백질이 발현되는 양을 조절한다. 마치 수도꼭지를 돌려 물을 나오게 하는 것과 비슷한데, 물이 나오게 할지 말지, 물이 얼마나 나오게 할지 조절하는 것처럼 유전자 발현의 수도꼭지가 여러 개 존재하는 것이다(그림13).

다양한 유전자 발현 조절 방법 중 가장 많이 쓰이는 방법은 DNA에서 RNA를 만드는 전사 개시transcription initiation를 조절하는 것이다(그림 13, ②). 전사 개시 조절의 원리는 상당히 간단하다. 전사가 시작되는 데 필요한 인자들이 유전자의 첫 부분에 붙어 전사를 촉진하거나 전사에 필요한 인자들이 유전자에 붙지 못하도록 억제자들이 대신 그 자리에 붙어서 전사를 억제하는 것이다(그림14). 이 과정에서 비암호화 DNA들이 아주 중요한 역할을 한다. 전사 개시 촉진 혹은 억제자들이 작용하기 위해서는 이 인자들이 DNA의 아주 적은 부분에 해당하는 유전자를 정확히 찾아갈 수 있어야 하는데, 비암호화 DNA의 일부 서열이 유전자를 쉽게 찾을 수 있도록 도와준다.

전사 개시 조절의 또 한 가지 재미있는 점은 세포 외부의 신호에 반응하여 유전자 발현을 촉진하거나 억제한다는 것이다. 세포 바깥에서 전해진 신호는 유전자의 전사 개시를 촉진하는 단백질을 DNA가 있는 세포의 핵 안으로 이동시킨다. 그러면 촉진 인자는 비암호화 DNA 영역의 도움을 받아 유전자의 전사가 시작될 수 있도록 돕는다. 유전 정보와 무관하게 세포가 놓인 외부 환경의 영향으로 단백질의 발현이 조절될 수 있는 것이다. 흔히 부모에게 물려받은 유전자의 정보가 사람의 형태와 기능을 결정할 것으로 생각하지만, 이렇게 설계도인 유전자에서 단백질이 만들어지는 중간 과정을 살펴보면 유전자 발현에서 외부적인 요인도 정말 중요하다는 사실을 알 수 있다. 유전자 발현 조절의 많은 과정이 세포의 독자적인 판단이 아니라 외부 환경을 신호로 받아 진행되기 때문이다.

그림 14 전사 개시 조절

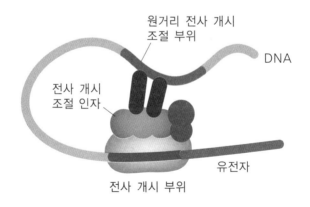

그림 13의 수도꼭지 2번에 해당하는 전사 개시 조절을 통해 유전자 발현이 조절되는 모습. 전사가 시작되는 DNA 부위에 여러 단백질이 결합하여 RNA 합성이 시작되도록 도와준다.

여러 인자의 도움을 받아 전사가 무사히 진행되면, DNA로부터 RNA가 완성된다. 그러나 RNA가 만들어졌다고 이 유전자의 발현이 무사히 완료되는 것은 아니다. 아직 RNA로부터 단백질이 합성되는 과정이 남았다.

비암호화 DNA의 정체를 밝히는 연구가 진행되기 전까지는 모두가 RNA를 DNA에서 단백질이 만들어지는 유전자 발현의 중간 산물로만 생각했다. 그러나 유전체 각 부위의 기능에 관한 연구가 더 많이 진행되며, RNA 중 꽤 많은 것들이 중간 산물이 아닌 그 자체로서 완성된 물질로 기능한다는 사실이 밝혀졌다.

비암호화 DNA 중 일부는 전사는 되지만, 즉 RNA로는 만들어지지만, 단백질로 번역되지는 않는다. 이렇게 단백질로 만들어지지 않는 RNA를 비암호화 RNA라고 부른다. 비암호화 RNA에는 두 종류가 있는데, 하나는 긴 RNA고, 나머지 하나는 짧은 RNA다. 두 RNA는 모두 유전자 발현을 조절한다. 긴 비암호화 RNA는 앞서 살펴본 전사 개시 단계를 조절하며, 짧은 비암호화 RNA는 발현시키지 않을 RNA들을 제거하는 역할을 한다. 단백질로 발현되는 RNA 중 지금 세포에서 발현될 필요가 없다고 생각되는 유전자 RNA를 부숴 단백질이 발현되지 않게 하는 것이다 (그림 13, ③). 즉, 전사 후 RNA 단계에서 유전자 발현을 조절한다.

DNA가 포함된 염색체의 구조를 바꾸고, RNA로의 전사 개시를 조절하고, 만들어진 RNA를 제거하는 것 외에도 유전자의 발현을 조절하는 방법은 아주 다양하다. RNA에서 단백질이 합성되는 번역의 개시가 조절되기도 하고(그림 13, ④), 단백질이 완성된 이후 실제로 기능하는 활성화 형태로 바뀌는 과정이 조절되기도 한다(그림 13, ⑤). 유전자 발현의 조절은 다양한 단계에서 아주 세세한 작업이 필요한 생체 내에서 아주 중요한 작업이기 때문이다. 지난 20년간 유전자 발현 조절 과정이 많이 밝혀지며 우리는 생명의 설계도인 유전자가 우리 몸의 기능과 형태에 영향을 미치는 방법을 더 잘 이해하게 되었다. 그러나 아직도 제대로 밝혀지지 않은 부분이 많다. 어떤 유전자가 어떤 상황에서 어떻게 조절되는지 더 정확하게 알게 된다면, 우리는 생명의 설계도를 더 정확하게 해독할 수 있게 될 것이다.

바이러스를 이겨내는 법

2020년 1월, 전 세계를 대혼란에 빠트린 엄청난 적이 나타났다. 공식적으로 명명된 이름은 코로나바이러스감염증-19COVID-19. 사스, 메르스 등으로 이미 인류를 여러 차례 괴롭힌 적 있는 코로나바이러스의 새로운 형태였다. 인류는 그동안 쌓아 온 의료기술과 감염병 대처 노하우를 앞세워 이 무시무시한 적과 맞서 싸우려 했지만 쉽지 않았다. 팬데믹은 쉽게 진정되지 않았고, 많은 이들이 목숨을 잃었다.

이렇게나 발전한 문명사회에 살면서도 여전히 새로운 바이러스에 제대로 대응하지 못하고, 백신이 개발되는 데도 상당한 시간이 걸리는 걸 보면, 우리 몸을 아프게 하는 적들과 싸우는 건 정말 쉽지 않은 일이라는 생각이 든다. 그런데 놀랍게도 인체의 면역 시스템은 그 어려운 일을 매일 해내고 있다.

우리 몸은 내가 아닌 다른 생명이 몸 안으로 들어오면 모두 병원균으로 인식한다. 그런데 우리는 바이러스나 박테리아처럼 눈에 보이지 않는 수많은 미생물과 함께 살아가고 있다. 매일매일을 병원균과 함께하는 셈이다. 어디에나 있지만, 어디에도 있지 않은 것에는 암흑물질과 비암호화 DNA뿐만 아니라 우리의 건강을 해치는 병원균들도 있었다. 우리는 이렇게 병원균에 쉽게 노출되고 있는데 어떻게 매일 건강히 활동할 수 있는 걸까? 바로 인체의 면역 시스템 덕분이다. 인류의 기술은 새로운 바이러스 하나에 쩔쩔매고 있지만, 놀랍게도 인체의 면역 시스템은 그와 비슷한 수많은 적과 평생 맞서 싸우고 있다. 정말 뛰어난 능력이 아닐 수가 없다.

우리 몸의 면역 시스템은 이런 수많은 적의 침입을 보통 다 막아 낸다. 물론 때로는 신종 코로나 19처럼 예상치 못한 복병을 만나기도 한다. 20세기에 백신이 등장해 우리를 지켜주기 전에는 이런 패배가 여러 차례 있었다. 14세기에는 흑사병으로 유럽 인구의 절반 가까이가 목숨을 잃기도 했다. 그러나 몇몇 예외를 제외하면 우리의 면역 시스템은 대부분 적의 침입에 효과적으로 대응하고 있다. 우리의 몸에 침입하려는 미생물들이 세상에 얼마나 많

　　　　　　　　　　　　　아주 긴밀한 연결

은데, 도대체 어떻게 그들 모두와 맞서고 있는 건지 정말 놀라울 정도이다.

우리 몸의 면역 시스템에는 크게 두 가지가 있다. 하나는 특정 표적 없이 몸에 나쁜 영향을 끼칠 가능성이 있는 모든 병원균을 막는 시스템이고, 나머지 하나는 특정 병원균에 특이적으로 반응하는 시스템이다. 이 두 가지 시스템은 각각 선천성 면역, 후천성 면역이라 불린다. 후천성 면역은 특정 병원균에 대응하는 면역 능력이 태어날 때부터 존재하는 것이 아니라, 병원균에 한 번 노출되면 그에 대한 기억을 획득해 그 병원균을 인지할 수 있게 되며 획득한다. 다시 말해 병원균과 만나 보는 후천적인 경험으로 얻게 되는 면역이니 후천성 면역이라 부른다. 바로 이 원리를 이용해 아주 약한 상태의 병원균을 우리 몸에 넣어 주고, 그에 대한 후천성 면역을 기르게 하는 것이 생명과학 최고의 발명품 중 하나인 백신이다. 후천성 면역과 반대로 땀이나 눈물, 위산 등의 물리적 장벽이 포함되는 선천성 면역은 태어날 때부터 가지고 있는 방어능력이므로 선천성이라는 이름이 붙게 되었다. 살다 보면 누구나 경험하는 염증 반응 역시 선천성 면역 반응에 포함된다.

우리 몸에 적이 침입하면, 보통 물리적 장벽이나 염증 반응 등의 선천성 면역으로 1차 방어를 한다. 여러 적을 모두 상대할 수 있다는 점에서 선천성 면역의 활용도가 아주 크기 때문이다. 그러나 이 방어법은 특이성이 낮아 각각의 적에 대한 방어 작용이 탁월하지는 못하다. 선천성 면역은 다대일로 붙을 때는 효과적이지만, 일대일 싸움에서는 그렇게 강하지 않다. 오히려 특정 병원균에 특이성이 있는 후천성 면역이 훨씬 더 효과적으로 작용할 수 있다. 그래서 선천성 면역의 1차 방어를 통과한 적들은 후천성 면역이 그다음 상대로 나서 제대로 상대해 준다.

후천성 면역의 대표적인 예시는 항원-항체 반응이다(그림 15). 항원은 면역 반응을 일으키는 모든 병원균을 뜻하고, 항체는 항원에 특이적으로 반응하는 면역 물질을 말한다. 항원이 침입하면 정확하게 그 항원만을 맞춤 상대하는 항체가 뛰쳐나가 항원과 마주한다. 항체는 항원을 붙잡아 두거나, 직접 제거하는 역할을 해 외부에서 침입한 병원균이 우리 몸을 장악하지 못하도록 방어

그림 15 항원-항체 반응
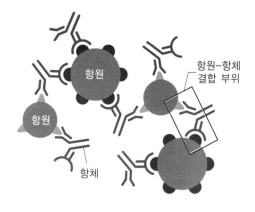

우리 몸에 면역 반응을 유도하는 병원균인 항원이 침입하면 그에 특이적으로 반응하는 항체가 항원을 붙잡고 활성을 억제한다.

아주 긴밀한 연결

한다.

그렇다면 우리 몸에는 항체가 얼마나 있을까? 바로 항원 종류의 수만큼 있다. 항체는 모든 항원에 일대일로 대응해야 하니, 그 수 역시 항원의 수만큼 충분해야 한다. 그럼 우리가 살면서 마주치는 항원의 수는 과연 얼마나 될까? 정확한 수치는 몰라도 우리가 상상할 수 없을 만큼 큰 수라는 것은 확실하다. 매일매일 공기를 통해, 손을 통해, 옷을 통해 우리와 접촉하는 모든 숨어 있는 병원균이 항원으로 작용할 수 있기 때문이다. 이렇게 생각하니, 도대체 우리 몸은 어떻게 그 많은 항원과 같은 수의 항체를 만들어 내는 건지 궁금해진다.

항체도 단백질의 한 종류이니 당연히 유전자로부터 만들어진다. 그런데 우리 몸에는 유전자가 2만 개밖에 없지 않은가? 평생 마주칠 엄청난 항원의 종류 수를 생각하면 2만 개로는 어림없다. 그 정도로는 수없이 많은 병원균과 맞서 싸우기에 부족하다. 게다가 우리 몸의 모든 유전자가 항체를 만드는 것도 아니지 않은가? 훨씬 적은 유전자로 어떻게 항원 숫자만큼의 항체를 만들어 내는 건지 정말 신기하다.

놀라운 항체 다양성의 비밀은 역시 유전자 발현의 조절에 숨겨져 있다. 정확하게는 RNA에 그 다양성의 비밀이 숨겨져 있다. RNA의 유전자 부분은 엑손exon이라 불리는 단백질 정보를 담고 있는 부위와 인트론intron이라 불리는 단백질로 번역되지 않고 RNA 상태에서 빠져나가는 부위로 구성된다. 정확히는 하나의 유전자 안에 엑손과 인트론이 순서대로 반복되는 형태를 가진다(그림 16). 그러니까 DNA에서는 유전자라고 보았던 부분을 RNA 수준에서 살펴보면, 실제로 단백질로 만들어지는 부위와 그렇지 않은 부위가 번갈아 나타나는 것이다. 전사가 완료되면 이중 단백질이 되지 않을 인트론이 제거되는 과정이 진행되는데, 이를 RNA 스플라이싱splicing이라 부른다. 바로 이 스플라이싱 과정에서 단백질의 다양성이 나타난다.

전사가 끝난 RNA의 주변에는 엑손과 인트론이 만나는 부분을 인식할 수 있는 인자들이 존재한다. 이 인자들은 '엑손-인트론' 순서로 만나는 부위와 '인트론-엑손' 순서로 만나는 부위를 인식

그림 16 　　　　　　　　　　　　　　　엑손과 인트론, RNA 스플라이싱

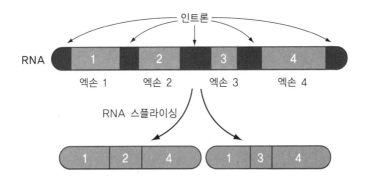

전사가 끝나고 합성된 RNA에서 단백질이 되지 않을 인트론 부위는 제거된다. 이를 RNA 스플라이싱이라 한다. 이 과정에서 일부 엑손이 사라지기도 하며, 이 엑손 선택을 통해 단백질의 다양성이 나타난다.

해 중간의 인트론을 자르고 엑손끼리만 연결하는 일을 한다. 그런데 문제는 이 인자들이 항상 같은 인트론의 양쪽 끝을 자르지는 않는다는 것이다. 가끔은 '엑손 1-인트론 1-엑손 2-인트론 2-엑손 3'의 첫 번째 '엑손 1-인트론 1' 연결 부위와 마지막 '인트론 2-엑손 3'의 연결 부위를 잘라 중간을 제거하고 양쪽 끝을 붙이는 일이 생기기도 한다. 그러면 인트론뿐만 아니라 엑손 2도 함께 사라지게 된다. 원래는 엑손 1+2+3이 있어야 하는 단백질이 엑손 1+3만을 가지게 되는 것이다.

이런 식으로 RNA 스플라이싱은 단백질이 될 수 있는 엑손 중 일부만 선택적으로 발현시킬 수 있다. 따라서 어떤 엑손을 단백질로 만들고, 어떤 엑손을 스플라이싱으로 제거하느냐에 따라 하나의 유전자 안에서도 아주 많은 종류의 단백질이 만들어질 수 있다. 가령, 엑손이 3개인 유전자라면, 엑손 1, 2, 3, 1+2, 1+3, 2+3, 1+2+3, 총 7가지 조합을 만들 수 있다. 다시 말해 이 유전자로 만들 수 있는 단백질의 종류가 총 7개라는 것이다. 엑손이 4개면 총 15가지 조합, 5개면 31가지 조합이 가능하다. 만약 엑손이 20개라면 무려 1,048,575가지 조합이 가능하다. 엄청나게 많은 종류의 단백질을 만들 수 있는 거다.

2만 개밖에 되지 않는 우리의 유전자가 말도 안 되게 많은 수의 항체를 만들 수 있는 건 이렇게 RNA 스플라이싱에서 발생하는 엑손 조합의 다양성 덕분이다. 만약 유전자 발현과정 도중에 RNA 스플라이싱이라는 단계가 없었다면, 인류는 우릴 공격하는 수많은 적과 맞서 싸울 무기를 거의 획득하지 못했을 것이고, 아마 우리는 지금 이 자리에 존재하지 못했을 것이다. 하지만 유전자 발현 조절 과정에서 나타나는 RNA 다양성은 적의 수에 버금가는 다양한 항체를 만들 수 있게 했고, 덕분에 우리는 오늘도 건강히 하루를 보내고 있다.

가나다 대신 〈가타카〉

외부의 병원균에 대응하는 면역 시스템은 우리 인간에게만 존재하는 것이 아니다. 다른 대부분 생물도 자신만의 방어체계를 갖추고 있다. 심지어 아주 단순한 생물인 박테리아조차 박테리오파지처럼 자신을 공격하는 바이러스에 대응하는 면역 시스템을 갖추고 있다. 게다가 자신을 한 번 이상 공격했던 적을 맞춤 상대하는 후천성 면역 작용도 한다.

우리가 항체라는 단백질로 병원균을 맞춤 상대하는 것과 달리, 박테리아는 RNA로 바이러스를 맞춤 상대한다. 바이러스가 박테리아를 공격할 때 자신의 DNA를 내부로 침입시키니, 같은 뉴클레오타이드로 구성된 RNA로 승부를 보는 것이다.

바이러스의 DNA가 박테리아 안으로 들어오면, 박테리아는 들어온 바이러스 DNA 중 일부 서열을 잘라 자기 DNA의 저장공간으로 옮긴다. 그리고 또 다른 침입자 바이러스의 DNA가 박테리아 안으로 들어오면 그 DNA도 잘라서 이전에 붙여 놓은 침입자 DNA의 옆자리로 옮긴다. 이런 식으로 박테리아는 자신을 공격한 적 있는 모든 바이러스의 유전 정보를 RNA 형태로 차곡차곡 쌓아 둔다. 그리고 이렇게 한 번 정보가 저장된 바이러스가 다시 박테리아를 재차 공격하면, 박테리아는 이전에 저장해 두었던 정보를 바탕으로 침입자의 DNA 서열을 찾아가 그곳을 붙잡는다. 그리고 침입자의 DNA를 제거할 수 있는 효소를 불러와 적을 물리친다. 한마디로 박테리아는 자신을 침입한 적 있는 바이러스의 DNA를 정확히 찾아가 인식할 수 있는 능력을 갖추고 있고, 이를 통해 스스로를 지키고 있다.

갑자기 박테리아의 후천성 면역 시스템을 소개한 이유는 이 시스템이 현대 유전학의 최전선에 있는 아주 혁신적인 기술에 영감을 주었기 때문이다. 박테리아의 후천성 면역 시스템은 바로 2020년 노벨 화학상 주제이기도 했던 '크리스퍼CRISPR 유전자 가위 기술'의 등장에 결정적인 역할을 했다.

인간 유전체 프로젝트는 인간의 모든 유전 부호를 읽어 냈다. 그리고 이후 진행된 여러 연구 덕분에 그 유전 부호를 해석하는 법도 상당히 밝혀졌다. 그러자 사람들은 어쩌면 우리가 직접 생명의 설계도를 만드는 게 가능할지도 모른다는 상상을 하기 시작했다. 아니, 직접 설계도를 만드는 것까지는 힘들어도 만들어져 있는 생명의 설계도를 원하는 방향으로 고치는 것 정도는 할 수 있을 거라고 기대하게 되었다. 우리가 관심 있는 기능을 담당하는 유전자를 알고 있다면 그 정보를 바꿔 사람의 형질을 변화시킬 수 있을 테니 말이다. 게다가 자연에는 DNA를 잘라 바꿀 수 있는 가위 역할을 하는 효소가 많다. 인류는 이전부터 그런 효소를 잘 알고 있었고, 공학적으로도 충분히 활용할 수 있었다. 단 한 가지 문제, 내가 원하는 부위의 유전 정보를 정확히 찾아가는 기술만 있다면, 유전자 조작이라는 말도 안 되는 일을 생각보다 쉽게 해 낼 수 있을지도 모르는 상황이었다.

박테리아의 후천성 면역 시스템은 바로 이 한 가지 문제를 훌륭히 해결했다. 자신을 침입한 적 있는 바이러스의 DNA를 정확히 찾아가 인식할 수 있는 박테리아의 능력을 적용해 유전자 가위가 관심 있는 유전자를 정확히 찾아갈 수 있는 기술을 개발한 것이다. 이렇게 크리스퍼 유전자 가위 기술이 화려하게 세상에 등장했다. 이 기술은 박테리아의 면역 시스템이 바이러스 서열을 인식할 때 이용하는 인자들을 그대로 활용한다. 이를 통해 우리가 바꾸거나 제거하고자 하는 유전자 염기 서열을 인식하고, 정확한 부위를 잘라 내어 유전 정보를 교정한다. 드디어 생명의 설계도를 우리 입맛대로 손댈 수 있는 길이 열린 것이다. 이제 사람들은 영화 〈가타카〉에서처럼 사람의 유전 정보를 마음대로 조작하고, 원하는 형태와 기능을 가진 아이를 태어나게 할 수 있을지도 모른다는 생각에 설렘과 공포를 동시에 느끼기 시작했다.

그리고 2018년 11월, 실제로 중국에서 크리스퍼 기술로 에이즈 발병에 관여하는 CCR5 유전자를 제거한 아이가 태어났다. 이 사건은 아주 큰 논란을 불러일으켰다. 아직 우리 사회가 유전 정보를 교정하는 것에 대해 사회적 제도와 정확한 윤리 강령을 만들기도 전에 벌어진 일이었기 때문이다. 당연히 이 충격적인 사건을 저지른 중국 남방과학기술대학교의 허젠쿠이는 법적 처벌을 받았다.

유전 정보를 바꾸는 행위는 대단히 많은 사회적 문제를 고려해야 하는 일이다. 태어나기 전에 아기의 유전 정보를 원하는 대로 교정하는 일을 허용할지, 허용한다면 어디까지 바꿀 수 있게 할지, 질병 치료에만 활용할지 아니면 외모 등 다른 형질에 관여하는 유전자에도 손을 댈 수 있게 할지, 유전자 교정으로 인한 부작용이 생기면 누가 책임을 져야 할지 등에 대해 고민해 보아야 한다. 이 기술이 본격적으로 활용되기 시작한다면 사회의 모습이 지금과 완전히 달라질 것이니, 그전에 나중에 벌어질 문제에 대해 미리 논의하고 확실한 윤리 강령을 정하는 과정이 꼭 필요하다.

나는 이런 과정 없이 자신이 할 일이 만들어 낼 파장과 영향력을 고려하지 않고, 함부로 사람에게 크리스퍼 유전자 가위 기술을 적용한 허젠쿠이의 행동은 과학자로서 해서는 안 되는 일이었다고 생각한다. 프로는 자기가 한 일에 책임질 수 있어야 한다. 그러나 그는 자기가 책임질 수 있는 범위를 넘어서는 일을 저질러 버렸다. 그가 어떤 생각으로 크리스퍼 기술을 사람에게 적용했는지, 뒤에 어떤 배경이 있는지는 잘 모른다. 하지만 그의 행위가 한 사람의 삶을 바꿨고, 그 누구도 그럴 자격이 없다는 것은 명백한 사실이다. 과학은 항상 우리 사회가 조금 더 나아지는 것을 목표로 삼아야 한다. 내가 궁금하다고 혹은 더 큰 꿈을 꾸고 있다고 해서 그 방향성을 잃어버려서는 안 된다. 인종차별과 제국주의를 정당화해 버린 우생학자들처럼 세상을 어둡게 만드는 매드 사이언티스트가 되기를 바라는 게 아니라면 말이다.

뉴스 속 과학의 현실

과학자의 꿈을 꾸던 고등학생 때 내 미래의 버킷리스트 중 하나는 〈9시 뉴스〉에 나가는 것이었다. 실험복을 입고 뉴스에 등장해 자신의 연구 성과를 소개하는 과학자들의 모습이 정말 멋있어 보였다. 하지만 언젠가부터 이 꿈에 대한 환상이 조금 사그라들었는데, 그 이유는 뉴스에서 소개되는 과학 연구가 많이 과장되어 있다는 것을 알게 되었기 때문이다.

〈9시 뉴스〉에는 매주 한 번꼴로 '암 치료의 새로운 열쇠 밝혀져', '암의 원인을 규명해' 같은 제목의 뉴스가 소개된다. 하지만 제대로 된 생명과학자 중 이런 표현을 그대로 받아들이는 이는 없을 것이다. 사실 당연한 이야기인데 뉴스에서 말하는 대로 정말 암의 원인과 치료법이 다 밝혀졌다면, 왜 여전히 그 많은 사람이 암으로 목숨을 잃고 있겠는가? 왜 암이 아직도 사망률 1, 2위를 다투는 무서운 질병이겠는가? 언론과 매체에 소개되는 과학기술은 많이 왜곡되는 측면이 있다. 저런 제목과 함께 소개되는 의학 연구 역시 대부분 암의 수많은 원인, 수많은 치료제 후보 중 하나를 찾아낸 것에 그치는 경우가 대부분이다.

물론 암이 발생하는 수많은 경로 중 하나를 규명한 것은 아주 중요한 연구 성과다. 새로운 치료법의 가능성을 제시해 줄 뿐 아니라, 암이라는 생명 현상을 이해하는 데 큰 도움이 될 수 있다. 하지만 이런 연구 성과를 소개하는 방식에 대해서는 다시 생각해 볼 필요가 있다. 암이 전이되고 재발하는 수많은 이유 중 하나를 밝혀낸 연구를 마치 암의 모든 비밀을 풀어낸 것처럼 소개하는 건 오히려 과학적 사실을 왜곡하는 행위다. 게다가 기초 연구에서 밝혀진 치료제 후보가 임상 시험을 거쳐 실제 약으로 개발되는 경우는 0.1퍼센트도 안 된다. 실험실에서의 연구 결과로 실제 환자의 치료를 이야기하는 것은 성급하다. 한두 개의 연구 성과만으로 암을 치료할 열쇠가 생겼고, 암의 비밀이 해결되었다는 말은 솔직히 너무 과장된 이야기이다.

사실 이렇게 과학의 성과를 부풀려 소개하는 건 우리 사회에서 흔히 있는 일이다. 지금 가장 주목받는 생명공학기술인 크리스퍼 유전자 가위 기술도 부풀려 소개되고 있다. 이 기술이 등장하자, 사람들은 영화 〈가타카〉에서처럼 태어날 아기의 능력을 예측하고, 이를 마음대로 조작하는 세상이 올 거라는 막연한 기대를 하기 시작했다. 물론 유전자 조작이 당연하게 여겨지는 사회가 단기간에 도래할 거라고 예상한 이는 많이 없겠지만, 그래도 유전자

가위 기술로 사람의 특성을 어느 정도 편집하는 것이 충분히 가능할 것으로 생각한 이는 꽤 많았다.

그러나 크리스퍼 기술은 아직 세상을 바꿀 정도의 능력을 갖추지 못했다. 매체에 '유전자 편집 기술'이라는 단어가 자주 등장하지만, 인류는 아직 우리의 거대한 유전체를 편집할 정도의 능력이 없다. 그래서 일부 학자는 '편집'이라는 단어 대신 유전자 '교정'으로 표현하는 것이 바르다고 주장하는데, 나도 이에 동의한다. 지금의 유전자 가위 기술이 해낼 수 있는 수준은 인간 유전체에 있는 30억 개에 달하는 염기 서열 중에 원하는 부위 몇 개만을 찾아가 그 유전자를 바꾸거나 제거하는 정도가 전부이다. 이 책의 글자 수가 약 20만 개 정도 되는데, 그중 오타 두세 글자를 고쳤다고 해서 책을 편집했다고 말하지는 않는다. 그건 아주 사소한 교정일 뿐이다.

물론 20만 글자가 쓰인 책의 딱 한 글자만 교정하더라도 그 한 글자가 책 전체의 내용에 아주 중요한 역할을 하는 부분이라면, 예를 들어 책 제목이라면 사소한 것이 아닐 수 있다. 책의 운명을 바꿀 수도 있다. 마찬가지로 하나의 유전자를 교정하는 일이 개인에게 충분히 의미 있는 일이 될 수도 있다. 심각한 병과 연관된 유전자를 제거해 사람의 목숨을 살릴 수도 있으니 말이다.

따라서 크리스퍼 유전자 가위 기술은 분명 아주 유용하게 활용될 수 있는 혁신적인 기술이다. 그러나 배아의 유전 정보를 마음대로 조작해서 원하는 형태와 능력을 갖추고 태어날 수 있게 하는 공상과학 속의 기술은 아니다. 적어도 아직은 말이다. 크리스퍼 시스템으로 노벨상을 받은 에마누엘 샤르팡티에Emmanuelle Charpentier가 '이 기술을 처음 발견한 후 제일 먼저 난치병에 걸린 환자들이 생각났다'라고 했듯이 우리 몸에 치명적인 유전자를 교정해 삶의 질을 높이고 위험을 예방하는 것 정도가 현재 크리스퍼 유전자 가위 기술이 나아갈 현실적인 길이다.

이렇게 얘기하면 한두 개의 유전자 염기 서열을 바꿀 수 있는 그 능력을 발전시켜 유전체 내에서 원하는 유전자들을 전부 바꿔 버리면 되지 않냐고 반문할 수도 있다. 그러나 방금까지 우리는 유전자 발현 조절이 얼마나 복잡하게 진행되는지 살펴보지 않았는가? 고작 2만 개에 불과한 유전자가 인간의 다양하고 복잡한 표현형을 나타내기까지의 중간 과정에 관여하는 그 신기하고 복잡한 여러 작용을 말이다. 유전자를 제거하거나 고쳤을 때 나타나는 결과를 예상하려면 그 복잡한 과정들을 모두 고려해야 한다. 당연히 여러 유전자에 손을 댄다면 그 과정은 훨씬 더 복잡해질 것이다. 그리고 우린 아직 이 모든 과정을 제대로 이해하지 못하고 있다.

인류의 기술은 생각보다 빨리 발전하고 있고, 덕분에 상상 속 미래 기술들을 현실로 만드는 데 성공했다. 하지만 아직 우리가 만들어 낸 기술이 복잡한 생명체 안에서 어떻게 작동할지는 거의 알지 못한다. 만약 이 복잡한 작용과 그로 인한 부작용을 고려하지 않고 무턱대고 아무 유전자나 막 고쳤다가는 우리가 전혀 기대하지 않았던 최악의 상황이 펼쳐질지도 모른다. 인류는 아직 갈 길이 멀다.

아주 긴밀한 연결

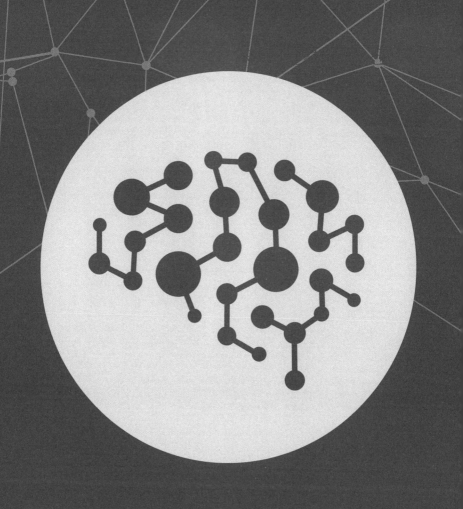

2부 신경발생유전학

뇌에서 나를 발견하다

4장

뇌와 신경, 시작이 반이다

나는 누구인가?

어느 날, 사람의 손이 닿기 힘든 깊은 바다 아래에서 아주 오래된 배 한 척이 발견되었다고 상상해 보자. 세월의 흔적을 증명하듯 배는 다 낡고 망가진 상태다. 그 정체를 알기 위해 여러 사람과 온갖 기계가 달려들어 거대한 배를 물 밖으로 꺼냈고, 오랜만에 바깥 공기를 맡게 된 배는 상쾌한 공기를 즐길 틈도 없이 곧바로 한 박물관으로 옮겨졌다. 얼마 지나지 않아 이 배는 복원 전문가들의 손길에 의해 처음 만들어졌던 500년 전의 모습으로 다시 돌아갈 수 있었다. 그리고 드디어 밝혀진 배의 정체는 놀랍게도 우리 역사의 자랑, 거북선이었다.

운 좋게 엄청난 전시물을 획득한 박물관 측은 전시관 어디에서든 보이는 1층 입구의 정중앙에 복원된 배를 전시했다. 그리고 그 앞에 당당히 '거북선'이라는 이름을 붙여 놓았다. 거북선의 실제 모습이 재현되었다는 소식이 알려지자 각종 언론에서 찾아오기 시작했고, 더불어 관람객 수도 배로 늘었다. 그렇게 모든 일이 아주 잘 풀리는 것 같던 어느 날, 한 관람객이 박물관 측에 말도 안 되는 문제를 제기하는 작은 소동이 일어났다. 관람객의 주장은 이러했다.

"아니, 이 배를 거북선이라고 할 수 있는 거 맞아요? 어떻게 그렇죠? 500년이나 지난 배라면 나무판자가 다 낡고 망가져 있어야 하는 게 당연하잖아요. 그런데 지금 낡은 판자는 거의 안 보이고 대부분 새 걸로 채워져 있는데, 어떻게 이게 이순신 장군의 거북선이란 말이에요?"

"선생님, 처음 발견 당시의 배는 거의 망가진 형태였습니다만, 지금 이 전시물은 저희가 정성스레 조선 시대 당시의 모습을 재현한 상태입니다."

"그러니까 그게 어떻게 거북선이라는 거예요? 원래 거북선의 구성품은 지금 반의반도 안 남아 있는데! 겉모습만 비슷하게 유지되었을 뿐 구성은 다 바뀌었으니, 이건 거북선과 전혀 다른 배라고 해야 하는 거 아닌가요?"

박물관 직원은 꿀 먹은 벙어리가 되었다. 이 불만 많은 관람객의 주장이 꽤 논리적이었기 때문이다. 이 사람이 던진 항의는 얼핏 들으면 황당해 보이지만, 조금 더 생각해 보면 상당히 그럴싸하다. 그도 그럴 것이 '구성이 바뀌어 버린 사물이 이전의 사물과 같은 존재인가?'라는 물음은 사실 미술품 복원에서도 자주 거론되는 굉장히 철학적이고 복잡한 문제이기 때문이다.

이 어려운 질문은 고대 그리스《플루타르코스 영웅전》에 등장하는 '테세우스의 배' 역설에서 시작되었다. 그리스 신화 속 영웅 테세우스는 괴물 미노타우로스를 죽이고 아테네로 귀환했다. 그러자 아테네 사람들은 이를 기념하기 위해 테세우스의 배를 오랫동안 보존했다. 배가 낡으면 부품 일부를 새것으로 교체하고, 시간이 흘러 배가 또 낡으면 다시 부품을 새것으로 교체하는 방식으로 꽤 긴 시간 배를 유지할 수 있었다.

이 상황에서 구성이 새 부품으로 교체된 배를 과연 테세우스의 배라고 부를 수 있을까? 낡은 부품 한둘 정도를 바꿔 끼운 정도라면 당연히 기존 배와 같다고 할 수 있겠지만, 꽤 세월이 흘러 원

그림 17   테세우스의 배

래 배의 부품이 단 하나도 없는 상태의 배라면 어떨까? 처음과 구성이 100퍼센트 다른 이 배조차 테세우스의 배라 말할 수 있을까? 정말 어려운 질문이다.

그럼 이건 어떨까? 우리 몸은 세포라는 기본 단위로 구성된다. 그리고 모든 세포는 수명을 가지고 있어 그중 대부분은 평생 여러 차례 교체된다. 예를 들어 위벽 세포는 평균 수명이 매우 짧아 이틀 정도밖에 되지 않는다. 따라서 일주일 전의 내 위벽과 지금의 내 위벽을 비교해 보면 같은 세포가 단 하나도 없다. 구성이 완전히 바뀌어 버린 것이다.

이처럼 과거의 나와 지금의 나는 500년 전 거북선과 복원된 거북선처럼 구성 요소가 서로 다르다. 내가 태어났을 때의 세포 중 지금까지 내 몸 안에 남아 있는 것은 거의 없다. 그럼 앞에서 이야기한 관람객의 주장처럼 복원 작업으로 구성이 바뀐 배가 거북선이 아니라면, 마찬가지로 과거의 나와 지금의 나도 다른 사람이라고 해야 할까? 점점 난감해진다. 과거의 나와 지금의 내가 다른 사람이라는 건 말이 안 되는데, 그렇다고 또 아니라고 답하기도 참 애매하다. 아무리 생각해 봐도 이건 답이 없는 문제인 것 같다.

지금까지 이야기한 거북선의 역설은 나를 단순히 구성 요소만으로는 정의하기 힘들다는 사실을 알려 준다. 그럼 도대체 '나'는 무엇일까? 나라는 존재를 그리고 하나의 생명체를 어떻게 설명하고 정의할 수 있을까? 누구도 확답할 수 없고 정해진 정답도 없는 이 물음의 답을, 나는 '뇌'에서 찾고 있다.

내가 나의 정의를 뇌에서 찾는 이유는 크게 두 가지다. 먼저 다른 세포들과 달리 뇌의 신경세포(뉴런)는 사람이 태어날 때 만들어져 교체도 재생도 되지 않고 평생 쭉 유지된다. 위벽세포의 수명은 고작 이틀밖에 되지 않지만, 뉴런의 수명은 그 주인인 사람의 수명과 같다. 즉, 우리 몸의 다른 대부분 세포가 바뀌는 동안 뉴런만은 평생 사라지지 않고 그대로 유지된다. 그러니 이들이야말로 우리의 정체성을 정의하기에 가장 적합한 세포인 셈이다.

뇌가 나를 정의한다고 생각하는 두 번째 이유는 평생 유지되는 뉴런들이 일생 조금씩 변화하면서 우리의 삶을 기록하기 때문이다. 정확히 말하면, 다른 뉴런과 연결되는 시냅스가 조금씩 바뀌는데, 이 과정에서 우리의 모든 경험과 지식이 뇌 네트워크에 기록된다. 따라서 우리 뇌 속 연결은 살아오며 경험한 모든 흔적을 저장하게 된다.

음, 무슨 말인지 대충은 알 것 같은데, 머릿속에 뚜렷하게 그려지지는 않는다고? 괜찮다. 이 두 가지 이유를 함께 나누기 위해 책의 나머지를 비워 뒀으니 말이다. 지금부터 함께 천천히 알아가 보자. 뇌세포가 어떻게 만들어지고, 일생 어떻게 변화하며 '나'의 정체성을 구성하는지.

'어떻게 이토록 많은 사람이 사회라는 하나의 틀 안에서 정해진 법과 약속을 지키며 살아갈 수 있는 걸까? 무려 70억 명이나 되는 서로 다른 사람들이, 도대체 어떻게?'

가끔 이런 뜬금없는 질문을 던지고는 한다. 신기하지 않은가? 고작 몇 개의 문장, 몇 장의 문서로 표현되어 있을 뿐인 법과 제도를 대부분 사람이 지키며 살아간다니, 어떻게 이런 일이 가능할까?

답은 균형에 있다. 인간들의 복잡한 사회는 서로 다른 처지에 있는, 그리고 서로 다른 욕망을 가진 세력들 간의 아슬아슬한 힘의 균형으로 유지된다. 독재자 한 명이 나라의 모든 국민을 통제할 수 있는 권력을 가진다면 그 나라의 일은 모두 그의 뜻대로 흘러갈 테다. 혹은 단 하나의 기업이 모든 지구상의 인터넷을 통제할 수 있는 기술력을 독점하고 있다면 지구인은 모두 그 기업의 지배를 받으며 살아갈 테다. 하지만 다행히도 우리 사회는 여러 제도적 장치와 견제로 힘의 독점을 막고 있고, 덕분에 분산된 권력들이 서로를 견제하며 사회의 균형을 이루고 있다. 팽팽한 줄다리기 속에 만들어진 절묘한 균형이 많은 구성요소로 이루어진 복잡한 시스템이 안정적인 상태를 유지하게 만드는 셈이다.

이는 우리 사회 못지않게 복잡한 생명 시스템에도 마찬가지로 적용된다. 하나의 개체가 문제없이 기능하기 위해서는 여러 생물학적 수준에서의 다양한 현상이 생명 시스템에 최적화된 조건으로 활동할 수 있도록 균형을 이루고 있어야 한다.

우리 몸이 제대로 기능하기 위해 미묘하게 균형을 유지하고 있는 대표적인 예가 세포의 숫자이다. 사람의 몸에는 세포의 수를 늘리는 신호와 줄이는 신호가 서로 균형을 이루고 있다. 우리 몸 속 세포의 수는 두 신호의 균형에 의해 늘어날지 줄어들지 아니면 그 상태를 유지할지 결정된다. 사람이 성장하기 위해 세포의 수가 늘어나야 할 때 혹은 세포의 재생이 필요할 때는 세포를 분열해 그 수를 늘리라는 신호가 강해지고, 그럴 필요가 없을 때는 세포의 수가 유지되도록 신호를 조절한다. 그러나 이런 균형이 망가져 세포가 더 만들어질 필요가 없는데도 세포 분열을 촉진하는 신호가 강해지면 스스로 조절할 수 없는 세포의 증식이 시작된다. 그리고 우리는 이를 암이라고 부른다.

세포 분열을 조절하는 시스템이 망가져 세포의 무분별한 증식이 계속되면 세포가 층층이 쌓여 덩어리지는 종양이 나타나는데, 이 종양이 다른 곳으로 전이하는 현상이 바로 암이다. 결국, 암은 우리 몸에서 세포의 수를 조절하는 시스템의 균형이 망가져 나타나는 일이다. 세포 수의 증가와 감소 사이의 절묘한 균형이 무너져 암세포가 발생하면 우리 몸 전체가 망가질 수 있다. 이러한 암은 분열할 수 있는 모든 세포에서 일어날 수 있는 현상이다. 암이라는 질병이 사망 원인 1위로 꼽힐 정도로 위험하면서도 빈번한 이유는 바로 여기에 있다.

다행히도 우리 몸의 모든 세포가 암에 걸리는 것은 아니다. 흥미롭게도 일부 세포는 암의 위험으로부터 안전하다. 이들에게는 분열할 능력이 없기 때문이다. 그 대표적인 예가 바로 사람의 정체성에 관한 비밀을 품고 있는 뇌 속 뉴런이다. 교체도 재생도 하지 않는 뉴런은 분열과 멈춤을 반복하는 세포 주기에서 완전히 벗어나 있다. 따라서 암의 위험이 거의 없다. 암은 세포 분열을 촉진하는 신호가 이를 억제하는 신호보다 과해지며 나타나는 현상이니, 애초에 분열을 하라는 신호가 오지 않으면 암이 발생할 일이 없다. 이런 이유로 뇌에서 나타나는 종양이나 암은 대부분 뉴런이 아닌 신경교세포glial cell* 혹은 신경줄기세포stem cell 등 분열할 수 있는 다른 세포에서 발생한다.

그러나 인생사 새옹지마라고, 분열하지 않는 뉴런의 특성이 암이 나타나지 않는 마냥 좋은 결과로만 이어지는 것은 아니다. 암 이외에도 세포 수의 균형이 깨져 나타날 수 있는 우리 몸의 문제는 상당히 많기 때문이다. 특히 하나의 세포로부터 개체가 완성되기까지 수많은 세포 분열을 반복해야 하는 '발생' 과정에서 세포 수의 균형이 망가지는 문제가 빈번하게 발생한다.

사실 우리가 관심을 두고 있는 뉴런의 경우는 암보다 이 발생 과정의 문제가 훨씬 심각한 결함으로 이어질 가능성이 크다.

---

* 뇌에 가장 많이 존재하는 세포. 신경 전달을 직접 못 하지만 뇌가 유지되고 신경세포가 신호를 전달하는 데 필수적인 도움을 주는 여러 종류의 주요 세포를 말한다.

아주 긴밀한 연결

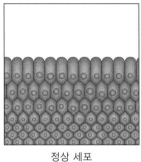
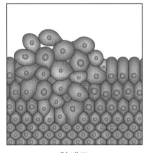

정상 세포   암세포

정상 세포(왼쪽)는 정해진 공간 내에서 일정 밀도를 유지하지만, 세포 분열 촉진 신호가 통제되지 않는 암세포(오른쪽)는 멈추지 않고 계속 분열해 세포가 덩어리지는 종양을 형성한다.

뇌를 구성하는 뉴런들은 대부분 임신 초기에 만들어지는데, 다른 세포와 달리 교체도 재생도 되지 않고 평생 유지된다. 이처럼 한 번 태어나면 개체의 삶과 함께 평생 유지되는 뉴런이 처음 만들어지는 발생 과정에서부터 문제가 나타나면 태어난 이후에는 굉장히 치명적인 결함으로 이어질 수 있다.

　뉴런이 암을 피하는 대신 맞이하게 된 신경 발생 질환에는 다양한 종류가 있다. 그중에는 우리가 잘 아는 자폐 스펙트럼 장애와 주의력 결핍 과다행동 장애Attention Deficit Hyperactivity Disorer, ADHD 등의 신경정신질환도 포함되며, 뇌의 구조가 망가지는 다른 여러 질환도 포함된다. 대표적으로 발생 단계에서 뉴런이 처음 만들어질 때 세포 수의 균형이 무너져 뇌에 세포를 너무 많이 만들어 버리면 뇌의 크기가 커지고, 반대로 세포를 너무 적게 만들면 뇌의 크기가 작아진다. 이를 각각 대두증macrocephaly과 소두증microcephaly이라 부른다.

지금부터는 이런 신경 발생 질환의 원인과 증상, 그리고 치료 방법을 하나씩 살펴보려 한다. 이렇게 우리 몸을 망가뜨리는 질환의 조성과 역학을 파악하는 것은 상당히 의미 있는 일인데, 생명 시스템의 균형이 무너졌을 때 어떤 현상이 일어나는지 연구하면 그 균형이 무너지지 않은 일반적인 생명 현상을 더 쉽게 이해할 수 있기 때문이다. 즉, 신경 발생 질환 연구는 우리 몸을 평생 꾸준히 구성하는 뉴런의 발생 과정을 이해하는 데 큰 도움이 될 수 있다. 물론 병으로 고통받는 이들의 삶을 조금 더 편안하게 해 줄 치료법을 찾는 데에도 유용하게 활용될 수 있다.

내가 만든 돌연변이

신경 발생 질환에는 정말 다양한 원인이 있는데, 그중 가장 쉽게 떠오르는 원인은 역시 유전자 돌연변이 아닐까 싶다. 실제로 유전자 결함은 신경 발생 질환의 가장 결정적인 이유 중 하나이다. 펄 벅의 딸을 괴롭게 한 페닐케톤뇨증, 제일 흔한 신경 발생 질환의 하나인 자폐 스펙트럼 장애, 그리고 곧 자세히 알게 될 대뇌 피질 발달 기형 등은 모두 유전자의 결함이 신경 발생 단계에서 생명 시스템의 균형을 무너뜨려 나타날 수 있는 질환이다.

그럼 유전자의 돌연변이는 어떻게 신경 발생 질환을 일으키는 걸까? 이제 그 예를 몇 가지 살펴보려고 하는데, 그전에 한 가지 미리 알려 줄 것이 있다. 지금 만날 예시는 우리가 흔히 떠올리는 유전자 결함과는 약간 차이가 있는 조금은 특이한 돌연변이다. 놀랍게도 이 유전자 결함들은 부모에게서 물려받는 결함이 아니기 때문이다. 아니, 유전자는 부모에게서 자식에게로 전달되는 것인데, 유전자 결함이 부모에게서 온 게 아니라니, 그게 무슨 말이냐고?

몸의 구조나 기능에 문제를 일으키는 유전자 돌연변이에는 크게 두 가지 종류가 있다. 첫 번째는 부모에게서 물려받는 것이며, 이런 돌연변이를 '생식세포 돌연변이'라 부른다. 두 번째는 부모에게서 물려받지 않는 돌연변이인데, 보통 세포가 분열할 때 발생한다. 이를 생식세포가 아닌 세포에서 발생하는 돌연변이라는 뜻에서 '체세포 돌연변이'라고 부른다.

세포는 분열할 때 유전자가 포함된 DNA를 복제한다. 만약 그렇지 않다면 세포가 분열할 때마다 DNA 역시 함께 반으로 줄어들 것이고, 그러면 각 세포 별로 유전 정보가 일정하게 유지되지 못할 것이다. 어떤 세포에는 유전자가 거의 없는 상황이 생길 수도 있다. 따라서 하나의 세포 안에 일정한 유전 정보가 유지되도록 세포 분열 시에 매번 DNA가 복제되는데, 보통 이 과정에서 부모에게서 물려받지 않는 체세포 유전자 돌연변이가 나타난다.

DNA를 복제할 때 무언가 실수가 일어나 원래 DNA와 조금 다른 서열을 가지는 돌연변이 DNA가 만들어지는 것이다. 물론 이런 실수가 자주 일어나지는 않는다. 생명 시스템은 꽤 정교하게 작동하니 말이다. 자연적으로는 DNA 복제 때 돌연변이가 100만 분의 1 정도 확률로 발생한다고 알려져 있으므로, 확률적으로 돌연변이가 나타날 일은 그리 많지 않다.

하지만 사람 같이 복잡한 다세포 생물은 엄청나게 많은 세포 분열을 반복하는 과정을 반드시 거쳐야 한다. 그 과정은 바로 하나의 세포에서부터 출발해 하나의 개체가 완성되기까지 수도 없이 많은 세포 분열을 반복해야 하는 발생 단계이다. DNA를 자주 복제하면 당연히 돌연변이도 많이 나타날 것이다. 따라서 대부분 체세포 돌연변이는 발생 단계에서 나타난다. 인간의 경우 정자와 난자의 수정으로 만들어진 하나의 세포가 무려 30조 개의 세포로 나뉘어야 하니, 아무리 100만 분의 99만 9,999의 확률로 정교하게 DNA를 복제하는 생명 시스템이더라도 이 과정에서는 꽤 많은 돌연변이를 만들어 낼 수밖에 없다.

유전자에 나타나는 돌연변이 중 일부는 실제 생명 현상에 그리 큰 영향을 주지 못한다. 또 일부 돌연변이는 오히려 개체에 좋은 영향을 준다. 그러나 어떤 유전자 돌연변이는 단백질, 세포, 기관 수준에서의 생명 현상을 망가뜨려 개체에 심각한 문제를 일으킨다. 예를 들어 국소 대뇌 피질 발달 기형에 속하는 국소 피질이형성증Focal cortical dysplasia이라는 질환이 있는데, 여러 연구를 통해 이 병의 주된 원인은 신경 발생 과정에서 몇몇 유전자에 나타난 체세포 돌연변이라는 사실이 잘 알려져 있다. PIK3CA(픽쓰리씨에이), PIK3R2(픽쓰리알투), TSC1/2(티에쓰시원/투), AKT1/3(에이케이티원/쓰리), mTOR(엠토르) 등의 어려운 이름을 가진 유전자들에 체세포 돌연변이가 생기면, 대뇌 피질 부위의 구조가 망가지고 뇌의 기능에 문제가 나타나 당사자들의 삶을 어렵게 한다.

신경 발생 과정을 이해하고 신경 발생 질환에 고통받는 이들을 돕기 위해서는 이런 체세포 돌연변이들이 어떻게 병의 증상을 유발하는지 그 중간 과정을 자세히 이해해야 할 필요가 있다. 하지만 우리가 병의 원인과 결과 사이의 관계를 쉽게 이해하는 걸 방해하는 까다로운 부분이 하나 있는데, 바로 생명 현상의 복잡성이다.

만약 하나의 치명적인 유전자 돌연변이와 하나의 신경질환 혹은 증상이 일대일로 대응된다면, 그 인과관계를 파악하는 것은 생각보다 간단할지도 모른다. 그러나 생명 현상은 그리 물렁물렁하지 않다. 바로 앞의 예시에서도 알 수 있듯이 PIK3CA, PIK3R2, TSC1/2, AKT1/3, mTOR 등 상당히 다양한 유전자에 발생하는 체세포 돌연변이가 국소 피질이형성증이라는 하나의 질환을 일으킬 수 있다. 게다가 이와는 반대로 같은 유전자, 예를 들어 PIK3CA라는 유전자에 발생하는 돌연변이가 어느 경우에는 국소 피질이형성증을, 또 어느 경우는 자폐 스펙트럼 장애를, 또 다른 경우에는 암을 유발하기도 한다.

그림 19   신경 발생 질환의 복잡성

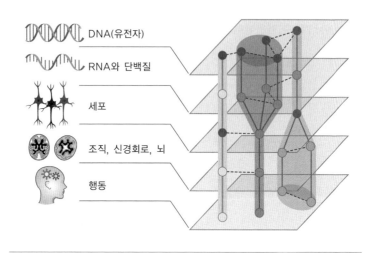

DNA(유전자)

RNA와 단백질

세포

조직, 신경회로, 뇌

행동

신경 발생 질환은 상당히 복잡한데 하나의 유전자 문제가 RNA, 단백질 혹은 세포 수준에서는 여러 효과로 이어질 수 있다. 이는 조직, 신경회로, 뇌의 수준에서 더 복잡하게 나타난다. 이런 복잡성은 여러 생물학적 수준에서 나타나는 질병 특성의 상관관계와 인과관계를 파악하기 어렵게 한다.

여기서 더 자세히 파고들면, 같은 질환이라 할지라도 그 증상이 세포 혹은 신경세포 회로 수준에서는 꽤 차이가 나는 현상도 발견할 수 있다. 국소 피질이형성증 환자들에게는 발작이 나타날 수 있는데, 같은 발작이더라도 어떤 환자에게는 세포 자체에 문제가 생겨 발생한 것일 수 있고, 또 어떤 환자에게는 각 세포의 문제는 없으나 세포들의 배열과 회로 연결이 잘못되어 발생한 것일 수 있다. 정말 미치겠다. 유전자에서 행동까지 이어지는 중간 과정이 이렇게나 복잡해서야 도대체 어떻게 병을 제대로 이해할 수 있겠

는가? 이 복잡한 현상을 잘 파악하기 위해서는 아무래도 서로 나누어져 있는 여러 생명 현상을 하나의 맥락으로 묶어 설명할 수 있는 묘안이 필요할 듯하다.

세포 내 신호 전달 경로

모든 생명 시스템은 하위 단계의 요소들이 양적으로 기능적으로 균형을 잘 맞추고 있어야 원활하게 기능할 수 있다. 수많은 세포로 구성되는 인체도 세포들이 각자의 자리에서 제 역할을 다하고, 그 기능 간의 균형이 잘 맞아야 정상적으로 생명 활동을 할 수 있다. 이를 위해서는 세포 간의 소통, 즉 세포 간 신호 전달이 매우 중요하다. 구성원들끼리의 소통이 꽉 막힌 집단은 오래 유지될 수 없는 것처럼 세포끼리 소통이 잘되지 않으면, 이들이 서로 균형을 유지하면서 생명 활동을 이어갈 수 없다.

소통을 위해 세포가 다른 세포에 신호를 보내면 신호를 받는 세포는 내부에서 신호를 전달, 증폭하는 등의 과정을 거쳐 상황에 적절한 반응을 만들어 낸다. 이를 위해 세포 안에는 외부에서 들어온 신호를 전달해 반응을 끌어내는 경로가 여럿 존재하는데, 이를 '세포 내 신호 전달 경로cell signal transduction pathway'라고 부른다.

세포 내 신호 전달 경로는 세포 외부에서 들어온 신호를 전달하는 일종의 이어달리기와 비슷하다. 세포 내 신호 전달 경로는 외부로부터 오는 신호를 세포막이 받아들이면서 시작되는데, 이렇게 세포 안으로 들어온 신호는 세포의 반응을 직접 바로 끌어내는 것이 아니라 중간에 여러 플레이어를 거쳐 전달되기 때문이다. 이때 특정 단백질들이 외부에서 온 신호를 전달하는 플레이어 역할, 즉 세포 신호라는 바통을 들고 이어달리기하는 주자 역할을 한다. 여러 주자를 거쳐 신호는 결국 세포핵으로 전달되고, 세포핵에서 유전자의 발현이 조절되며 세포는 기능이 변하고 신호 자극에 따른 반응을 보이게 된다.

바로 이 대목에서 신경 발생 질환의 복잡성 문제를 해결할 기가 막힌 방도가 등장한다. 서로 다른 여러 유전자 돌연변이가 같은 병을 일으키는 머리 아픈 현상을 '세포 내 신호 전달 경로'의 문제로 훨씬 간단히 설명할 수 있기 때문이다.

이어달리기 도중 한 주자가 넘어지면 기록이 크게 나빠질 것이다. 그리고 만약 한 주자가 기록 향상을 위해 불법 금지 약물을 복용하고 경기에 참여하면 반대로 기록이 엄청나게 좋아질 것이다. 생명 시스템의 이어달리기에서도 마찬가지다. 세포 내 신호 전달이라는 이어달리기를 하는 주자 중 한 명을 넘어뜨려 못 뛰게 만드는 돌연변이, 즉 플레이어 중 한 단백질의 활성을 낮추는 돌연변이가 발생하면 그 신호가 잘 전달되지 않을 것이다. 반대로 한 이어달리기 주자에게 금지 약물을 주입하는 효과를 내는 돌연변이, 즉 한 단백질의 활성을 높이는 돌연변이가 발생하면 신호가 과하게 활성화될 것이다. 그리고 세포 간 신호의 불균형은 생명

아주 긴밀한 연결

시스템을 망치는 주범이니, 이런 신호 전달 경로의 조절 장애는 개체 수준에서 심각한 병을 일으키는 원인으로 작용할 수 있다.

같은 병을 일으키는 PIK3CA, PIK3R2, TSC1/2, AKT1/3, mTOR 유전자의 체세포 돌연변이는 모두 같은 신호 전달 경로를 망가뜨린다. 이 유전자들로부터 만들어지는 PIK3CA, PIK3R2, 하마틴hamartin, 투베린tuberin, AKT1/3, mTOR 단백질이 모두 PI3K-

그림 20   PI3K-AKT3-mTOR 신호 전달 경로와 이에 발생하는
국소 피질이형성증 유발 유전자 돌연변이들

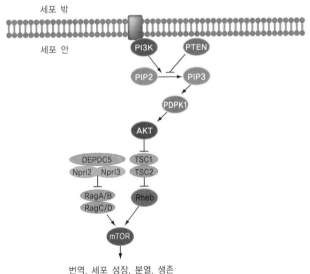

세포 밖에서 온 신호를 받아들이는 PI3K부터 하위의 mTOR에 도달하기까지의 신호 전달 이어달리기에는 다양한 단백질들이 관여한다. 그리고 이 신호 전달 경로는 단백질 번역, 세포 성장, 분열, 생존 등 중요한 기능을 한다.

AKT3-mTOR로 이어지는 하나의 신호 전달 경로에서 플레이어로 작용하기 때문이다.

굳이 자세히 알 필요는 없지만, PIK3CA와 PIK3R2는 세포 외부에서 오는 신호를 전달받는 수용체와 상호작용하는 PI3K라는 단백질을 구성하며, PI3K의 구조가 바뀌어 활성이 증가하면, 중간에 여러 단백질을 거쳐 AKT3가 활성화하고, 이는 TSC1/2 단백질의 활성을 억제하며, 억제된 TSC1/2는 Rheb의 활성을 증가시켜 mTOR가 활성화되도록 만든다. 쉽게 말해 이 모든 단백질은 PI3K-AKT3-mTOR 경로로 이어지는 이어달리기에서 신호 바통을 전달하는 주자들에 해당한다.

따라서 이 단백질 주자들의 구조를 망가뜨리는 서로 다른 유전자의 서로 다른 돌연변이는 단백질들의 활성 정도를 증가 혹은 감소시켜 PI3K-AKT3-mTOR로 이어지는 세포 신호 전달 이어달리기를 망쳐 버릴 수 있다. 그리고 그 결과로 국소 피질이형성증이라는 심각한 병이 나타날 수 있다. 서로 다른 유전자에 나타나는 돌연변이들이 하나의 '세포 내 신호 전달 경로'를 통해 생명 시스템에 공통된 효과를 만들어 낼 수 있는 것이다. 복잡한 신경 발생 질환을 이해하고자 머리를 움켜쥐고 있는 우리의 숨통을 틔워 줄 열쇠는 바로 '세포 내 신호 전달 경로'였다.

우리는 항상 평가받으며 산다. 학생은 시험 성적으로, 회사원은 업무 실적으로, 또 과학자는 연구 결과로 평가받는다. 평가에서의 좋지 못한 점수는 불이익으로 돌아올 때가 많으므로, 현대인들은 잦은 평가에 엄청난 스트레스를 받으며 살아간다. 하지만 제대로 된 평가는 일의 효율을 높이는 데 효과적으로 작용하기도 한다. 단, 단순한 점수 매기기가 아닌 좋은 피드백과 함께한다면 말이다. 적절한 피드백은 현재 잘 진행되는 일과 그렇지 않은 일, 앞으로 계속해야 할 일과 이제는 그만해야 할 일을 파악할 기회를 제공한다. 따라서 피드백을 받은 사람이 앞으로 훨씬 효과적으로 일할 수 있도록 돕는다.

체계적인 우리 몸의 생명 시스템은 놀랍게도 아주 훌륭한 피드백 체계를 갖추고 있다. 생명 시스템이 제공하는 피드백에는 크게 두 종류가 있는데, 하나는 앞으로 계속해야 할 일을 알려 주는 양성 피드백positive feedback이며, 나머지 하나는 이제 그만해야 할 일을 알려 주는 음성 피드백negative feedback이다.

양성 피드백은 어떤 현상의 결과가 그 현상을 다시 촉진하는 상황을 이야기한다. 생체 내에서 양성 피드백이 작용하는 예시로 가장 잘 알려진 것은 여성이 출산을 할 때 일어나는 자궁 수축 호르몬의 분비이다. 아이를 출산할 때 산모의 몸에는 자궁 수축 호르몬인 옥시토신이 분비된다. 그러면 옥시토신의 작용으로 자궁이 수축하고 아이를 바깥으로 밀어낸다. 이때 줄어든 자궁이 아이와 접촉하면서 그 자극이 뇌로 전달되면 뇌하수체가 옥시토신의 분비를 또 촉진한다. 그러면 다시 자궁이 수축하여 아이를 조금 더 밀어내고, 또 그 자극이 뇌하수체로 전달되어 옥시토신이 다시 분비된다. 이런 식으로 옥시토신의 분비는 자궁을 수축한 후 다시 옥시토신의 분비를 촉진하고, 이렇게 양성 피드백이 계속되면 마침내 아름다운 새 생명이 탄생하게 된다.

옥시토신 예시 외에도 양성 피드백은 생체 내에서 다양한 일을 하고 있다. 그중에서도 특히 중요하게 맡은 역할이 하나 있는데, 바로 세포 간 신호 전달의 효율적인 조절이다. 양성 피드백은 세포에 가해지는 신호를 증폭한다. 신호를 받은 세포가 내놓는 반응이 다시 세포에 같은 신호를 오게 하여 신호를 점점 세게 만드는 것이다. 그리고 양성 피드백의 이런 증폭작용은 우리 몸이 신호에 더 정확히 반응할 수 있게 도와준다. 생체 내에 존재하는 신호 전달 경로는 정말 다양하고, 세포는 이 다양한 신호들 사이에서 지금 꼭 반응해야 하는 신호가 무엇인지 구별해 내야 한다. 그러려면 세포에 들어오는 여러 신호 가운데서 특별히 강렬하게 오는 신호가 있어야 한다. 이럴 때 양성 피드백을 활용할 수 있다. 중요한 신호를 양성 피드백으로 증폭시켜 세포가 이에 제대로 반응할 수 있게 만드는 것이다.

생명의 두 번째 피드백 방식은 어떤 현상의 결과가 그 원인을 억제하는 방식으로 작동한다. 이를 음성 피드백이라 부른다.

아주 긴밀한 연결

이 음성 피드백도 세포 신호 전달 조절에 아주 중요한 역할을 한다. 신호 전달 경로에서 양성 피드백이 신호를 더 확실히 전달하게 하는 역할을 한다면, 음성 피드백은 신호 전달이 한 방향으로 과해지지 않고 균형이 잘 유지되도록 돕는 역할을 한다. 이 작용은 생명 현상에서 아주 중요하므로 대부분 핵심 세포 내 신호 전달 경로는 음성 피드백을 포함하고 있다.

음성 피드백의 주된 역할 중 하나는 세포 내 신호 전달 경로가 체내에서 계속 활성화된 상태로 유지되는 상황을 막는 것이다. 신호 전달 경로는 우리 몸에서 상당히 중요한 역할을 하므로 가끔 아주 활발해져야 할 때가 있다. 하지만 그렇다고 한 번 강해진 신호가 계속 강하게 유지되다가는 세포 간 신호 균형이 무너져 우리 몸에 상당히 안 좋은 영향을 줄 것이다. 가령, 세포가 처음 생성되는 발생 시기에는 세포가 분열하여 새로운 세포를 만들게 하는 신호 전달 경로가 많이 활성화된다. 발생 이후에도 세포가 다치거나 죽어 다시 수를 늘려야 할 때가 되면 비슷한 신호가 촉진된다. 그러나 충분한 수의 세포가 다시 만들어진 후에는 음성 피드백의 작용으로 세포 분열을 유도하는 신호 전달 경로들이 다시 불활성화된다. 만약 이런 특수한 상황이 다 지나간 후에도 이 신호 전달 경로들이 계속 활성화된 채로 남아있다면 무분별한 세포 수의 증가로 인해 암이 발생할 것이기 때문이다.

음성 피드백 덕분에 세포들은 우리 몸의 균형을 깨트리지 않고 적절한 시기에만 필요한 신호를 적당하게 받을 수 있다. 양성 피드백이 세포가 일해야 할 때 제대로 하게 하는 작용이라면, 음성 피드백은 일하지 않아야 할 때 하지 않도록 조절하는 작용인 셈이다.

그렇다면 음성 피드백이 없다면, 혹은 음성 피드백으로 막을 수 없는 수준의 강한 신호가 발생한다면 어떤 일이 벌어질까? 특정 신호가 너무 과하게 전달되는 일이 생길 것이고, 이렇게 신호 전달 경로 조절 장애가 나타나면 우리 몸의 균형이 무너져 암이나 신경 발생 질환이 일어날 수 있다.

앞서 살펴본 PI3K-AKT3-mTOR 세포 내 신호 전달 경로가 제대로 조절되지 않을 때에도 비슷한 문제가 생길 수 있다. PIK3CA, PIK3R2, TSC1/2, AKT1/3, Rheb, mTOR 등의 유전자에 돌연변이가 생기면 PI3K-AKT3-mTOR 신호 전달 경로가 과하게 활성화된다. 음성 피드백으로도 돌이킬 수 없을 정도로 강하게 말이다. 이렇게 신체의 균형을 유지하기 위한 제동 장치조차 무너져 버리면 몸에 상당히 심각한 문제가 나타난다. mTOR를 거쳐 가는 신호는 세포 증식 혹은 사멸에도 영향을 주므로 mTOR 신호 전달 경로 조절 장애는 세포 수의 균형이 무너지면 나타나는 대표적인 증상인 암을 일으킬 수 있다. 또 mTOR로부터 신호를 전달받는 주자 중 대부분은 단백질 합성과 신진대사 작용에 관여하는데, 이로 인해 mTOR 신호 전달 경로가 과하게 활성화되면 당뇨 등의 문제가 나타날 수도 있다. 그리고 신경 발생 과정에서 이 PI3K-AKT3-mTOR로 진행되는 신호 전달 경로에 문제가 생기면 뇌 신경계가 망가져 국소 피질이형성증이라는 심각한 신경 발생 질환으로 이어진다.

이제 우리는 발생 과정에서 나타난 유전자의 체세포 돌연변이가 PI3K-AKT3-mTOR 신호 전달 경로를 망가뜨려 신경 발생 질환을 유발한다는 사실을 알게 되었다. 그럼 지금부터는 더 자세히, mTOR 신호 전달 경로의 돌이킬 수 없는 변화가 우리 뇌의 발생 과정에서 어떤 문제를 일으켜 국소 피질이형성증과 그에 동반되는 행동 증상들을 유발하는지, 그리고 이를 어떻게 치료할 수 있을지를 살펴보도록 하자. 참고로 신호 전달 경로 조절 장애가 병의 증상으로 이어지는 과정은 상당히 복잡하게 얽혀 있다. DNA가 RNA를 거쳐 단백질을 합성하는 유전자 발현 과정이 생각보다 훨씬 다양한 방법으로 조절되었던 것처럼 말이다. 아마 이 복잡하게 얽힌 뇌의 비밀을 하나둘 파헤치다 보면 유전자에서 행동까지 이어지는 생명 현상의 신비를 더 깊게 이해할 수 있게 되지 않을까?

5장
나폴레옹도 앓았던 뇌전증

알 수 없는 아픔, 그래도 희망

"마지막엔 항상 이렇게 생각했어요. '내가 죽는구나!'"

21세기의 시작을 함께한 두 역사적인 시리즈 영화 〈매트릭스〉와 〈반지의 제왕〉에 모두 출연한 배우 휴고 위빙Hugo Weaving이 한 인터뷰에서 했던 말이다. 〈매트릭스〉 시리즈에서 프로그램 스미스 요원 역, 〈반지의 제왕〉과 〈호빗〉에서 요정 영주 엘론드 역을 맡은 것은 물론, 〈트랜스포머〉의 메가트론, 〈캡틴 아메리카-퍼스트 어벤저〉의 레드 스컬, 〈브이 포 벤데타〉의 브이로도 활약한 그의 삶은 그저 멋있고 화려하게만 보인다. 하지만 그에게는 스크린 속 모습으로는 상상할 수 없는 큰 아픔이 있었다. 그는 뇌전증 epilepsy 환자였다.

혹시 뇌전증이라는 이름이 낯설어 그의 아픔이 잘 전해지지

　　　　　　　　　　　아주 긴밀한 연결

않는가? 사실 뇌전증은 그리 생소한 질환이 아니다. 아마도 이 병이 과거에 불렸던 이름을 듣게 된다면, 다들 '아!'하고 고개를 끄덕일 것이다. 뇌전증의 이전 병명은 바로 '간질'이다.

만성적인 발작과 경련을 동반하는 뇌전증은 사회의 편견이 아주 심한 질환 중 하나였다. 사람들은 뇌전증 환자들이 몸을 스스로 제어하지 못하는 모습이 마치 미친 사람, 귀신에 쒼 사람 같다고 생각해 부정적으로 바라봤다. 이런 맥락에서 뇌전증의 영어 이름 'epilepsy'는 악령에게 영혼이 사로잡혔다는 그리스어 표현에서 비롯되었다. 우리말의 비속어 '지랄' 역시 '간질 할 놈'이라는 표현에서 유래되었다는 말이 떠돌 정도로 뇌전증 환자들은 오랫동안 사회의 부정적인 눈초리 속에 차별과 핍박을 받아 왔다. 실제로 과거에는 뇌전증을 지랄병이라는 속된 표현으로 부르기도 했다.

이런 잘못된 시선을 바로 잡고자 2009년 대한뇌전증학회는 간질의 병명을 '뇌에 전기가 과도하게 흘러 생기는 증상'이라는 의미에서 '뇌전증'으로 바꾸기로 했다. 2014년에는 법적으로도 뇌전증이 이 병의 정식 명칭으로 인정받는다.

그럼 뇌전증을 의학적으로 정의하는 정확한 기준은 무엇일까? 발작을 경험해 본 이가 아래의 두 경우 중 하나에 포함되면 뇌전증 환자로 분류된다. 먼저 전해질 불균형, 심각한 수면 부족 등의 특이한 이상이 없는데도 발작이 두 번 이상 만성적으로 나타난 경우 혹은 발작이 한 번 발생했으나 여러 병리학적 검사에서 만성 발작이 일어날 수 있는 상태로 진단받은 경우.

여기서 주목할 점은 발작이 만성적으로 나타나거나 그럴 가능성이 있어야 뇌전증이라는 질환으로 인정받는다는 것이다. 특별한 원인에 의해 한 번 일어난 발작은 어쩌다 생긴 일일 수 있지만 언제든 다시 발작이 나타날 수 있는 만성 발작은 반드시 치료해야 하는 위험한 질환이기 때문이다.

13살에 처음 발작을 경험하고 뇌전증을 진단받은 휴고 위빙도 40살이 될 때까지 거의 일 년에 한 번꼴로 발작을 겪었다고 한다. 그리고 발작으로 고통스러워하며 쓰러질 때면 늘 이렇게 생각했다고 한다. '내가 죽는구나!' 위빙이 과장한 얘기가 아니다. 많지는 않지만, 실제로 뇌전증 발작 때문에 사망하는 사람들이 꽤 있다. 미국 질병통제예방센터에 따르면, 매년 뇌전증 환자 1,000명당 1.16명이 발작으로 사망한다고 한다. 그래도 적은 확률 아니냐고? 뇌전증 환자들은 언제든 발작이 일어날 수 있다는 공포감에 떨며 살아가야 한다. 게다가 발작이 일어났을 때 죽을지도 모른다는 더 큰 공포도 함께 느끼면서 말이다. 이뿐만이겠는가? 길을 걷다가 혹은 다른 사람과 만난 자리에서 발작이 일어났을 때 자신을 이상한 눈으로 바라보는 시선을 이겨내야 하는 것은 덤이다.

그래도 희망이 있다면 이런 어려운 상황에서도 뇌전증을 극복하고 성공한 사람들이 있다는 것이다. 앞에서 소개한 휴고 위빙을 비롯해 미국 제32대 대통령 프랭클린 루스벨트Franklin D.

Roosevelt, TV 쇼 〈브리튼스 갓 탤런트〉로 유명해진 가수 수잔 보일
Susan Boyle, 역사적인 대중음악가 프린스Prince 등 많은 유명인이 뇌
전증 발작으로 고통받은 적이 있다. 또 확신할 수는 없지만 율리
우스 카이사르Julius Caesar, 나폴레옹 보나파르트Napoleon Bonaparte,
표도르 도스토예프스키Fydor Dostoyevsky, 찰스 존 디킨스Charles John
Dickens 등 많은 역사적인 인물의 관련 사료에도 뇌전증 발작으로
의심되는 사례들을 발견할 수 있다. 특히 나폴레옹은 발작 경험이
황제의 자존심을 구기는 일이라고 생각하여, 저녁 식사를 마친 직
후 일어난 자신의 발작을 목격한 황후 조셉핀과 시종들에게 반드
시 해당 사실을 함구할 것을 명령했다는 기록이 남아 있다.

이런 사례들은 뇌전증 환자들이 비록 힘든 상황에 처해 있더
라도 발작 증상만 잘 이겨 낼 수 있다면 충분히 행복하게 살 수 있
고, 어쩌면 더 특별한 삶을 살 수 있다는 희망을 보여 준다. 게다가
현대 의학은 앞에서 언급한 인물들이 살던 시대보다 훨씬 발전했
고, 이제는 뇌전증을 치료하기 위한 다양한 방법과 약물이 등장하
고 있다. 또 지금보다 더 나은 치료법을 찾기 위해 많은 의학자들
이 최선을 다하고 있기도 하다. 뇌전증은 여전히 참 어려운 질환
이지만, 그래도 희망은 있다. 많은 이들이 노력하고 있는 만큼 그
희망의 길이 조금 더 넓어지기를 바란다.

13살 때부터 거의 매년 뇌전증 발작 때문에 고통스러워했던 휴고 위빙은 40대 이후로 10년 넘게 발작을 경험하지 않았다고 한다. 정말 희망적인 이야기지 않은가? 만성 발작으로 진단받은 환자라 하더라도 관리만 잘하면 얼마든지 그 위험에서 벗어날 수 있다는 뜻이니 말이다.

뇌전증은 사람을 정신적으로 육체적으로 상당히 힘들게 하는 질환이다. 그래도 참 다행인 점이 하나 있다면, 이미 다양한 종류의 효과적인 항뇌전증 약물이 시중에 나와 있다는 것이다. 뇌전증 환자의 70퍼센트는 약만 제대로 복용하면 발작을 예방할 수 있다. 그럼 뇌전증은 쉽게 치료할 수 있는 가벼운 질환이 아니냐고? 안타깝지만, 결코 그렇지 않다. 희망적인 이야기를 꺼냈다가 다시 절망하게 해 정말 미안하지만, 뇌전증을 쉬운 상대로 봐서는 안 된다. 또 다른 문제가 있기 때문이다. 약을 먹으면 어느 정도 증상을 막을 수 있는 건 긍정적인 부분이지만, 문제는 바로 그 약이다. 항뇌전증 약물 자체가 몸에 좋지 않기 때문이다. 항뇌전증 약물 대부분은 발작을 막는 대신 환자 건강의 다른 부분을 해치고 삶의 질을 떨어뜨린다.

뇌전증 발작은 상당히 복잡한 원인으로 발생한다. 그리고 뇌전증 발작이 나타나는 질병 조성과 역학을 완전히 이해하지 못하고 있다. 따라서 대부분의 뇌전증 치료는 그 원인을 정확히 진단해 진행되기보다는 이미 쓰이고 있는 여러 치료제 중 해당 환자에게 가장 효율적인 약물의 종류와 양을 테스트하여 처방하는 식으로 이뤄진다. 이렇게 처방되는 뇌전증 치료제는 대부분 뇌 네트워크의 신호 전달을 조절하는 약물들이다.

뇌에 있는 뉴런들은 서로 연결되어 하나의 네트워크를 구성하는데, 같은 네트워크 안에서 서로 연결된 세포들끼리 전기, 화학 신호를 주고받으며 함께 기능한다. 이 신호를 통해 개체는 외부에서 온 자극을 인식하고 뇌에서 처리하여 행동으로 반응할 수 있다. 주로 뉴런과 뉴런 사이의 신호 전달에는 화학물질이 이용되며, 한 뉴런 안에서의 전달에는 전기 신호가 이용된다. 두 뉴런이 연결되는 부위인 시냅스에서 신호를 전달하는 뉴런이 전달받는 뉴런에 에피네프린, 도파민, 세로토닌 등의 신경 전달 물질을 전달하면, 이를 뉴런의 한쪽 끝에서 반대쪽 끝까지 전기 신호로 전달하여 다른 뉴런과 맞닿아 있는 시냅스로 전달하고, 신경 전달 물질을 그다음 뉴런에 분비하는 식으로 말이다.

뇌전증 발작은 바로 이 뉴런의 신호 전달 과정에서 전기 신호가 너무 과하게 발생하여 나타나는 증상이다. 생명 현상에 있어 균형은 그 무엇보다 중요하고, 뉴런들의 신호 전달에서도 마찬가지다. 시냅스에서 뉴런들이 주고받는 신호에는 흥분성 신호와 억제성 신호 두 가지가 있고, 네트워크 안에서 두 종류의 신호가 서로 균형을 맞추며 개체의 행동을 조절한다. 그러나 어떤 이유로 이 균형이 무너지면 흥분성 신호가 억제성 신호보다 너무 강해지면서 신호를 받는 뉴런이 과하게 흥분하는 일이 생긴다. 그러면 뉴런에 너무 강한 전기가 흘러 마치 전기 스파크가 튀듯이 뇌가 망가지며 발작이 발생한다.

그럼 뇌전증 발작을 막으려면 어떤 약물을 사용해야 할까? 간단하다. 뇌의 과도한 흥분을 가라앉히도록 뉴런들의 신호 균형을 맞출 수 있는 물질이면 된다. 예를 들어 뉴런들이 소통을 위해 시냅스 부위에서 전달하는 신경 전달 물질의 분비를 촉진하거나 억제하는 물질이라던가, 전기 신호 전달을 위해 필요한 이온이 세포 안팎으로 이동할 수 있는 통로 단백질을 조절하는 물질이라던가 하는 것들 말이다. 뉴런의 흥분성 신호가 너무 세지는 것이 뇌전증의 원인이라면 흥분성 신호를 전달하는 뉴런을 억제하면 발작을 치료할 수 있을 거고, 뉴런의 억제성 신호가 너무 약해져 신호 균형이 무너지는 것이라면 억제성 신호를 더 잘 전달하게 하는 약물로 발작을 치료할 수 있을 것이다.

결국 항뇌전증 약물로 쓰이는 치료제는 대부분 뉴런의 신호 전달을 조절하는 물질이다. 그럼 이 약물들이 우리 몸에 들어온다면 단지 발작의 여부에만 영향을 줄까? 그럴 리가 없다. 우리는 매 순간 오감으로 외부 환경의 자극을 인지하고, 그에 따른 반응을 행동으로 드러내며 살아간다. 뉴런의 신호 전달을 거쳐서 말이다. 내 머릿속에 있는 지식을 글로 쓸 때도, 책을 읽고 이해할 때도 뉴런들은 활동하면서 신호를 주고받는다. 뉴런의 신호 전달을 조절하는 항뇌전증 약물은 이 모든 과정에 영향을 줄 수 있다. 당연히 정신적·육체적 부작용이 따를 수밖에 없다. 물론 현재 시중에 나와 있는 치료제들은 부작용까지 고려해 개발되었지만, 완벽하지는 않다. 더 나은 치료법이 필요한 이유이다.

난치성 뇌전증

뇌전증 치료의 한계는 이뿐만이 아니다. 안타깝게도 지금까지 개발된 항뇌전증 약물로는 모든 뇌전증을 치료할 수 없다. 보통 뇌전증의 치료는 약의 안전성과 효과를 고려하여 비교적 가벼운 약에서부터 시작한다. 그 약이 제대로 효과를 나타내지 못하면 새로운 약으로 바꾸어 복용한다. 그래도 제대로 치료되지 않으면 두 종류의 약을 함께 먹는데, 이런 칵테일 요법으로도 증상이 나아지지 않는 환자들이 있다. 이 경우를 난치성 뇌전증medication-resistant epilepsy이라 부른다. 전체 뇌전증 환자의 30퍼센트가 시중의 치료제로는 고칠 수 없는 난치성 뇌전증에 해당한다. 비록 완벽하지 않아도 항뇌전증 약물이 제대로 작용한다면 삶의 질을 향상하는 데 큰 도움이 될 수 있다. 그러나 치료할 수 없는 난치성 뇌전증 환자들에게는 그런 희망조차 없다.

이들이 선택할 수 있는 방법은 딱 하나가 있는데, 바로 뇌전증 발생 부위를 외과 수술을 통해 제거하는 것이다. 뇌전증 발작의 원인이 되는 뉴런이 위치한 뇌 일부를 아예 절제해 버리는 것이다. 하지만 이 수술조차 완전한 방법은 아니다. 일단 뇌 일부를 잘라 낸다는 행위 자체가 아주 위험한 시도이므로 성공을 장담할 수 없다. 특히 전기 신호 문제가 생긴 부위가 뇌에서 주요한 부위이거나 그와 가까이 위치한다면 아예 시도할 수도 없다. 수술을 무사히 마치더라도 일부 난치성 뇌전증의 경우는 다시 재발하기도 한다.

요약하자면 뇌전증을 치료할 수 있는 여러 가지 방법이 있지만, 아직 완벽하지는 못하다. 뇌전증의 구체적인 질병 조성과 역학이 제대로 파악되지 않았기 때문이다. 뇌전증에는 다양한 원인이 있는데, 지금은 그 다양한 원인이 뉴런의 신호 전달 과정에서 흥분성 신호와 억제성 신호 사이의 균형을 무너뜨린다는 정도로만 이해하고 있을 뿐이다. 아직 그보다 복잡한 발병 구조에 대해서는 제대로 알지 못한다. 따라서 치료도 대부분 넓고 얕은 접근으로 이뤄지고 있다. 더 확실하게 이 병을 정복하기 위해서는 분자, 세포 소기관, 세포 수준의 현상이 발작을 어떻게 그리고 왜 일으키는지 좀 더 연구되어야 한다.

물론 우리가 발작의 원인을 '뇌 네트워크 수준에서의 신호 불균형' 딱 하나로만 이해하고 있는 건 아니다. 사실 충분히 더 자세한 설명을 할 수 있다. 문제는, 오히려 그 원인을 너무 많이 알고 있다. 뇌 네트워크 신호의 불균형을 유발할 수 있는 세포 수준의 현상은 정말 많다. 뉴런이 짝을 잘못 찾아 이상한 뉴런들과 네트워크를 형성하는 것이 원인일 수도 있고, 뉴런 자체의 전기적

아주 긴밀한 연결

성질이 문제일 수도 있다. 뉴런에 문제가 생긴 이유도 세포 자체의 활동성 때문일 수도 있고, 다른 뉴런들과 연결되는 능력 때문일 수도 있다. 또 세포 안팎의 이온 농도가 영향을 줄 수도 있다. 세포가 문제가 아니라면 뉴런들이 연결되는 부위인 시냅스에 문제가 있을 수도 있다. 시냅스 자체의 형성이 문제일 수도 있고, 시냅스에서 신경 전달 물질이 너무 많거나 적게 분비되는 것일수도 있다. 이외에도 다양한 현상이 발작을 일으킬 수 있는데, 세포 수준의 현상을 설명하는 분자 수준의 작용은 더 다양할 것이다.

이런 다양한 원인 중 어떤 환자는 뉴런의 배열이 문제가 되어 발작을 경험할 수 있고, 또 어떤 환자는 뉴런의 활동성이 문제일 수도 있다. 환자별로 그 원인이 다 다르기 때문에 그에 따른 치료법도 달라야 한다. 병을 완전히 정복하기 위해서는 환자별 맞춤 치료법이 필요한 셈이다. 그러니 모든 뇌전증 환자를 완벽히 치료할 방법을 찾는 건 굉장히 어려운 일이다. 어쩌면 불가능할지도 모른다. 그렇다고 모든 걸 포기하고 가만히 앉아 있을 수는 없다. 완벽할 수는 없어도 발작의 원인을 유전자, 분자, 세포 신호 전달 경로, 세포 소기관, 세포, 뇌 네트워크 수준에서 더 자세히 이해하면, 난치성 뇌전증의 새로운 치료법을 찾아내 더 많은 이들의 삶에 희망을 줄 수 있을지도 모르기 때문이다.

이쯤에서 지난 장에서 만나본 PI3K-AKT3-mTOR 세포 신호 전달 경로를 다시 한번 떠올려 보자. 세포 간 신호의 균형은 우리 몸의 생명 활동에서 아주 중요한 부분이고, 따라서 핵심 신호 전달 경로 중 하나인 PI3K-AKT3-mTOR 경로가 무너지면 아주 치명적인 질환으로 이어질 수 있다는 이야기를 했었다. 구체적으로 뇌와 신경 발생 과정에서 유전자에 체세포 돌연변이가 발생하면 국소 대뇌 피질 발달 기형의 한 종류인 국소 피질이형성증을 유발할 수 있다는 사실을 소개했다.

'국소 대뇌 피질 발달 기형'은 이름 그대로 대뇌의 피질이라는 부위에 국소적으로 나타나는 발달 기형이 뇌의 구조적 결함을 유발하는 질환들을 통틀어 부르는 말이다. 이 질환을 앓는 환자들은 다양한 증상을 보이는데, 뉴런들이 원래 있어야 할 자리에 위치하지 못해 대뇌 구조가 망가지기도 하고, 세포가 없어야 할 자리에 세포가 자리 잡기도 하며, 어떤 환자에게는 뇌의 주름이 사라지는 증상이 나타나기도 한다.

이러한 구조적인 문제는 당연히 뇌의 기능도 망가뜨리는데, 국소 대뇌 피질 발달 기형은 그중에서도 '소아 난치성 뇌전증'을 자주 유발한다고 알려져 있다. 특히 여러 종류의 국소 대뇌 피질 발달 기형 중 PI3K-AKT3-mTOR 경로 조절 장애로 생기는 국소 피질이형성증이 소아 난치성 뇌전증의 가장 주된 원인이다.

국소 피질이형성증 환자의 75퍼센트가 뇌전증으로 분류되며, 이 병으로 인해 발작을 경험하는 환자 중 90퍼센트가 11세 이전에 증상을 처음 겪는다. 어린 시절부터 아주 심각한 증상으로 고통받는 것이다. 심지어 국소 피질이형성증에 의한 뇌전증 대부분이 약물로 쉽게 치료되지 않는 난치성 뇌전증이다. 안타깝게도 이들이 택할 수 있는 유일한 선택지는 위험하고 부담스러운 수술뿐이다.

환자들의 삶을 어렵게 하는 소아 난치성 뇌전증을 극복하고자, 많은 학자들이 국소 피질이형성증의 질병 조성과 역학을 이해하려는 시도를 이어 가고 있다. 국소 피질이형성증 환자들에게 뇌전증 발작이 나타나는 이유를 파악하면 이를 치료할 새로운 방법을 찾아낼 수 있을 것이기 때문이다.

병을 이해하기 위한 첫 단계는 병의 가장 근본적인 원인을 알아내는 것이다. 그런데 이 단계는 매우 까다롭고 다양한 신경질환에 관한 이해가 이 첫 단계에서부터 막혀 있다. 하지만 다행히도 국소 피질이형성증의 원인은 꽤 자세히 밝혀져 있는데, 여기에는 21세기 유전학의 유전자 염기 서열 분석 기술이 크게 활약했다.

50년 전 처음 등장했을 당시 염기 서열 분석 기술은 아주 짧은 유전자 서열만을 읽어 내는 정도에 불과했지만 이제는 한 생명체의 모든 유전체 서열을 분석할 수 있는 수준에까지 도달했다. 그리고 이 발전한 기술은 새로운 유전질환의 원인을 밝히는 데 유용하게 쓰이고 있다. 환자들의 전체 유전체를 분석해 질환이 없는 다른 이들의 유전 서열과 비교하는 방식으로 질환의 원인이 될 수 있는 후보 돌연변이를 가려낼 수 있기 때문이다.

예를 들어 난치성 뇌전증을 동반하는 대뇌 피질 발달 기형 환자 한 명의 유전체 염기 서열을 모두 분석했더니, 우리 몸에서 주요하게 기능하는 AKT3라는 단백질에 유전자 체세포 돌연변이가 발생했다는 사실을 발견할 수 있었다. 그리고 이 돌연변이는 이 단백질의 17번째 아미노산을 바꿔 버리는 아주 골치 아픈 놈이었다. 구체적으로는 원래 글루탐산이어야 하는 아미노산을 라이신으로 바꾸는 만행을 저지르는 돌연변이인데, 이는 AKT3 단백질의 핵심 구조를 바꾸어 버릴 수 있는 결정적인 변화다.

원래 AKT3의 17번째 단백질인 글루탐산은 음(-)전하를 띠지만, 돌연변이로 바뀐 아미노산인 라이신은 양(+)전하를 띤다. 그리고 이 변화는 아미노산들의 화학적 상호 작용에 영향을 준다. 같은 단백질을 구성하는 아미노산들은 상호 작용하여 서로 밀고 당기는데, 이는 단백질의 전체 구조를 결정한다. 따라서 17번째 아미노산이 원래는 음(-)전하를 띠어, 양(+)전하 아미노산들과 서로 끌어당기고 음(-)전하 아미노산과 서로 밀며 AKT3 구조를 만들어야 하는데, 반대의 성질을 가지는 양(+)전하 아미노산으로 바뀌는 돌연변이가 나타나면 단백질의 구조에 결정적인 차이를 불러올 수 있다.

자동차는 바퀴의 모양이 둥글어야 굴러갈 수 있다. 바퀴 모양이 네모나 세모로 바뀌면 자동차의 기능인 '이동'을 제대로 할 수 없다. 잘생겨야 일도 제대로 할 수 있는 것이다.

구조가 달라지면 기능이 바뀌는 건 생체 내 단백질도 마찬가지다. 위의 환자에게서 발견된 AKT3 단백질의 17번째 아미노산 변화는 단백질의 구조는 물론 기능까지 바꾼다. 17번째 아미노산이 마치 자동차의 바퀴처럼 AKT3의 기능에 아주 중요한 역할을 하는 부위기 때문이다.

심지어 AKT3는 신경 발생 과정을 조절하는 PI3K-AKT-mTOR 신호 전달 경로의 핵심 플레이어 중 하나다. 따라서 이 단백질의 기능이 망가지면 생명 시스템의 균형이 완전히 무너질 수 있다. 그 결과, 고작 아미노산 하나 바꾸는 이 작은 돌연변이는 무려 소아 난치성 뇌전증을 동반하는 국소 피질이형성증으로 이어진다.

세포 내 신호 전달 경로의 이어달리기 주자 중 하나인 AKT3는 (신호가 없는) 평소에는 불활성화된 상태로 세포 내에 존재한다. 즉, 앞 주자가 바통을 전달하기 전까지는 뛰지 않고 가만히 자기 자리에서 신호를 기다린다. 그러다가 세포 외부의 신호를 전달받은 앞 주자가 바통을 전달하면 활성화 상태로 바뀌면서 다음 주자에게 달려가 신호를 전달한다.

그러나 17번째 아미노산을 바꾸는 돌연변이는 AKT3의 구조를 바꿔 버려 바통을 전달받지 않았을 때도 이 단백질이 활성화 상태를 유지하게 만든다. 다시 말해 이 돌연변이는 직접 AKT3의 바통을 만드는 셈이다. 따라서 돌연변이 AKT3는 신호 바통을 전달해 줄 앞 주자가 오지 않았을 때도 스스로 만든 바통을 다음 주자에게 전달한다. 그 결과, PI3K-AKT-mTOR 신호 전달 경로는 항상 과하게 활발한 상태를 유지하며 시도 때도 없이 세포의 반응을 유도하게 된다.

AKT3 외의 다른 PI3K-AKT-mTOR 신호 전달 경로 핵심 플레이어인 PIK3CA, PIK3R2, TSC1/2, MTOR 등의 단백질 구조를 바꾸는 돌연변이들 역시 비슷한 현상을 끌어낼 수 있다. 그리고 신경 발생 도중 이러한 돌연변이가 발생해 세포 내 신호 전달 경로가 과하게 활발해지면, 그로 인해 촉진되는 신진대사. 세포 생존, 세포주기와 관련된 여러 생물학적 현상들이 제대로 조절되지 않아 우리 몸의 균형이 완전히 망가지게 된다. 이렇게 하나의 유전자 돌연변이에서 시작되는 세포 신호 전달 경로 장애는 더 큰 생물학적 단위인 세포, 조직, 뇌 네트워크 수준에서의 균형도 망가뜨려 난치성 뇌전증 등의 심각한 증상을 일으키는 국소 피질이형성증으로 이어진다.

그렇다면 도대체 세포 내 신호 전달 경로가 무너지는 현상은 중간에 어떤 과정을 거쳐 행동 수준의 발작으로까지 이어지는 걸까? 아직 완벽한 답은 알지 못한다. PI3K-AKT-mTOR 경로 조절 장애가 국소 피질이형성증의 임상 증상들로 이어지는 복잡한 과정은 지금까지도 활발히 연구되고 있는 주제이다. 그럼 2022년 현재, 과학자들이 소아 난치성 뇌전증 발병 구조를 어떻게 연구 중인지 혹시 궁금하지 않은가? 지금부터 그 현장의 생생한 모습을 쫓아가 보도록 하자.

움직이지 못하는 뉴런

유전질환의 원인과 치료법을 알아내기 위해서는 보통 세 팀 이상의 연구진이 힘을 모아야 한다. 먼저 직접 환자의 증상을 진단하고 표본을 얻을 임상의학팀이 필요하고, 임상의학팀에서 얻은 정보를 바탕으로 더 구체적인 생물학적 현상을 파악하기 위한 실험을 진행할 기초과학 연구팀이 있어야 한다. 또한 최근 유전학 연구는 대부분 복잡한 데이터 처리가 필요하므로 생물정보학 연구팀이 함께 연구에 참여하는 경우가 많다.

환자의 증상을 파악하고 분류하는 일은 질환 연구의 첫 번째 주자인 임상의학팀이 해야 하는 아주 중요한 역할이다. 이를 위해서는 각 질병을 정의하는 명확한 기준이 있어야 한다. 실제로 소아신경과 의사들이 국소 피질이형성증을 진단해 내는 가장 중요한 증상은 무엇일까? 바로 대뇌 피질의 층 구조가 무너지는 현상이다.

원래 대뇌 피질은 확실한 여섯 층 구조로 설계되어 있다. 층별로 뉴런의 분포와 특성이 달라 보통은 층 구조가 명확히 구분된다. 그러나 국소 피질이형성증 환자들의 뉴런은 원래 있어야 할 위치가 아닌 다른 곳에 가 있는 경우가 많다. 이로 인해 이들의 뇌에는 원래 구조와는 다르게 세포들의 층이 섞이거나 뒤집히거나 아예 사라지는 증상이 나타난다.

이 현상의 원인은 무엇일까? 생물정보학 연구팀은 임상연구팀에서 전달받은 환자의 표본에서 DNA를 추출해 염기 서열분석을 진행했다. 그 결과 대부분 국소 피질이형성증 환자들에게서 PI3K-AKT-mTOR 신호 전달 경로가 과하게 활성화되는 돌연변이를 발견할 수 있었다. 정확한 중간 과정은 알 수 없지만, 이 신호 전달 경로의 조절 장애가 어떤 방식으로든 대뇌 피질의 층 구조를 망가뜨리는 듯했다.

정말로 신호 전달 경로와 임상 증상 간의 인과관계가 있는지 파악하고, 만약 그렇다면 도대체 어떤 방식으로 뇌의 구조가 무너지는 것인지 알아내는 건 이제 그다음 주자인 기초과학 연구팀 과학자들이 해야 할 일이다.

이들은 실험이라는 강력한 무기를 사용하기 위해 자연에서 벌어진 생명 현상을 통제 가능한 환경으로 옮겨 와 재현한다. 구체적으로는 통제할 수 있는 동물 모델을 통해 사람의 뇌전증 발작과 대뇌 피질의 구조적 결함을 재현했다. PI3K-AKT-mTOR 신호 전달 경로의 과한 활성을 유도하는 돌연변이인 AKT3의 17번째 아미노산을 바꾸는 돌연변이를 도입한 유전자 변형 쥐를 만든 것이다. 그 결과 환자들로부터 발견된 돌연변이를 가진 쥐들에게서 국소 피질이형성증의 주요 증상들이 재현되었다. AKT3의 구

아주 긴밀한 연결

조가 바뀐 쥐들은 대뇌 피질 구조가 완전히 망가졌고, 뇌의 전기 신호에서도 문제를 보였다.

이제 환자의 임상 증상을 재현할 수 있게 된 연구자들은 발생 도중 생긴 돌연변이가 쥐의 대뇌 피질 구조를 망가뜨린 과정을 파헤치기 시작했다. 이를 위해 쥐의 배아에서 신경 발생 과정을 살펴보았는데, 대뇌 피질의 뉴런이 발생 도중 제대로 이동하지 못해 뇌의 구조적 결함이 나타난 사실을 발견할 수 있었다.

발생 중인 뇌의 피질 아래쪽에는 측뇌실lateral ventricel이라는 공간이 있고, 그 바로 위에는 얼마 후에는 뉴런이 될 신경줄기세포들이 자리 잡고 있다. 발생 과정에서 신경줄기세포들이 분화하여 만들어진 뉴런, 신경교세포 등은 뇌실에서 멀어져 위쪽으로 멀리 뻗어 나가고, 대뇌 피질을 형성한다. 그런데 AKT3 돌연변이를 가진 쥐들의 태어나기 직전 대뇌 피질을 살펴보았더니, 원래는 피질의 가장 꼭대기층 근처까지 이동해 있어야 할 뉴런들이 거의 이동하지 못하고 여전히 뇌실 근처의 바닥에 머물러 있는 모습을 관찰할 수 있었다. 국소 피질이형성증의 구조적 결함은 신경 발생 단계에서 제대로 이동하지 못한 뉴런들 때문에 나타난 증상이었다.

AKT3 돌연변이가 발생 중인 뉴런의 이동을 저해해 대뇌 피질 구조를 망가뜨린다는 걸 발견한 이후, 연구자들의 다음 질문은 AKT3 돌연변이가 뇌의 구조적, 기능적 문제를 일으키는 이유가 정말 신호 전달 조절 장애인지 확인하는 것이었다. 그래서 연구자들은 PI3K-AKT-mTOR 전달 경로에서 AKT3의 다음 주자인 mTOR를 억제하는 라파마이신Rapamycin이란 약물을 사용했다. 만약 AKT3의 17번째 아미노산을 바꾸는 돌연변이가 mTOR로 이어지는 신호 전달 경로를 활성화해 문제를 일으킨다면, mTOR 신호 전달을 방해하는 약물을 처리했을 때 이 증상이 다시 회복될 것이다. 하지만 이 돌연변이가 임상 증상을 일으키는데 mTOR를 거쳐 가는 신호 전달이 필요하지 않다면, mTOR의 신호 전달을 막는 약물이 아무 효과가 없을 것이다.

발달 단계에서 어미 쥐를 통해 배아 쥐에게 라파마이신을 주입한 결과, 돌연변이를 가진 쥐의 뇌에서 아무런 구조적 이상이 발견되지 않았다. mTOR로 이어지는 전달 경로의 과한 활성을 차단하자 대뇌 피질 바닥에서 출발한 뉴런들이 아무 이상 없이 꼭대기층까지 잘 이동한 것이다. 다시 말해 AKT-mTOR로 이어지는 이 신호 전달 경로의 과한 활성은 AKT3 돌연변이가 대뇌 피질의 층 구조를 망가뜨리기 위한 필요조건이다. 따라서 발생 도중 국소 피질이형성증 환자의 mTOR 전달 경로를 막는다면 뇌의 구조적 결함을 해결할 수 있다. 정말 다행이라고? 환자들을 치료할 수 있으니까? 발생 단계에서 질환의 병리학적 특성을 밝혀낸 건 반가운 일이다. 하지만 이것만으로는 부족하다. 안타깝지만 환자들을 진짜 괴롭게 하는 건 구조적 결함이 아닌 기능적 결함, 바로 뇌전증 발작이기 때문이다. mTOR를 막는 것이 AKT3의 17번째 돌연변이로 인한 환자에게서 발작을 치료하는 방법인지는 아직 명확히 밝혀지지 않았다. 대뇌 피질 구조를 되돌릴 방법이라는 것이

아주 긴밀한 연결

확인되었을 뿐이다. 뇌전증 발작 치료의 더 확실한 힌트를 얻기 위해서는 태어난 이후 발작이 나타난 실험 모델로 연구가 진행될 필요가 있다.

구조의 문제 vs 세포의 문제

지금까지 쭉 국소 피질이형성증이 소아 난치성 뇌전증의 주된 원인이라고 이야기했다. 그리고 이 병의 원인과 증상, 메커니즘을 꽤 자세히 소개했다. 그런데 정작 대뇌 피질의 층 구조를 망가뜨리는 문제가 도대체 어떻게 뇌 네트워크의 균형을 무너뜨리고 발작까지 일으키는지 아직 이야기하지 않았다. 이제 드디어 그 비밀을 파헤칠 차례다.

국소 피질이형성증 환자에서 나타나는 뇌전증 발작을 설명하는 가설에는 크게 두 가지가 있다. 첫 번째는 이동하지 못해 잘못된 위치에 자리 잡은 뉴런들이 직접 문제를 일으킨다는 것이다. 대뇌 피질 구조가 여섯 층으로 나누어져 있는 데는 다 이유가 있다. 뉴런들은 쭉 팔을 뻗어 다른 뉴런과 시냅스를 형성하고 신호를 전달한다. 뉴런이 어느 위치에 있느냐에 따라 자연스레 팔이 향하는 위치가 바뀔 것이고, 그럼 대뇌 피질 뉴런이 다음 신호를 어느 장소에 있는 어느 뉴런에 전달할지가 결정될 것이다.

예를 들어 대뇌 피질의 위층에 있는 뉴런들은 대부분 반대편

반구의 대뇌 피질 뉴런에 신호를 보내지만, 아래층에 있는 뉴런들은 대부분 대뇌 피질이 아닌 다른 곳에 있는 뉴런에 신호를 보낸다. 또 그중 어떤 뉴런은 시상과 연결되고, 또 어떤 뉴런은 뇌간이나 중뇌의 세포와 연결된다. 따라서 대뇌 피질의 층 구조가 무너지면 뉴런들의 연결 상태가 바뀌게 되고, 그러면 뇌 네트워크의 균형이 망가질 수 있다(그림 21, ①). 원래는 대뇌 피질 뉴런으로부터 흥분성 신호를 받아야 했을 뉴런이 피질의 구조적 결함으로 신호를 받지 못하면, 그 뉴런은 제대로 활성화되지 못할 것이다. 반

그림 21   국소 피질이형성증의 발작을 설명하는 두 가지 가설

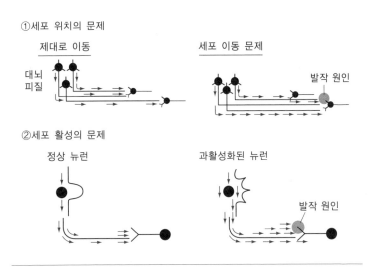

세포가 제대로 이동하지 못해 원래 연결되어야 할 세포가 아닌 다른 세포들과 연결되면 뇌 네트워크가 무너져 발작이 유도될 수 있다(그림 ① 세포 위치의 문제). mTOR 신호 전달 경로의 활성 증가로 세포의 흥분성이 증가해도 발작이 유도될 수 있다(그림 ② 세포 활성의 문제).

                                                   아주 긴밀한 연결

대로 신호를 받지 않거나 약하게 받아야 했을 뉴런이 너무 강한 신호를 보내는 뉴런과 만나면 과하게 활성화될 것이다. 이렇게 뉴런이 제자리를 찾지 못하는 뇌의 구조적 결함은 뇌 네트워크 균형을 깨고, 행동 수준의 발작까지 일으킬 수 있다.

국소 피질이형성증 환자들에게서 뇌전증 발작이 일어나는 이유를 설명하는 두 번째 가설은 뇌 네트워크의 균형이 무너지는 것이 대뇌 피질의 구조 붕괴와 독립적인 현상이라는 것이다. 이 가설을 지지하는 연구자들은 뇌 네트워크의 잘못된 연결이 아닌 세포 자체의 흥분성 증가에 주목한다. 유전자 돌연변이에 의한 PI3K-AKT-mTOR 신호 전달 경로 조절 장애가 개별 뉴런의 흥분성을 증가시키며, 이것이 시냅스로 연결된 다른 뉴런으로도 전달되어 네트워크 전체의 균형이 무너진다는 것이다.

mTOR로 이어지는 전달 경로의 신호가 강해지면 세포 대부분의 대사작용이 활발해진다. mTOR에게 신호를 전달받는 다음 주자 중, RNA에서 단백질이 만들어지는 번역을 활발하게 하는 핵심 인자가 있기 때문이다. 이들은 정해진 특정 단백질의 양을 증가시키는 것이 아니라, 번역 과정 그 자체의 효율을 높여 특정되지 않은 수많은 종류의 단백질을 모두 많이 만들게 한다. 따라서 PI3K-AKT-mTOR 경로의 활성은 세포 내에 다양한 단백질의 양이 늘어나게 하는데, 이는 단백질이 하는 여러 가지의 세포 기능이 모두 촉진되는 결과로 이어진다. 결론적으로 세포 안에서 일어나는 생명 활동이 평소보다 활발히 일어나게 되는 것이다.

그렇다면 뉴런에 유전자 체세포 돌연변이가 생겨 PI3K-AKT-mTOR 신호 전달 경로가 과하게 활성화되면 어떤 현상이 벌어질까? 먼저 뉴런의 크기가 커진다. 각종 단백질이 많아져서 대사 작용이 활발해지면, 영양소를 더 많이 공급받아 더 쉽게 자랄 수 있기 때문이다. 그리고 세포의 기능도 활발해진다. 우리 몸에서 뉴런이 맡은 역할은 개체가 자극에 반응할 수 있도록 신호를 전달해 주는 것이다. 뉴런의 대사 작용이 활발해지면 이 신호 전달도 더 활발해진다. 다른 뉴런으로부터 신호를 더 많이 전달받을 수 있게 되고, 또 다른 뉴런으로 신호를 더 강하게 내보낼 수 있게 된다. 결론적으로 뉴런의 흥분성이 증가하게 되고, 이는 뇌 네트워크에 전기 신호가 강하게 흐르는 뇌전증으로 이어질 수 있다(그림 21, ②).

네트워크가 무너진 진짜 이유

지난 10여 년간 국소 피질이형성증을 연구해 온 많은 과학자들이 대뇌 피질의 층 구조가 무너지는 조직 수준의 현상(그림 21, ①)과 대뇌 피질 뉴런 자체의 흥분성이 증가하는 세포 수준의 현상(그림 21, ②) 중 어느 것이 뇌전증 발작의 원인인지 밝히기 위해 다양한 실험을 진행했다. 그 덕분에 우리는 이제 이 질문의 답에 꽤 근접하게 되었다.

우리의 물음에 힌트를 얻을 수 있는 핵심은 바로 발생 단계별 특징이다. 잘 생각해 보면 대뇌 피질의 층 구조가 망가지는 것은 배아 시기의 발생 단계에서 나타나는 문제가 직접 원인이다. 뉴런이 발생 과정에서 목적지까지 바르게 이동하지 못한 결과가 잘못된 뉴런의 배열로 이어지기 때문이다. 이와 달리 뉴런 자체의 흥분성이 증가하는 현상은 발생이 모두 끝난 이후 본격적인 영향을 준다. 뉴런의 흥분성이 증가하고 이것이 시냅스를 통해 뇌 네트워크 수준으로 퍼져 나가는 것은 신경줄기세포가 뉴런으로 분화하고 이 뉴런들이 서로 시냅스로 연결되어 네트워크를 형성하는 발생 단계가 모두 끝난 이후에 벌어지는 현상이기 때문이다.

만약 국소 피질이형성증 환자의 뇌전증 발작이 발생 단계의 문제와 직접 연관된다면, 그 원인은 대뇌 피질의 구조적 결함에 의한 뉴런의 연결성 문제일 가능성이 클 것이다. 반대로 발생 단계의 문제보다는 태어난 이후의 생명 현상이 뇌전증 발작과 연관되어 있다면, 그 원인은 뇌의 구조적 문제와 독립적인 세포 자체의 흥분성 증가일 것으로 추정할 수 있다.

2014년 일본의 한 연구팀이 우리 궁금증에 힌트를 줄 논문을 발표했다. 이들은 mTOR 신호 전달 경로 조절 장애가 신경 발생 단계 중 언제 나타나느냐에 따라 쥐의 뇌에 주는 영향이 다르다는 사실을 발견했다. mTOR의 과한 활성이 신경 발생 초기에 나타나면 소뇌증, 발생 후기에 나타나면 뉴런의 이동 문제로 이어지고 발생 단계 이후에 나타나면 뇌전증 발작을 일으킨다고 한다. 어?

이거 꽤 엄청난 힌트이지 않은가? 이 연구 결과를 봤을 때는 발작이 발생 단계의 문제보다는 태어난 이후 PI3K-AKT-mTOR 신호 전달 경로의 과한 활성과 더 깊게 관련된 것으로 보인다. 이러면 국소 피질이형성증 환자 뇌전증 발작의 주된 원인이 세포 자체의 흥분성 증가일 가능성이 커진다.

2010년대 중후반 이와 비슷한 연구 결과가 연이어 등장하면서 국소 피질이형성증 환자의 뇌전증 발작은 대뇌 피질의 구조적 결함과 독립적인 문제라는 가설이 점점 힘을 얻었다. 2016년에는 예일대 연구팀이 mTOR 신호 전달 경로를 과하게 활성화하는 돌연변이를 가진 유전자 변형 쥐를 만들었고, 대뇌 피질 구조의 붕괴와 개별 세포의 흥분성 증가, 그리고 뇌전증 발작을 모두 관찰했다. 이들은 곧이어 유전자 변형 쥐에 생후 2개월까지 mTOR 신호 전달 경로 억제제인 라파마이신을 투여하고, 어떤 증상이 호전되는지 살펴보았다. 그러자 라파마이신을 투여하지 않은 쥐에서는 제대로 이동하지 못했던 뉴런들이 라파마이신의 도움을 받아 완전하게 이동하여 대뇌 피질의 구조적 결함이 치료되었고, 뇌 네트워크의 전기 신호 문제도 해결되어 뇌전증 발작도 완전히 사라졌다.

이후 연구자들은 라파마이신 투여를 중단하고 3개월 정도 기다린 후, 다시 쥐들의 상태를 살펴보았다. 약 복용을 중단했지만, 대뇌 피질의 층 구조는 여전히 정상이었다. 이건 사실 당연한 결과다. 생후 2개월은 대뇌 뉴런의 이동이 이미 끝나고도 한

참이 지난 후므로, 그 후에 약을 중단한 효과는 대뇌 구조에 아무런 영향을 줄 수 없다. 흥미로운 결과는 바로 뇌전증 발작이 다시 생겼다는 사실이다. 어린 쥐에게서 뇌전증 발작을 치료했지만, mTOR 억제제 투여를 중단하자, 다시 활성화되기 시작한 PI3K-AKT-mTOR 신호 전달 경로의 영향으로 발작이 나타난 것이다.

이 결과는 국소 피질이형성증의 발생 단계 증상, 즉 대뇌 피질의 구조적 결함을 치료한다고 해도 태어난 이후에 뇌전증 발작이 나타날 수 있다는 사실을 보여 준다. 다시 말해 발작의 주요 원인이 태어난 이후 단계에 있다는 것이다. 이를 제대로 확인하기 위해 연구자들은 유전자 돌연변이가 태어난 이후부터 발현되는 새로운 유전자 변형 쥐를 만들었다. 이 쥐로 발생 단계 이후 PI3K-AKT-mTOR 신호 전달 경로를 망가뜨렸고, 예상대로 발생 단계 문제인 대뇌 피질의 구조적 결함은 없지만, 발생 이후 문제인 개별 뉴런의 흥분성 증가가 나타나는 쥐를 얻을 수 있었다. 그리고 아주 흥미롭게 이 쥐에서도 뇌전증 발작이 발생했다. 구조적 결함 없이 뉴런 자체의 흥분성 증가만으로도 발작이 생길 수 있다는 사실이 확인된 것이다!

지금까지 연구 결과를 살펴보면, 국소 피질이형성증 환자의 뇌전증 발작은 대뇌 피질의 층 구조 붕괴와 독립적인 증상으로 보인다. 따라서 이 분야의 연구자들은 구조적 결함보다는 개별 뉴런의 흥분성 증가가 뇌 네트워크의 전기 신호 균형을 무너뜨려 행동 수준의 발작을 유도하는 것으로 추정하고 있다.

하지만 아직 완벽한 답을 찾아낸 것은 아니다. 국소 피질이
형성증이라는 하나의 질환을 일으키는 유전자 돌연변이에는 상
당히 많은 종류가 있다. 돌연변이가 나타나는 유전자의 종류도 정
말 많다. 앞서 이들을 모두 PI3K-AKT-mTOR 신호 전달 경로
조절 장애로 묶어 설명할 수 있다고 주장했지만, 이를 뒷받침하
는 명백한 증거는 아직 없다. 정말로 PIK3CA, PIK3R2, TSC1/2,
AKT1/3, Rheb, mTOR의 유전자 돌연변이가 모두 같은 역학으로
설명될지는 조금 더 연구해야 한다.

물론 많은 국소 피질이형성증 환자의 뇌전증 발작을 지금까
지의 연구 결과를 통해 어느 정도는 이해할 수 있을 것으로 기대
하고 있다. 하지만 예상과 다른 시나리오가 펼쳐질 수도 있다. 일
부 돌연변이가 발작을 일으키는 과정은 우리가 지금까지 알아본
사실과 다를 수 있다. 어쩌면 어떤 환자의 뇌전증 발작은 과활성
화된 세포가 아니라 대뇌 피질의 층 구조가 무너진 발생 단계 문
제가 직접 원인일지도 모른다. 지금까지 세포의 위치와 세포 자체
의 문제 중 어느 것이 발작을 일으키냐고 물어 왔지만, 어쩌면 둘
다일 수도 있다. 환자마다 상황이 다르기 때문이다.

이처럼 신경유전질환을 연구하는 건 참 복잡하고 어려운 일
이다. 질환을 앓는 이들의 임상 양상이 전부 같을 수는 없고 환자
의 생명 현상을 재현한 실험 결과는 어디까지나 단순한 조건에서
진행된 실험일 뿐이다. 개인의 모든 차이를 단순히 몇 마디 문장
으로 설명할 수는 없다. 따라서 더 많은 환자를 돕기 위해서는 지

금보다 더 많은 연구가 진행되어야 한다. 게다가 이 결과가 실제 환자에게 적용되려면 그보다도 더 많은 연구와 임상 시험이 진행되어야 한다. 신경유전질환의 정복까지, 아직 갈 길이 멀다.

6장

자폐, 질환 혹은 개성

얼룩말을 좋아하는 아이

'쏴아아아'

비는 계속 쏟아지고, 아이는 멍하니 벤치에 앉아 젖은 운동장을 바라보고 있다. 머리를 괴고 옆으로 누워 담배를 피우던 코치는 심심했는지 아이에게 슬며시 말을 건다.

"동물 좋아해?"

"……네."

"무슨 동물 좋아해? 사자, 호랑이? 기린?"

"……얼룩말. 수천 마리씩 떼를 지어 영양이나 기린 등과 함께 어울려 살며, 천적은 사자와 표범이다. 임신 기간은 일 년 정도이고 한 배에 한 마리의 새끼를 갖는다. 어린 새끼는 생후 즉시 달릴 수 있다. 이전에는 가축으로 사육을 시도하여 보았으나, 말이나 당나귀보다 내구력이 결핍되어 있어 실패하였다."

예상치 못한 자세한 답변에 눈이 휘둥그레진 코치는 깜짝 놀라 누워 있던 벤치에서 몸을 일으켜 아이에게 다가와 옆에 앉았다.

"365 곱하기 75는?"

"......"

"7 곱하기 3은?"

"......"

아이는 아무런 대답이 없었다. 그도 그럴 것이, 이 아이는 몸은 고등학생이지만 지능은 겨우 5살 수준이다. 그러니 구구단을 모르는 게 당연하다. 아, 구구단도 외우지 못하는 지능이 낮은 아이가 어떻게 얼룩말에 대해서는 저렇게 자세히 알고 있냐고? 그야 얼룩말은 초코파이, 짜장면과 함께 이 아이가 가장 좋아하는 것이니 그럴 수밖에 없다. 사실 좋아하는 정도를 넘어서 집착에 가까울 정도로 얼룩말에 환장한다.

혹시 이 아이가 누군지 알 것 같은가? 영화를 즐겨 보는 독자라면 눈치챘을 수도 있다. 대화 속 아이는 바로 한국 영화사에 기록될 최고의 캐릭터 중 한 명인 영화 〈말아톤〉의 주인공 윤초원이다. 그리고 방금의 대화는 영화에 등장하는 윤초원과 마라톤 코치의 대화 장면이다.

영화 속 윤초원은 자폐성 장애를 가지고 있다. 자폐 혹은 자폐 스펙트럼 장애란 사회적 상호작용과 의사소통에 결함이 생기는 발달 장애를 의미한다. 자폐 스펙트럼 장애의 가장 큰 특징은 제한된 동작을 계속 반복하거나 제한된 대상에 집착하는 상동행동repetitive behavior 이다. 다른 일을 할 때는 어린아이 수준의 지능인 윤초원이 얼룩말에 대해서는 아주 자세히 기억하고 있던 것도 얼룩말이라는 대상에 집착한 상동행동으로 볼 수 있다.

자폐 스펙트럼 장애는 상동행동 외에도 다양한 특징을 동반한다. 학습과 언어능력이 떨어지기도 하고, 특유의 표정이나 말투를 보이기도 한다. 또 어떤 이들에게는 발작이나 수면 장애와 같은 본격적으로 생활을 불편하게 만드는 문제도 나타난다.

그러나 자폐 스펙트럼 장애로 분류되는 모든 사람에게 자폐의 모든 특징이 관찰되지는 않는다. 사회적 상호작용과 의사소통이 쉽지 않다는 점에서는 비슷하지만, 구체적으로 살펴보면 그 증상은 개인에 따라 천차만별하다. 자폐를 겪는 이들 중 어떤 이들은 약간의 교육만으로도 큰 부담 없이 사회에 적응하지만, 어떤 이들은 타인과의 교류를 아예 거부하고 자신만의 세계에 빠져 살아간다. 이처럼 같은 자폐로 분류되어도 사람에 따라 증상이 확연히 다르게 나타나며, 이것이 이 병이 자폐 '스펙트럼' 장애라 불리는 이유이다.

자폐 스펙트럼 장애는 그 증상만 다양한 것이 아니다. 원인역시 상당히 복잡하고 다양하다. 당연히 다양한 원인으로부터 다양한 증상이 유발되는 그 중간 과정은 더 복잡하다. 이 복잡성은 DNA에서 단백질까지 유전자가 발현되는 과정에서 나타나기도

아주 긴밀한 연결

하며, 만들어진 단백질이 개체 수준의 행동을 끌어내는 과정에서 나타나기도 한다. 또한 생애 중에서 특정 시기의 작용이 이 병의 발달에 크게 영향을 주기도 하므로 자폐의 복잡성을 이해하기 위해서는 생애 시기별 생물학적 현상을 구분해 살펴볼 필요가 있다.

한마디로 자폐같이 복잡한 원인과 결과 관계를 보이는 대상을 연구하는 건 참 쉽지 않은 일이다. 하지만 쉽게만 살 수 없는 게 세상사 아닌가? 이 질환의 복잡한 질병 조성을 파악하는 건 자폐를 제대로 이해하고 이로 인해 불편을 겪는 이들을 돕기 위해 꼭 필요한 일이다. 그래서 지금도 많은 연구자들이 다양한 관점에서 자폐 스펙트럼 장애를 이해하고자 고군분투하고 있다.

내 병이 바뀌었다

2012년 어느 화창한 봄날, 5살배기 아들의 행동이 다른 아이들과 조금 다르다는 것을 눈치챈 어머니는 걱정된 마음으로 인터넷에서 이것저것 검색해 보았다. 그리고 얼마 지나지 않아 아이의 증상이 자폐와 비슷하다는 것을 알게 되었다. 깜짝 놀라 곧바로 아이를 차에 태우고 집 근처 종합병원으로 향했다. 의사는 정밀검사를 권유했고, 아이는 자폐가 아닌 아스퍼거Asperger 증후군이라는 독특한 정신질환을 진단받았다. 어머니는 아이 걱정에 얼굴이 사색이 되었지만, 일상생활에 큰 문제는 없을 듯하니 지켜보면서 교육 치료만 병행하면 된다는 의사의 말에 그나마 안심했다.

그리고 일 년쯤 지난 후, 여느 때처럼 병원에 간 어머니는 의사의 말에 또 한 번 놀랐다. 의사가 아이의 병명이 자폐성 장애라고 말했기 때문이다.

"아니, 처음에 왔을 때는 자폐가 아니라 아스퍼거 증후군이라고 하지 않았나요? 갑자기 자폐라니요?"

눈이 동그래져서 의아해하고 있는 어머니의 흥분한 목소리에 의사는 웃으며 답했다.

"질환의 분류가 바뀌어서 그렇게 말씀드린 겁니다. 원래는 자폐로 진단되지 않던 아스퍼거 증후군이 올해부터는 자폐성 증후군의 한 갈래로 분류되기 시작했어요. 아이의 증상이 나빠지거나 이런 건 아닙니다. 지금처럼 똑같이 지내면 돼요."

아스퍼거 증후군은 사회적 상호작용에 어려움을 겪는 발달 장애의 하나로, 1994년 처음 정의된 질환이다. 하지만 2013년, 이 질환은 다시 독립적인 지위를 잃고 자폐의 한 종류로 포함되었다. 정신의학계 바이블과도 같은 미국 정신의학회의《정신질환 진단 및 통계 편람Diagnostic and Statistical Manual of Mental Disorders, DSM》의 새로운 기준이 업데이트되었기 때문이다.

이처럼 신경질환의 진단은 절대적이지 않다. 병이 너무 복잡해 분류가 쉽지 않아서이다. 생물학적 지식이 발전하고 환자 사례 연구 데이터가 쌓이며 여러 신경질환은 서로 같은 병으로 합쳐지거나 다른 병으로 분리되기를 반복해 왔고, 앞으로도 그럴 것

　　　　　　　　　　　　아주 긴밀한 연결

이다. 가장 흔한 신경정신질환 중 하나인 자폐는 지난 수십 년간 정의와 진단 기준이 많이 바뀐 질환으로 손꼽힌다. 아직 명확한 원인과 치료법을 특정할 수 없을 정도로 다면적인 질환이기 때문이다.

자폐의 개념이 세상에 처음 등장한 것은 오스트리아 출신의 미국인 의학자 레오 캐너Leo Kanner에 의해서였다. 1943년 발표된 역사적인 논문에서 그는 지능은 높지만 타인과 잘 어울리지 못하는 특징을 공유하는 11명의 아이를 '소아 자폐infantile autism'로 분류했다. 이후 이 개념이 널리 알려지기 시작했으나, 자폐가 확실히 정의된 것은 아니었다. 캐너를 비롯한 그 당시 학자들이 설명한 병의 증상이 너무 모호했고, 특히 소아 조현병의 증상과 명확히 구분되지 않았기 때문이다.

그렇게 자폐는 무려 반세기 가까이 하나의 독립된 정신질환으로 인정받지 못한 채 무시당해 왔다. 대표적으로《정신질환 진단 및 통계 편람》제1판에서 자폐는 '사춘기 이전에 나타나는 조현병 증상schizophrenic reactions appearing before puberty'으로 묘사되었다. 정신질환을 정의 및 진단하는 가장 대표적인 기준인《정신질환 진단 및 통계 편람》에서 자폐가 하나 독립된 질환이 아닌 조현병 일부로 정의된 것이다. 증상이 나타나는 시기가 자폐의 경우 대부분 3살 이전, 조현병의 경우에는 대부분 사춘기 이후라는 차이를 제외하면 두 병의 증상은 꽤 비슷하니, 1952년 당시에 둘을 연결된 질환으로 생각한 것이 그리 이상한 일은 아니긴 하다.

1980년, 《정신질환 진단 및 통계 편람》의 세 번째 개정판이 발표되고, 드디어 자폐는 조현병의 그늘에서 벗어나 전반적 발달 장애pervasive developmental disorders의 한 종류로 소개된다. 여기서 자폐는 타인을 향한 관심의 결핍, 의사소통의 심각한 문제, 환경에 대한 특이한 반응이라는 세 가지 증상을 생후 30개월 이내에 보이는 발달 장애로 정의되었다. 그러나 이 깔끔한 정의가 지금도 완전히 받아들여지고 있는 건 아니다. 이렇게 단순히 설명할 수 없는 복잡한 환자 사례와 생물학적 근거가 더 밝혀졌기 때문이다.

그중 하나가 바로 아스퍼거 증후군의 등장이었다. 이 질환의 명칭에는 1944년 최초로 환자 사례를 보고한 오스트리아의 한스 아스퍼거Hans Asperger의 이름이 붙여졌다. 그는 자신이 연구한 환자 4명이 보이는 공통된 증상을 바탕으로 아스퍼거 증후군을 설명했는데, 이 병의 정의는 비슷한 시기에 레오 캐너가 소개한 자폐의 기준과 상당히 유사했다. 그러나 캐너의 연구가 이후 학계에 큰 영향을 준 것과는 다르게 아스퍼거의 연구는 꽤 오랜 시간 동안 주목받지 못했다. 그가 독일어로 쓴 논문이 영어로 번역되지 않아 널리 퍼지지 못했기 때문이다.

그러던 1981년 어느 날 로나 윙Lorna Wing이라는 정신의학자가 아스퍼거의 발견을 다시 정리해 소개하면서 드디어 그가 진단한 병이 세상의 관심을 받기 시작했다. 그리고 나서 10여 년이 더 흐른 1994년, 아스퍼거 증후군은 마침내 《정신질환 진단 및 통계 편람》제4판의 한 자리를 당당히 차지하기에 이른다.

아주 긴밀한 연결

아스퍼거 증후군이라는 새로운 병의 등장은 약간의 논란을 불러일으켰다. 아스퍼거는 자신이 분류한 질환이 캐너의 자폐와 구분되는 서로 다른 병이라고 주장했다. 그러나 이 병을 세상에 알린 로나 윙의 생각은 달랐다. 그는 자폐와 아스퍼거 증후군이 연속되는 질환이라고 생각했다. 이 두 병의 차이는 일반적인 자폐와 달리 아스퍼거 증후군 환자들은 언어능력이 부족하지 않고 발달 지연이 없다는 것뿐이다. 그런데 이런 아스퍼거 증후군만의 특징들은 또 자폐의 한 종류인 고기능 자폐성 장애High-functioning autism와 상당히 비슷하다. 따라서 아스퍼거 증후군이 자폐성 장애의 스펙트럼을 벗어나는 독립된 질환인지, 아니면 그저 비교적 가벼운 증상을 유발하는 자폐의 한 종류인지에 관해서는 상당히 많은 논쟁이 있었다.

그렇게 오랜 시간 이어진 신중한 논의 끝에 2013년 발표된 《정신질환 진단 및 통계 편람》 최신 개정판(제5판)에서 아스퍼거 증후군은 결국 독립적인 지위를 잃고 자폐 스펙트럼 장애의 한 종류로 흡수되고 만다. 그것도 이 책의 제4판에서 처음으로 독립된 질환으로 인정받은 이후 진행된 바로 다음 개정에서 말이다. 그나마 위안이 되는 것은 제5판에서 사라진 질환이 아스퍼거 증후군뿐만은 아니라는 점이다. 자폐와 구분되어 오던 비전형 전반적 발달 장애pervasive developmental disorder not otherwise specified도 독립적인 지위를 잃었다. 심지어 '자폐'라는 이전의 이름도 질환 목록에서 삭제되고, 대신 '자폐 스펙트럼 장애'에 위의 세 질환이 모두 포함되는 방식으로 진단 기준이 새롭게 정리되었다.

이렇게《정신질환 진단 및 통계 편람》제5판에서 드디어 '스펙트럼 장애'라는 말이 공식적으로 사용되었는데, 21세기에 들어 뒤집혀 버린 유전학계의 새로운 흐름이 크게 한몫했다. 인간 유전체 프로젝트의 완성과 발전한 유전학 기술은 그 당시에 자폐를 정의하던 주요 증상들의 구체적인 유전적 원인을 특정할 수 없다는 사실을 알려 주었다. 자폐를 일으키는 유전적 조성이 너무나 다양했으므로 그중 한두 가지를 콕 집어 자폐의 원인으로 특정할 수 없었던 것이다. 따라서 자폐만의, 혹은 이와 비슷한 성격의 다른 발달 장애들(아스퍼거 증후군, 비전형 전반적 발달 장애 등)만의 고유한 유전적 원인을 찾을 수 없었고, 이들을 원인과 발병 기전을 근거로 서로 구분하기가 쉽지 않다는 결론이 지어졌다.

자연스레 자폐는 몇몇 증상으로 확실히 진단되고 구분되는 하나의 질병이 아닌, 병의 심각도와 성격에 따라 증상의 정도와 범위가 얼마든지 달라질 수 있는 '스펙트럼 장애'로 설명되기 시작했다. 원인은 물론이고 그 결과로 나타나는 병의 증상도 명확히 구분하기 힘든 상황에서 여러 기준을 하나하나 따지는 것보다는, 자폐 스펙트럼 장애라는 커다란 우산 아래에 약간씩의 증상 차이를 보이는 여러 질환을 한데 모으는 것이 낫다고 판단했기 때문이다.

그렇게 '자폐 스펙트럼 장애'라는 명칭이 공식적으로 등장하고, 아스퍼거 증후군과 비전형 전반적 발달 장애 등이 여기에 포

아주 긴밀한 연결

그림 22 　　　　　　　　　　　　　　　　　　　　　자폐 스펙트럼 장애

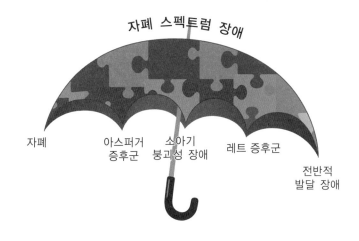

자폐 스펙트럼 장애

자폐 　　아스퍼거　소아기 　　레트 증후군
　　　증후군　붕괴성 장애
　　　　　　　　　　　　　　　　　전반적
　　　　　　　　　　　　　　　　　발달 장애

함되었다. 하지만 이 진단 기준도 자폐를 설명하는 완벽한 정의라
고 말할 수는 없다. 아직까지는 정신질환을 진단하는 일반적인 기
준으로 《정신질환 진단 및 통계 편람》 제5판이 받아들여지고 있
지만, 언제 또 기준이 바뀔지 모른다. 원래는 조현병에 속해 있던
자폐가 이제는 무려 자폐 스펙트럼 장애라는 이름으로 다른 질환
들까지 포함하게 된 것처럼 앞으로도 정신질환의 진단 기준은 계
속 변할 것이기 때문이다.

유전이냐, 환경이냐, 그것이 문제로다

자폐의 진단 못지않게 자폐의 원인도 정신의학계가 주목하는 매우 흥미로운 주제다. 수많은 환자가 있고 여러 연구가 진행되었지만, 여전히 자폐가 생기는 이유에 대해 모르는 부분이 너무 많기 때문이다.

20세기 중반 자폐가 주목받기 시작하면서 그 원인으로 처음 지목된 것은 환경적인 요인이었다. 자폐를 처음 발견한 레오 캐너는 아이가 태어난 이후에 부모가 아이에게 관심을 갖지 않고 차갑게 대하는 것이 이 병의 원인이라고 생각했다. 아이가 세상에 나온 후 처음 접하는 작은 사회인 가정에서 제대로 된 교감을 하지 못하면 사회성과 의사소통 능력이 부족하게 되어 자폐로 이어진다는 주장이다. 이렇게 자폐의 원인을 부모와의 애착 관계에서 찾는 주장을 '냉장고 엄마 이론refrigerator mother theroy'이라 부른다.

1950~1960년대 냉장고 엄마 이론이 주류로 떠오르자, 자폐 아동의 부모들은 사회의 부정적인 시선에 고통받기 시작했다. 아이가 정신질환을 앓게 된 이유가 부모의 무관심 때문이라는 생각에 많은 이들이 그 부모를 비난하기 시작한 것이다. 이런 분위기는 안 그래도 속상할 부모들에게 아이의 고통이 자신들 때문이라는 마음의 짐을 하나 더 얹어 버렸고, 많은 부모가 죄책감에 시달려야만 했다.

다행히도 20세기 후반에는 자폐의 발병이 유전적 요인과 연관되어 있다는 사실이 밝혀지며 냉장고 부모 이론은 서서히 학계에서 외면받기 시작했다. 쌍둥이 사례 연구 등을 통해 자폐는 유전력이 70~80퍼센트에 달하는 유전질환이라는 사실이 밝혀졌기 때문이다. 그러나 자폐 아동 부모들의 고통은 끝나지 않았다. 유전자가 잘못이라는 인식이 생기자, 이번에는 부모가 아이에게 잘못된 돌연변이 유전자를 물려주어 아이가 질환을 얻게 된 거라고 손가락질했다.

하지만 아이에게 자폐성 장애가 생기는 것은 결코 부모의 잘못이 아니다. 잘못된 유전자라는 것은 세상에 없다. 유전자 돌연변이의 사전적 정의는 전체 인구의 10퍼센트 미만이 가지는 흔하지 않은 유전자 염기다. 따라서 돌연변이를 가졌다는 것은 다수와 유전 정보가 조금 다르다는 것일 뿐 특별한 문제나 잘못이 있다는 뜻이 아니다. 어차피 개개인의 유전 정보는 모두 조금씩 다르지 않은가? 사실 우리는 모두 돌연변이다. 자폐로 분류되는 이들과 그렇지 않은 이들이 생물학적으로 딱히 다를 게 없다는 이야기다.

게다가 우리는 이미 질환을 일으키는 유전자 돌연변이가 모두 부모한테서 오는 게 아니라는 사실을 잘 알고 있다. 발생 도중 세포 분열을 반복하다 생기는 체세포 돌연변이는 부모와 상관없이 자녀에게만 나타날 수 있는 유전자 돌연변이다. 그리고 난치성 뇌전증을 동반하는 국소 피질이형성증의 주요 원인이 PI3K-AKT-mTOR 신호 전달 경로의 신호를 과하게 활성화하는 체세포 돌연변이였던 것처럼, 자폐의 발병도 신경 발생 도중 나타나는 체세포 돌연변이와 밀접하게 연관되어 있다. 아이에게 돌연변이 유전자가 생기는 것이 부모와 전혀 관계없을 수도 있다는 뜻이다.

다시 원래 얘기로 돌아와서 자폐의 원인에 대해 자세히 이야기해 보자. 어쨌든 자폐의 원인을 설명하는 첫 번째 핵심은 역시 돌연변이 유전자다. 이미 수많은 연구에서 자폐와 연관된 수백 개의 후보 유전자들이 밝혀졌다. 이 유전자의 종류가 너무 다양하다는 것이 문제긴 하지만, 그래도 불굴의 과학자들은 이들 간의 공통점까지 찾아냈다. 대부분 자폐 위험 유전자의 생물학적 기능이 뇌 네트워크의 활성과 연관되어 있다는 사실을 밝혀낸 것이다. 중간 과정은 잘 모르지만, 많은 유전자 돌연변이가 어떤 방식으로든 간에 뉴런들이 시냅스로 연결되어 서로 신호를 주고받는 과정에 문제를 일으켜 자폐를 유발하는 것으로 추정된다.

어? 그런데 뇌 네트워크의 불균형은 이미 뇌전증 발작의 발병 원리를 이야기할 때 등장했던 시나리오이지 않은가? 맞다. 사실 신경정신질환 대부분이 시냅스의 문제, 뇌 네트워크의 붕괴, 흥분성 신호와 억제성 신호의 불균형으로 설명된다. 그중 어떤 문제가 뇌전증 발작으로 이어지고, 어떤 문제가 자폐로 이어지며, 또 어떤 문제가 조현병으로 이어지는지는 아직 명확히 알지 못한다. 역시 신경정신질환을 이해하는 것은 너무 어려운 일이다.

어려운 점은 여기서 끝이 아니다. 자폐를 이해하기 위해서는 위험 유전자뿐만 아니라 다른 원인도 파악해야 한다. 자폐의 유전적 요인은 곧바로 자폐로 이어지는 직접 원인으로 작용하기보다는 자폐 발병에 대한 개인의 민감성을 바꾸는 정도로만 영향을 주기 때문이다. 어떤 유전자 돌연변이를 가지면 무조건 자폐가 생기는 게 아니라, 자폐를 일으킬 수 있는 또 다른 요인과 마주했을 때 자폐로 이어질 가능성이 더 높을 뿐이라는 것이다.

이런 이유로 유전자 돌연변이 외의 다른 자폐 원인에 대해서도 이해할 필요가 있는데, 그중 가장 단순하면서도 어려운 것이 바로 후천적인 환경 요인이다. 신생아 시절 병원균 감염되거나 알레르기를 경험하거나 특정 음식 및 화학물질 등에 노출되면 자폐의 위험이 커진다는 여러 주장이 있고, 많은 학자들이 태어난 이후의 환경 노출이 자폐 발병 여부에 상당한 영향을 준다고 생각한다. 그러나 이에 대한 확실한 과학적 근거는 많지 않다. 환경적 요인을 연구한다는 것은 셀 수 없을 정도로 많은 외부 상황이 인체에 복합적으로 주는 영향을 하나하나 따져야 하는 상당히 어렵고 귀찮은 일이기 때문이다. 실험으로 재현하기도 까다롭고, 실제 환자의 사례에서 복잡하게 얽혀 있는 변수들을 논리적으로 분석하기도 쉽지 않다.

게다가 태어난 이후 환경 노출뿐만 아니라 임신 도중 태아의 환경적 요인도 자폐의 원인이 될 수 있다. 10여 년 전부터, 임신한 산모의 면역 활성화가 아이의 신경 발생 질환 발병과 연관되어 있다는 연구가 하나둘씩 등장하기도 했다. 특히 최근에는 여러 동물 모델 연구에서 면역 작용에 의한 사이토카인cytokine의 활성화와 염증 반응이 자폐 증상을 유발할 수 있다는 결과가 보고되고 있다.

더 나아가 최근 생명과학계에서 가장 뜨거운 이슈 중 하나인 장내 미생물도 자폐와 연관되어 있을 가능성이 제시되고 있다. 자폐의 원인이 될 수 있는 면역 반응이 장내 미생물 조성의 영향을 받기 때문이다. 2017년에는 우리나라 연구팀이 장내 미생물 절편 섬유상세균을 제거해 산모 쥐의 면역세포 생산을 억제함으로써 새끼 쥐의 자폐 행동 증상을 완화한 연구를 발표하기도 했다.

생식세포 돌연변이, 체세포 돌연변이, 외부 환경 노출뿐만 아니라 임신 중 면역 반응 활성화 등등 자폐 발병에는 생각보다 많은 요인이 복잡하게 얽혀 있다. 이 다양한 요인들은 자폐의 핵심 증상인 사회성 부족뿐만 아니라 다른 증상으로도 이어질 가능성이 크다. 그래서 자폐는 다른 신경 발생 질환과 동반되는 경우가 흔하다. 지적 장애와 발작 등 일상을 불편하게 하는 여러 증상이 자폐와 강하게 연관되어 있다. 이 병을 이해하는 것이 어렵다고 하여 손 놓고 가만히 있을 수만은 없는 이유다. 누군가의 삶을 조금 더 나아지게 하기 위해서라도 하루 빨리 자폐를 치료할 방안을 찾아내야 한다.

어떻게 치료할까?

생활 속에서 마주하는 단순한 문제들, 가령 컴퓨터 고장과 같은 사건은 원인을 파악하고 고치는 것만으로도 쉽게 해결된다. 일단 문제를 분석하고, 그 원인을 파악하고, 원인을 고쳐서 결과를 바꾸면 문제가 바로 해결된다. 컴퓨터가 작동하지 않으면, 어떤 부품의 결함이 문제의 원인인지 파악하고, 그 원인인 부품을 바꾸거나 수리하면 쉽게 고칠 수 있다. 질병 치료도 마찬가지이다. 단순한 병은 원인 기반 치료법으로 쉽게 고칠 수 있다.

하지만 자폐나 국소 피질이형성증처럼 복잡한 질병의 치료는 그렇게 간단하지 않다. 컴퓨터가 고장 났을 때와는 달리 원인을 기반으로 문제를 해결하지 못할 수 있다. 그 이유에는 여러 가지가 있는데, 먼저 문제의 원인을 파악하는 게 어렵다. 원인을 찾아냈더라도 이를 되돌리는 것이 불가능할 수도 있다. 어쩌면 원인을 찾아 되돌리는 것까지 성공한다 해도 결과가 바뀌지 않는 비가역적인 문제일지도 모른다.

신경 발생 질환은 원인 기반 치료법을 어렵게 하는 이러한 이유에 모두 해당하는 아주 골치 아픈 놈이다. 일단 자폐처럼 그 원인이 무엇인지 제대로 파악하지 못한 질환이 상당히 많다. 원인을 알지 못하니 당연히 되돌릴 방법도 제대로 찾을 수 없다.

문제는 이뿐만이 아니다. 운 좋게 어떤 병의 원인을 자세히 파악했다고 하더라도 병의 원인을 되돌리지 못할 가능성이 크다. 신경 발생 질환의 원인은 태어나기 전에 나타나기 때문이다. 예를 들어, 국소 피질이형성증의 원인은 특정 유전자의 체세포 돌연변이라는 사실을 잘 알고 있다. 유전자 체세포 돌연변이는 신경 발생 도중 나타나는 문제다. 그러나 병의 증상이 나타나는 것은 태어난 이후이다. 환자가 병을 진단받고 치료해야 하는 상황을 맞이했을 때는 이미 돌연변이가 생겨 버리고 난 이후이다. 컴퓨터 부품처럼 새것으로 바꾸는 것이 불가능하다.

그래도 약물을 복용하면 환자의 몸을 돌연변이가 없는 것과 다름없는 상태로 바꿀 수 있는 것 아니냐고? 물론 가능하다. mTOR 억제제인 라파마이신으로 PI3K-AKT-mTOR 신호 전달 경로의 과한 활성을 막으면 저 경로의 핵심 플레이어에 생긴 돌연변이를 없애는 것과 비슷한 효과를 얻을 수 있다. 그러나 어떤 증상은 원인을 바꾼다 해도 이전으로 되돌아가지 않는다. 대표적인 것이 대뇌 층 구조의 붕괴다. 이 문제는 발생 단계에서 뉴런들이 제대로 움직이지 못해 잘못된 곳에 자리를 잡은 것이 원인이다. 그리고 약을 먹는 시기는 이미 뉴런들이 움직일 능력을 모두 잃고도 한참이 더 지난 이후이다. 이미 뉴런들이 잘못된 곳에 자리 잡고 다른 뉴런들과 연결되어 신호를 주고받고 있는데, 이제 와서 세포 신호 전달 문제를 해결한다고 해서 이들이 제자리를 찾아갈 수는 없는 노릇이다.

이처럼 신경 발생 질환은 원인 파악도 어렵고, 그 원인을 고치기도 어렵고, 원인을 고쳐도 증상을 되돌리기가 어렵다. 심지어 자폐는 그 첫 단계도 제대로 넘어서지 못한 암담한 상황이다. 그래서 여전히 자폐성 장애가 있는 사람에게 제공할 수 있는 보편적인 치료제를 확보하지 못했다.

하지만 방법이 없는 것은 아니다. 원인을 고치겠다는 고정관

그림 23   유전질환 치료 전략과 어려움

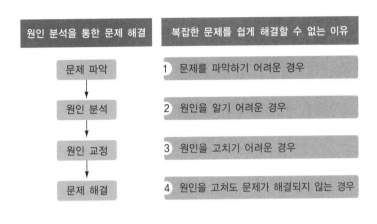

넘에서 벗어나면 상황이 달라질 수 있다. 원인을 되돌려 문제를 해결하는 게 좋은 방법이 아니라면 다른 방법을 찾으면 되지 않겠는가? 첫 출발점에서 질환의 증상까지 이어지는 중간 과정을 살펴보면 새로운 해결책이 나올지도 모른다.

이런 아이디어를 바탕으로 신경유전학자들은 유전자에서 행동까지 이어지는 중간 단계의 세포 내 신호 전달 경로, 뇌 네트워크, 뇌의 해부학적 구조 등에서 자폐를 극복할 힌트를 찾고 있다. 자폐의 유전적 원인을 제거하거나 환경적 원인을 예방하는 것이 쉽지 않다면 아예 다른 방향으로 공략하겠다는 것이다.

실제로 대부분 자폐 위험 유전자는 PI3K-AKT-mTOR 경로를 포함해 WNT 경로, Notch 경로, RAS-MAPK 경로 등 발생 단

계에서 핵심 역할을 맡은 몇몇 세포 내 신호 전달 경로와 밀접하게 연관되어 있다. 어쩌면 자폐의 유전적 원인을 모두 파악하거나 되돌리지 않더라도 이 몇몇 신호 전달 경로를 표적으로 삼으면 자폐의 증상을 치료할 수 있을지도 모른다. 새로운 희망이 생기는 것이다.

세포 내 신호 전달 경로도 좋지만, 사실 이보다 복잡한 뇌 네트워크와 해부학적 구조 수준에서 자폐의 복잡성 문제를 해결할 열쇠를 발견하면 자폐를 공략하는 건 더 간단해질 수 있다. 하지만 이 정도 복잡한 수준에서는 다른 신경질환과 구분되는 자폐만의 특성이나 이를 치료할 그럴싸한 힌트가 아직 많이 발견되지 않았다. 물론 시도는 계속되고 있지만, 여러 연구에서 자폐 유발의 허브라고 주장하는 뇌의 기능적·구조적 위치가 서로 다르게 발표되고 있어 확실한 결론을 내리기는 어렵다.

어쩌면 이런 결과가 나온 이유는 복잡한 생물학적 단계에서 자폐를 더 쉽게 설명할 방법 따위가 애초에 없기 때문일지도 모른다. 다양한 임상 양상의 환자들을 묶어 놓은 자폐 스펙트럼 장애가 생물학적으로도 의미 있게 묶일 수 있는 하나의 현상으로 설명될지는 알 수 없다. 그래도 신경유전학자들은 여전히 최선을 다하고 있고, 덕분에 실험실 모델 수준에서는 시냅스의 문제와 뇌 네트워크의 불균형을 치료할 전략이 하나둘 제시되고 있다. 아직 부족하지만, 곧 자폐와 함께 동반되는 여러 신경의학적 문제들을 되돌릴 방안이 등장할 것이다.

하지만 자폐의 핵심 증상이라고 할 수 있는 사회성 및 의사소통 능력 부재를 치료할 수 있을지는 여전히 오리무중이다. 사회성이라는 개념은 실험실에서 재현하기가 어렵고, 뇌의 생물학적 문제뿐만 아니라 인간 사회의 여러 외부적 요인도 함께 고려해야 하는 까다로운 대상이기 때문이다.

사회성 부족의 치료에 대해서는 할 말이 조금 더 있다. 자폐와 함께 나타나는 발작, 지적 장애, 수면 장애 등은 개인의 삶을 불편하게 만들 수 있는 요소지만, 자폐의 핵심 증상인 사회성 부족도 과연 그러한지는 깊이 생각해 보아야 할 필요가 있다. 사실 정상과 질환의 범주는 인간이 주관적으로 정하는 것이지 않은가? 보통 사람들과 달리 다른 사람과 쉽사리 어울리지 못하는 개인이 있다고 하여, 그들을 환자로 대하는 것이 과연 정당할까? 사회성이 부족하게 태어난 아이가 있다면 그냥 그것을 하나의 다양성으로 인정해 주고 그들의 삶을 존중해 주어야 하는 것 아닐까? 그럼 자폐의 사회성 부족이라는 증상을 꼭 치료해야 하는 걸까? 여러 질문이 떠오른다.

지금까지 우리는 의학자의 관점에서 자폐를 치료해야 할 질환으로 바라보았다. 하지만 이 관점이 꼭 정답은 아닐 수 있다는 생각도 든다. 그러니 지금부터는 조금 다른 시선에서, 자폐의 증상이 정말로 치료되어야 하는 현상인지 함께 고민해 보자.

"당신들은 자녀를 가장 사랑한다 말하지만, 기후 변화에 적극적으로 대처하지 않는 모습으로 자녀들의 미래를 훔치고 있다."

2018년 12월, 제24차 유엔 기후변화협약 당사국총회 연설에 나선 한 십 대 소녀는 다소 도발적인 발언으로 기후 위기의 심각성을 강조했다. 그의 이름은 그레타 툰베리Greta Thunberg. 그는 만 16세였던 2018년, 심각한 기후 위기에도 적극적으로 행동하지 않는 어른들을 질타하기 위한 등교 거부 운동으로 유명해졌다. 그 이후 본격적으로 환경 운동가로서 활동을 시작하며 전 세계의 주목을 받았다. 무려 타임지 선정 2019년 올해의 인물로 뽑힐 정도이니, 현재 세계에서 가장 주목받는 환경 운동가라 해도 과언이 아니다.

툰베리는 호불호가 상당히 많이 갈리는 인물이다. 지구의 미래를 지키려는 그의 운동을 지지하는 이들도 많지만, 어떤 이들은 툰베리의 주장이 현실을 모르는 이야기라고 비판한다. 이 문제에 대해 누가 맞고 누가 틀렸다고 이야기하지는 않겠다. 어쨌든 기후 변화가 당장 눈앞까지 다가온 심각한 문제인 것은 사실이고, 제일 나은 방법을 찾기 위해 여러 사람이 다양한 논쟁을 하는 것은 바람직한 현상이니까.

문제는 어딜 가나 물을 흐리는 미꾸라지가 있기 마련이라는 사실이다. 툰베리의 주장을 비판하는 것을 넘어서 그의 개인적 특성을 바탕으로 인신공격과 무분별한 비난을 일삼는 사람들이 인류의 아름다운 논의를 망치고 있다. 그들의 주된 공격 중 하나는 툰베리가 아스퍼거 증후군을 가졌다는 것이다. 쉽게 말해 정신질환이 있는 어린아이의 주장을 얼마나 믿을 수 있냐는 건데, 이건 정말 매우 화나는 인신공격에 불과하다.

인류의 미래를 걱정하며 열심히 환경 운동을 하고 있는데 그런 수준 낮은 비난을 듣다니, 얼마나 화나겠는가? 나였으면 당장 고소를 하든 한 명씩 찾아가서 소리를 지르든 뭔가 했을 것이다. 하지만 툰베리는 몰상식한 사람들의 그릇된 행동을 아주 여유롭게 받아쳤다.

"저는 남들이 볼 수 없는 것을 볼 수 있는 초능력을 가졌어요."

아스퍼거를 질환이 아닌 자신만의 고유한 특성으로 여기고 자랑스러워하는 툰베리가 멋있지 않은가? 혹자는 삶의 질곡이라고 여기는 특성을 오히려 축복이라 표현하다니 정말 대단하다.

최근 서구사회에선 이처럼 일부 정신질환을 병이 아닌 개인의 특성으로 여겨야 한다는 사회적 운동이 늘어나면서 '신경 다양성neurodiversity'이라는 용어가 주목받고 있다. 삶을 본격적으로 어렵게 만드는 신경의학적 증상만 없다면, 보통 사람과 조금 다르더라도 모든 신경적 특성을 다양성으로 인정해야 한다는 것이다. 하지만 현재 아스퍼거 증후군과 고기능 자폐 등의 임상 양상은 삶을 불편하게 하는 신경의학적 증상을 동반하지 않는데도 정신질환으로 분류되고 있다. 당연히 신경 다양성 운동을 하는 이들은 이에 크게 반발한다. 그들은 이런 임상 양상들을 치료 대상인 질환으로 여길 것이 아니라 개인의 특성으로 존중해야 한다고 주장한다.

사실 아스퍼거 증후군이나 고기능 자폐로 분류되는 이들과 정상으로 분류되는 이들의 차이는 사회적 상호 작용을 즐기느냐 아니냐 정도에 지나지 않는다. 고작 그 차이를 가지고 누구는 정상, 누구는 환자로 구분하는 것 자체가 조금 이상하기는 하다. 심지어 아스퍼거 증후군이 있는 이들은 그렇지 않은 이들보다 훨씬 뛰어난 능력을 갖추고 있는 경우도 있다. 대표적으로 툰베리가 있지 않은가? 그는 학교에서 기후 위기의 심각성을 처음 접한 이후, 이 엄청난 문제에 그 어느 어른도 제대로 된 관심을 보이지 않는 것에 충격받아 3년간 우울증을 겪었다고 한다. 이렇게 하나의 주제에 푹 빠지고 관심을 쏟는 상동행동은 아스퍼거 증후군의 대표적인 특성 중 하나다. 툰베리에게는 그 대상이 기후 위기였고, 이 관심은 아주 긍정적인 방향으로 이어져 툰베리를 영향력 있는 환경 운동가로 성장시킨 가장 큰 원동력이 되었다. 스스로 말한 그대로, 그에게 아스퍼거 증후군은 병이 아닌 초능력이었던 셈이다.

이런 이유로 신경 다양성 운동을 하는 이들은 아스퍼거 증후군과 고기능 자폐의 경우 병이 아닌 신경 다양성으로 인정받을 것으로 믿고 있고, 그래야 한다고 생각한다. 한때는 정신질환으로 분류되던 동성애가 1973년《정신질환 진단 및 통계 편람》제3판에서부터 삭제되고 이제 더는 병으로 여겨지지 않는 것처럼 말이다.

아주 긴밀한 연결

이들은 당연히 자폐 스펙트럼 장애의 사회성 부족을 치료하려는 시도에도 회의적이다. 사회성을 치료하겠다는 건 개인의 개성을 바꾸겠다는 것과 다름없다고 믿기 때문이다. 이 관점으로는 자폐가 있는 이들을 교육해 남들과 잘 어울리는 개인으로 바꾸는 것이 마치 왼손잡이에게 오른손으로 밥을 먹게 하는 것과 같은 폭력이다.

그럼 이들의 주장이 맞다면 자폐의 사회성 부족을 연구하는 건 의미 없는 일일까? 어차피 치료할 필요가 없는 증상이니 말이다. 당연히 그렇지는 않다. 모든 생명과학 연구의 목적이 치료는 아니기 때문이다. 신경유전학은 유전자에서 행동까지 이어지는 생명 현상의 신비를 탐구하는 분야고, 신경질환 연구는 그 한 축에 불과하다. 그리고 치료법을 찾기 위한 연구는 질환 연구 중에서도 또 일부분에만 해당하는 주제이다.

많은 이들이 질환 연구를 단지 치료만을 위한 것으로 생각하지만 사실은 그렇지 않다. 매일 함께 다녀서 소중한 줄 몰랐던 친구가 갑자기 사라지면 그제야 그 가치를 제대로 느끼는 것처럼, 생명 현상이 무너져 나타나는 병의 조성과 역학을 연구해야 망가지기 전 원래 생명 현상을 제대로 이해할 수 있다. 뇌 네트워크의 불균형이 어떤 원인으로 생겨 어떤 문제를 일으키는지 알아내야 뇌 네트워크의 일반적인 기능을 이해하기 훨씬 수월하다는 이야기다. 비슷한 의미에서 자폐 스펙트럼 장애처럼 특별한 생명 현상을 연구하는 것은 우리 뇌의 인지능력, 의사소통 능력, 사회성 등을 이해하는 데 큰 도움이 된다.

이쯤에서 혹시나 해 한 번 더 이야기한다. 잊지 않았으면 좋 겠는데, 우리는 이 책에서 '나는 누구인가'라는 질문의 답을 찾아 가는 중이다. 구성만으로는 정의될 수 없는 나의 정체성을 찾기 위해 우리는 평생 같은 자리에서 '나'의 경험을 기록하는 뇌의 신 비로움을 알아 가고 있다. 지금까지는 국소 피질이형성증과 난치 성 뇌전증이라는 신경질환을, 그리고 자폐 스펙트럼 장애라는 특 별한 생명 현상을 통로로 삼아 유전자에서 행동까지 이어지는 뇌 신경계의 복잡성을 살펴보았다. 그 덕분에 시냅스, 세포, 세포 신 호 전달 경로, 뇌의 해부학적 구조, 뇌 네트워크가 생명 현상에 얼 마나 중요한지를 알게 됐다.

그럼 이제부터는 더 넓은 범위로 시선을 옮겨 보자. 드디 어 질환이 아닌 일반적인 뇌의 기능에 관한 이야기를 할 때가 되 었다. 먼저 만나볼 것은 우리의 정체성과 가장 밀접하게 닿아 있 는 주제, 바로 '기억'이다. 삶의 경험 일부가 우리 머릿속에 어떻게 기록되는지 그 비밀을 자세히 파헤쳐 보자.

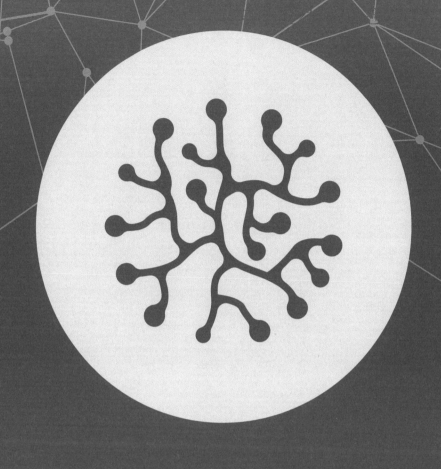

3부 신경행동유전학

행동에서 인간을 마주하다

7장

엔그램, 숨겨진 기억의 저장소

내 머릿속 어딘가에 있는 기억의 흔적

그리 머지않은 미래의 평범한 어느 아침. 더글라스 퀘일은 오늘도 화성을 여행하는 꿈에서 깨어나며 하루를 시작했다. 화성 여행은 그의 평생 꿈이었다. 그러나 안타깝게도 저임금 사무직의 평범한 가장은 자신의 꿈이 현실이 될 수 없다는 것을 너무나 잘 알고 있다.

'그래도 평생의 꿈을 포기할 수는 없지.'

퀘일은 굳게 다짐하며 집 밖으로 나섰다. 그러고는 매일 향하던 조그만 사무실이 아닌 낯선 곳으로 발걸음을 옮겼다. 그런데 목적지가 그를 화성으로 보내 줄 우주 여행사는 아닌 듯하다. 퀘일이 찾아간 곳은 낡은 건물 2층에 있는 한 사무실. 이곳은 바로 기억 이식 회사 리콜Rekal이다. 안내 데스크에서 간단한 상담을 마친 후, 그는 자신의 머릿속에 정부 비밀요원 자격으로 한 달 동안 화성에 다녀왔다는 가상 기억을 심어 달라고 요청했다. 우주여행 기억 조작은 한 달에 스무 번도 넘게 작업하는 평범한 일이기에 리콜의 직원들은 여느 때처럼 다리를 꼬고 심드렁하게 퀘일의 뇌에 기억을 새겨 넣기 시작했다.

그러나 문제는 늘 예기치 못한 순간에 일어난다. 최면에서 깨어난 퀘일의 눈빛이 이상했다. 어느새 그는 작은 사무실에서 일하는 평범한 직장인이 아닌 생사를 여러 차례 오간 전문 킬러로 변해 있었다. 알고 보니, 매일 밤 퀘일이 꿈꾸던 화성 여행 꿈은 머릿속 상상이 아니라 실제 있었던 일, 그것도 지워진 기억이었다. 그는 실제로 화성에서 비밀요원으로 활동했었고, 지금까지 기억이 지워진 채로 살아온 것이다. 그리고 리콜의 기술자가 새로운 기억을 주입하려고 뇌를 건드리는 바람에 가라앉아 있던 무시무시한 기억이 깨어나 버렸다.

할리우드 영화의 소재로 딱 맞아 보이는 이 흥미진진한 이야기는 SF 소설의 대가 필립 K. 딕Philip Kindred Dick의 단편《도매가로 기억을 팝니다We Can Remember It for You Wholesale》의 발단 부분에 해당하는 내용이다. 이 소설은 1990년, 아놀드 슈워제네거가 주연으로 출연한 영화 〈토탈 리콜〉로 영화화되었고, 2012년에는 콜린 파렐이 주인공으로 등장하는 동명의 영화로 리메이크되며 대중에게 더 널리 알려졌다.

딕의 소설 대부분이 그러하듯이 이 글도 상당히 심오한 주제를 담고 있다. 그것도 무려 기억 조작이라니! 괜히 머리가 아파진다. 그런데 심지어 이게 끝이 아니다. 소설 중반부에는 알면 안 되는 기억을 되찾은 퀘일을 죽이기 위해 검은 정장에 선글라스를 낀 무서운 요원들마저 찾아온다. 그래도 우리의 주인공 퀘일은 낙담하지 않는다. 기지를 발휘해 목숨만 살려 준다면 화성에 대한 기억을 다른 거짓 기억으로 바꾼 채 모든 것을 잊고 살겠다는 그럴싸한 제안을 던진다. 다행히 선글라스들도 그 제안을 받아들인다. 퀘일은 남겨 둬선 안 되는 진짜 기억을 대신해 어릴 적에 지구를 방문한 외계인을 만난 적이 있다는 거짓 기억을 주입받기로 한다. 구체적으로는 지구를 침공하러 날아온 외계인들이 퀘일의 친절에 감동해 그가 죽기 전까지는 지구를 공격하지 않겠다고 약속했다는 말도 안 되는 이야기이다. 그런데 이번에 심으려고 했던 이 가짜 기억마저도 퀘일이 진짜로 겪었던 일이다. 우리의 놀라운 주인공은 국가 비밀요원이었던 걸로도 모자라 어린 시절 무시무시한 외계인들로부터 지구를 구하기까지 했다. 와, 이쯤 되면 도대체 무엇이 사실이고 무엇이 조작인지, 우리의 기억에 진짜와 가짜가 존재하기는 하는 건지 궁금해진다. 그리고 괜히 소설과 관계없는 내 머릿속 기억도 의심하게 된다.

대부분의 사람은 자신의 정체성을 '기억'에서 찾는다. 내가 살아오면서 겪은 모든 경험과 그중 머릿속에 아직 남아 있는 기억이 '나'를 정의한다고 생각한다. 그런데 내 뇌의 어딘가에 저장되어 있는 기억을 없애는 것이 가능하다면 반대로 기억의 저장소에 거짓 사건을 진짜 기억인 것처럼 주입할 수 있다면, 조작된 기억을 가지고 살아가는 '나'를 과연 진짜 '나'라고 말할 수 있을까? 너무 어려운 질문이다. 다시 머리가 지끈거린다. SF 작가들은 왜 이런 골치 아픈 작품으로 우리를 괴롭히는지 원망스러워진다.

물론 아직까지는 소설 속 이야기가 현실이 되지는 않았다. 그러나 많은 과학자들이 우리의 기억에 관심을 두고 연구를 진행하고 있다. 그중 일부는 실제로 기억 조작에 도전하고 있기도 하다.

우리 몸 어딘가에 기억이 저장되는 물리적 장소가 있을 것이라는 추측은 무려 고대 그리스로 거슬러 올라간다. 그리고 1904년, 독일의 생물학자 리처드 세먼Richard Semon은 그 기억의 저장소가 뇌에 있을 것으로 예상하고, 이를 '엔그램engram'이라 이름 붙였다. 세먼은 엔그램을 기억의 흔적memory trace으로 정의했다. 그리고 그 흔적을 찾아내면 기억의 물리적 실체를 밝힐 수 있을 것으로 확신했다. 그러니까 기억 이식 회사 리콜이 퀘일의 기억을 조작한 것처럼, 기억의 저장소인 엔그램을 자르거나 가공할 수 있다면 기억을 지우거나 추가하는 것이 가능할지도 모른다고 생각한 것이다. 당시의 많은 학자는 세먼의 주장에 흥미를 보였다. 그러나 안타깝게도 아니, 어쩌면 다행히도 아직 뇌 속 기억 저장소의 정확한 위치와 작동 원리를 아무도 밝혀내지 못했다.

아주 긴밀한 연결

엔그램이 세상에 등장한 지도 벌써 100년하고도 한참이 흐른 지금, 여전히 기억의 물리적 실체는 명확히 밝혀지지 않았다. 그래도 신경생물학자들이 지난 100년간 헛짓거리를 한 건 아니다. 수많은 학자가 기억의 정체를 파헤치기 위한 연구에 뛰어들었고, 꽤 많은 사실이 새로이 밝혀졌다. 비록 완전한 결론은 나지 않았지만, 그래도 이제는 엔그램의 정체를 어렴풋이 짐작할 수 있게 되었다.

인류가 엔그램의 형태를 흐릿하게나마 그릴 수 있게 된 건 미국의 행동심리학자 칼 S. 래슐리Karl Spencer Lashley가 기억의 저장소에 대한 결정적인 힌트를 찾아낸 이후부터이다. 래슐리는 엔그램을 찾기 위해 뇌에 손상을 가한 쥐들을 대상으로 미로 실험을 수행했다. 미로 실험은 말 그대로 동물이 미로의 길을 기억하는지 확인하는 실험이다. 래슐리의 쥐 미로 실험은 다양한 방식으로 진행되었는데, 그 기본적인 틀은 대부분 비슷했다.

먼저 쥐를 미로에 넣는다. 만약 이 깜찍한 친구가 험난한 모험을 무사히 통과하면 간식을 줘 이를 칭찬한다. 사람과 마찬가지로 쥐도 보상을 받으면 일을 한다. 미로를 통과하게 하고 간식으로 보상하는 행위를 여러 번 반복하면, 쥐는 학습을 통해 미로의 길을 익히게 된다. 따라서 이 과정이 반복되면 보통의 쥐는 미로의 길을 거의 다 기억하게 된다. 그런데 이 과정을 충분히 반복했는데도 쥐가 길을 잘 찾지 못한다면, 우리는 합리적으로 그 친구의 기억 저장장치에 무슨 문제가 생겼을 것이라는 추측을 할 수 있다. 다시 말해 길을 기억하지 못하는 쥐는 기억의 저장소인 엔그램에 손상이나 조작이 가해졌을 확률이 아주 높다. 그러니까 래슐리가 쥐의 뇌 특정 부위에 손상을 가했을 때, 그 친구가 길을 제대로 기억하지 못한다면, 바로 그 손상된 부위가 엔그램이라는 결론을 내릴 수 있는 것이다.

래슐리는 이런 식으로 뇌의 손상 부위를 바꿔 가며 실험을 반복하면, 언젠가는 뇌 깊은 곳에 자리 잡은 엔그램의 위치를 밝힐 수 있으리라 기대했다. 그러나 세상은 뜻대로 되지 않는 법! 래슐리는 쥐의 뇌 여기저기에 손상을 가해 보았지만, 특별히 기억에 문제를 일으키는 것으로 추정되는 부분을 찾을 수 없었다.

그러자 그는 뇌에 손상을 입히는 면적을 넓혀 보기 시작했다. 자포자기의 심정이었는지, 화가 많이 났던 건지, 아니면 뭔가 큰 그림을 그린 건지, 정확한 그 의도는 모르겠지만 말이다. 놀랍게도 이 시도는 효과가 있었다. 그것도 아주 많이! 뇌의 많은 부분을 제거하자, 쥐의 기억에 문제가 나타나기 시작했다. 그러나 안타깝게도 그 문제가 뇌의 특정 부위와 관련이 있어 보이지는 않았다. 어느 부위가 잘려 나가는지와 관계없이 그냥 손상된 뇌 부위가 넓기만 하면, 쥐들은 미로의 길을 제대로 기억하지 못했다. 기억 상실은 위치보다는 오히려 손상된 영역의 크기에 영향을 받는 듯했다. 해석하기 어려운 힘든 실험 결과에 고민하던 래슐리는 결

아주 긴밀한 연결

국, 발상 자체를 뒤집기로 했다. 진짜 중요한 건 어디에 기억이 '존재하는가'가 아니라, 어디에 기억이 '존재하지 않는가'일지도 모른다고 역발상을 한 것이다.

뇌를 많이 잘라 내면 쥐가 기억을 잃는 현상은 잘라 낸 위치의 영향을 전혀 받지 않았다. 즉, 뇌의 어느 곳을 잘라 내더라도 기억에 대한 문제는 매번 발생했다. 제거했을 때 기억이 사라지지 않는 뇌의 부위가 없다는 사실은 뇌에 기억이 존재하지 않는 부위 따위는 없을 수도 있다는 것을 의미한다. 래슐리는 문득 엔그램이 특정한 장소가 아니라, 뇌 곳곳에 퍼져 있는 것일지도 모른다는 생각이 떠올랐다. 뇌의 이곳저곳에 기억이 있다면 그의 실험 결과가 아주 깔끔하게 설명된다.

그러고 보니 쥐가 미로의 길을 기억하는 것은 단순한 하나의 행동이 아니었다. 시각 정보와 후각 정보의 저장은 물론이고, 미로를 찾으면 먹이를 보상받는 정보에 대한 구체적인 기억까지도 필요한 아주 복잡한 작용이었다. 만약 이런 다양한 기억들이 서로 다른 엔그램에 저장된다면, 기억의 저장소는 뇌의 곳곳에 위치할 수도 있는 것이었다. 래슐리는 무릎을 탁 쳤다. 그리고 엔그램이 뇌의 한곳에 존재하는 것이 아니라는 아름다운 결론을 내렸다.

래슐리의 추측은 꽤나 정확했다. 그의 실험 이후 새롭게 밝혀진 사실들에 따르면, 기억에는 다양한 종류가 있고 그 다양한 기억들은 서로 다른 곳에 저장된다. 가령, 귀 바로 위쪽에 자리 잡은 해마라는 부위는 단기 기억을 장기 기억으로 변환시키는 학습이 일어나는 곳이다. 그리고 동시에 공간 기억이 저장되는 장소기도 하다. 해마 바로 앞에 있는 편도체는 사건 기억의 저장과 회상에 관여하고, 이름도 어려운 대뇌 등측면 전두피질은 방금 획득한 정보를 처리하는 작업 기억과 관련되어 있다. 이처럼 뇌의 여러 부위는 서로 다른 기억의 저장을 담당한다. 우리가 어제 먹은 점심 메뉴를 기억할 수 있고, 지난여름에 다녀온 해외여행을 아직도 추억할 수 있는 까닭은 뇌에 존재하는 여러 소기관의 서로 다른 기억 기능들이 모두 어우러진 덕분이다. 조금 허무하게도 엔그램의 정체는 미지의 장소가 아닌 우리 뇌의 이곳저곳이었다.

고전적 조건 형성, 엔그램의 위치를 찾다

리처드 세먼이 '엔그램'이라는 역사적인 용어를 탄생시킨 1904년은 학습과 기억에 대한 또 다른 획기적인 연구를 수행한 러시아의 생리학자 이반 파블로프Ivan Petrovich Pavlov가 노벨 생리의학상을 수상한 해이기도 하다. 그는 원래 동물의 소화 과정을 연구하던 학자였다. 노벨상도 '소화의 생리학work on the physiology of digestion'에 관한 연구 업적을 인정받아 수상한 것이다. 그러나 정작 우리에게 잘 알려진 그의 업적은 따로 있다. 흔히 '파블로프의 개' 실험이라 불리는 '고전적 조건 형성classical conditioning'에 관한 연구가 바로 그것이다.

파블로프는 소화 과정에 대해 관심이 많았다. 그래서 처음부터 조건 반사에 관한 연구를 수행할 계획은 아니었다. 원래는 먹이양에 따라 개의 침 분비량이 어떻게 달라지는지를 알아보는 연구를 진행하고 있었다. 그런데 실험을 방해하는 문제가 한 가지 있었다. 실험이 반복되자 먹이를 주지도 않았는데 개들이 침부터 흘리기 시작한 것이다. 먹이의 양을 각각 다르게 하고 그에 따라 침이 얼마나 분비되는지를 살펴보려고 했는데, 먹이를 주지 않아도 침을 흘리니 정말 난감할 수밖에 없었다. 이런 상황에서 보통의 연구자였다면 어떻게든 이 문제를 해결하고 본래의 실험을 강행했을지도 모른다. 그러나 교과서에 이름을 남기는 과학자는 달라도 뭔가 다른가 보다. 파블로프는 먹이가 없이도 침을 분비하는 개의 행동을 그냥 넘기지 않았다. 개의 이상 행동을 해결해야 할 문제가 아닌 새로운 발견으로 여기고, 이를 설명하기 위한 궁리를 했다.

'어쩌면 우리가 방문할 때가 자신의 식사 시간이라는 걸 개가 알게 되었을지도 몰라! 그러니까 먹이를 주기도 전에 벌써 침부터 흘린 거지.'

파블로프는 개가 학습을 통해 실험자의 방문과 먹이 사이의 연관성을 깨달았을지도 모른다고 생각했다. 이를 확인하기 위해 파블로프와 그의 연구진은 개에게 먹이를 줄 때마다 종소리를 함께 들려주었다. 그리고 개가 종소리와 자신의 먹이 획득이 연관되어 있다는 걸 눈치채는지 확인해 보았다. 놀랍게도 개가 종소리만 듣고도 침을 흘리기 시작했다. 먹이는 주지도 않았는데 말이다. 파블로프의 예상보다 똑똑했던 개들이 종소리가 들리면 자신에게 먹이가 공급된다는 사실을 불과 몇 번의 반복만에 알아채 버린 것이다.

일반적으로 개들은 먹이를 보면 자동으로 침을 질질 흘린다. 이렇게 아무런 학습 없이도 생명체가 자연스럽게 나타내는 반응을 '무조건 반응'이라 부르며, 침을 흘리게 만드는 먹이처럼 무조건 반응을 유도하는 자극을 '무조건 자극'이라 부른다. 종소리만 듣고 먹이를 떠올려 침을 흘리는 개는 없다. 적어도 파블로프의 실험처럼 특이한 경험을 하지 않았다면 말이다. 이렇게 종소리처럼 동물에게 무조건 반응(가령, 침 흘리기)을 끌어내지 못하는 자극을 '중성 자극'이라 부른다.

파블로프는 실험에서 무조건 자극(먹이)과 중성 자극(종소리)을 함께 가하는 행위를 반복했다. 그러자 반복 학습이 개에게 먹이와 종소리를 같은 자극으로 인식하게 했고, 중성 자극인 종소리가 들리면 무조건 반응인 침 흘리는 행동을 유도하게 되었다. 이처럼 중성 자극과 무조건 자극을 함께 주는 과정을 반복해, 중성 자극이 무조건 반응을 끌어내도록 하는 과정을 '고전적 조건 형성(먹이를 줄 때마다 종소리를 들려주는 행위)'이라고 부른다(그림 24).

파블로프의 실험으로 알려지게 된 '고전적 조건 형성'의 원리는 이후 다양한 분야의 수많은 연구에 활용되었다. 당연히 기억의 실체를 찾는데도 크게 이바지했다.

　　　　　　　　　　　　　　　　아주 긴밀한 연결

그림 24   파블로프의 개와 고전적 조건 형성

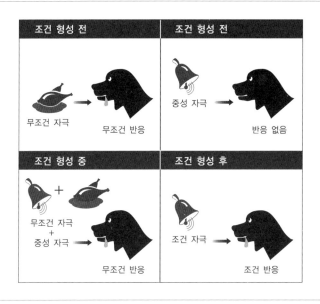

1930년 미국 오리건주의 포틀랜드에서 태어난 리처드 톰슨 Richard Frederick Thompson은 책을 아주 좋아하는 아이였다. 그는 어렸을 때부터 도서관에서 살다시피 하며 모든 책을 섭렵했다. 자연스럽게 다양한 분야의 지식을 쌓은 이 책벌레가 특히 흥미를 느낀 분야는 바로 심리학이었다. 그가 특별히 심리학에 관심을 가지게 된 것은 앞서 등장했던 미로 실험의 주인공 래슐리의 영향 덕분이었다고 한다. 학부생 시절에 그가 쥐의 시각 변별에 관한 래슐리의 이론을 실험적으로 확인해 보기도 했다는 사실로 미루어 보아, 톰슨은 아마 래슐리의 엄청난 팬이 아니었을까 싶다. 톰슨을 직

접 만나 본 적은 없어 확신할 수 없지만, 내 생각대로 그가 래슐리의 열성 팬이었다면 그는 요즘 말로 성덕(성공한 덕후), 즉 팬 중에서도 아주 크게 성공한 팬이라고 할 수 있다. 지금 소개하려 하는 톰슨의 업적이 바로 래슐리의 실패를 넘어 엔그램 연구를 한 발짝 더 발전시켰기 때문이다. 그는 뇌 곳곳에 기억의 저장소가 퍼져 있다는 래슐리의 가설에서 더 나아가, 여러 기억의 저장소 중 한 특정 기능을 하는 엔그램의 구체적인 좌표를 찾아내는 업적을 남겼다.

리처드 톰슨은 토끼를 대상으로 파블로프가 발견한 '조건 형성conditioning' 실험을 수행했다. 그는 토끼의 각막에 공기를 불면서 동시에 특정한 소리를 들려주었다. 파블로프가 개에게 먹이를 줄 때마다 종소리를 들려준 것처럼 말이다. 눈에 공기를 불어 넣으면 당연히 토끼는 눈을 깜빡거릴 것이다. 이 실험에서 공기를 넣는 행위는 파블로프의 실험에서 개에게 주는 먹이처럼 눈 깜빡임이라는 무조건 반응을 유발하는 무조건 자극이다. 그리고 함께 들려주는 소리는 개에게 들려줬던 종소리처럼 무조건 반응과 관계없는 중성 자극이다. 파블로프의 실험에서 나중에는 개가 종소리만 듣고도 침을 질질 흘린 것처럼, 반복 실험을 계속 거치자 토끼는 공기 자극 없이 소리만 듣고도 눈을 깜빡거리기 시작했다.

톰슨은 소리만 듣고도 눈을 깜빡이게 된 토끼의 조건 형성 과정에 뇌의 어느 부위가 관여하는지 알아보고자 했다. 그래서 그는 나름의 기준을 정해 학습 과정에 참여하는 뇌의 부위를 골라

아주 긴밀한 연결

냈다. 그 기준은 두 가지였는데, 첫 번째는 학습 행동을 보일 때 그 부위의 활성이 증가해야 한다는 것이다. 두 번째는 그 부위를 제거했을 때 토끼가 학습에 실패해 제대로 된 조건 반응을 보이지 못해야 한다는 것이었다.

이 두 기준을 바탕으로 톰슨이 처음 눈여겨봤던 엔그램의 후보는 뇌의 '해마'라는 부위였다. 바닷속에 사는 바로 그 해마를 똑 닮아 같은 이름이 붙여졌는데, 뇌의 이 조그만 부분은 당시에 이미 기억의 형성과 깊은 관련이 있다고 알려져 있었다. 톰슨 역시 해마가 바로 엔그램의 정확한 위치일 것이라고 생각했다. 첫 번째 실험 결과, 그의 예상대로 학습 과정 도중 정말로 해마의 활성이 증가하는 경향이 관찰됐다. 그러나 예상대로 흘러간 시나리오는 딱 여기까지였다. 안타깝게도 해마는 그가 정한 두 번째 조건을 만족하지 못했다. 토끼들은 해마 없이도 조건 형성 과정을 충분히 성공적으로 수행해 냈다. 해마는 그가 찾던 엔그램이 아니었다.

뜻밖에도 톰슨의 기준을 정확히 만족시킨 부분은 바로 소뇌였다. 학습과 함께 소뇌의 활동이 증가했고, 소뇌를 제거하자 토끼의 학습에도 문제가 나타났다. 소뇌에 병변이 생긴 토끼는 아무리 학습을 반복해도 소리 따위에 놀라 눈을 깜빡이지 않았다. 처음 예상과는 달랐지만, 원래 과학이 그렇다. 톰슨은 아주 행복한 마음으로, 그리고 자신 있게 소뇌가 바로 숨겨진 엔그램의 위치라는 연구 결과를 발표했다.

하지만 안타깝게도 그의 기대와 달리 학계 반응은 우호적이지 않았다. 많은 이들이 톰슨의 결론은 굉장히 단순하고 원시적인 기억에 관한 것일 뿐이라고 비판했다. 래슐리의 미로 실험과 비교해 훨씬 단순한 고전적 조건 형성을 바탕으로 실험을 수행했으니 피할 수 없는 비판이었다. 게다가 실험 설계에 대한 비판으로도 모자라, 나중에는 그의 결론 자체가 아예 틀렸다는 주장마저 등장했다. 톰슨의 주장과 달리 소뇌가 고전적 조건 형성에 중요한 기능을 하지 않는다는 여러 연구 결과가 발표된 것이다.

톰슨의 기분은 당연히 아주 별로였을 테다. 그러나 자신의 연구에 대한 비판을 인정하지 않을 수는 없었다. 대가의 주장과 그럴싸한 맥락의 연구 결과라도 누구나 아니라고 말하고 비판할 수 있는 민주적인 태도는 지금의 과학을 만들어 낸 일등 공신 중 하나가 아니던가! 어떻게 보면 조금 잔인할 수도 있지만, 서로 간에 의견을 공격하고 방어하면서 또 그 싸움에서 이기기 위해 더 노력하면서 과학은 진보해 왔다. 따라서 누군가에게 비판을 받았다거나 결론이 잘못되었다고 해서 그 연구 자체가 의미 없는 것은 결코 아니다. 톰슨은 여러 비판과 공격에 부딪혔지만, 그의 연구는 분명히 신경생물학의 발전에 한 획을 그었다. 그의 연구 방식은 많은 후배 학자들에게 새로운 발견에 대한 영감을 선물했다. 비록 그가 직접 찾아낸 엔그램의 위치는 새로 발표되는 연구 결과들에 따라 공격받았을지라도, 그가 남긴 실험 아이디어를 바탕으로 진행된 후속 연구들은 우리 뇌에서 훨씬 더 구체적이고 정확한 엔그램의 좌표를 찾아냈다.

아주 긴밀한 연결

톰슨 이후 많은 후배 과학자들이 학습과 기억에 관한 연구에 뛰어들었고, 덕분에 서로 다른 역할을 하는 기억의 저장소들이 여럿 발견되었다. 그중에서도 특히 쥐의 '공포 기억'에 관한 사실들이 많이 밝혀졌는데, 톰슨의 연구에서와 마찬가지로 여기서도 파블로프의 조건 형성 실험이 큰 활약을 했다.

공포 영화를 싫어하는 나는 무서운 장면이 나올 때마다 깜짝 놀라 몸이 경직되고 얼어붙는다. 이와 비슷하게 공포 조건 형성fear conditioning실험에 자주 활용되는 동물 모델인 쥐 역시 공포를 느끼면 '움직임을 멈추고 그 자리에 움츠러든 채 벌벌 떠는 행동freezing'을 보인다. 공포 기억을 연구한 과학자들은 바로 이 움츠러드는 행동을 바탕으로 쥐가 공포를 느끼는지를 확인했다.

그들은 쥐에게 좋지 않은 냄새, 전기 자극 등의 공포 자극으로 잔뜩 겁을 줬다. 그리고 이와 동시에 평범한 소리 등으로 쥐에게 아무런 반응을 끌어내지 않는 중성 자극을 학습시켰다. 파블로프와 톰슨의 실험에서처럼 공포 자극과 중성 자극 사이의 조건 형성 과정을 진행한 것이다. 이 과정이 완료되면, 쥐가 평범한 중성 자극에도 몸을 웅크리거나 벌벌 떠는 공포 행동을 보이는지 관찰해 쥐의 학습 여부를 판단했다. 그리고 선배들의 연구에서와 마찬가지로 뇌의 특정 장소들을 하나씩 제거해 가면서 기억이 저장된 위치를 추적했다.

여기까지 들으면 톰슨의 토끼 실험과 후배들의 공포 학습 실험은 크게 다르지 않아 보인다. 연구 설계 면에서 차이를 별로 찾을 수 없다. 그러나 비슷한 개념의 연구라도 시대에 따라 구체적인 실험 진행 방식은 계속해서 변한다. 더군다나 20세기가 어떤 시대였는가? 10년 만에 강산은 물론 온 세계의 지형이 획획 뒤바뀐 인류 최고의 발전기이지 않았는가? 공포 기억 연구자들은 당연히 선배들보다 훨씬 발전한 기술을 활용할 수 있었다. 더욱 정교한 실험이 가능해진 그들은 더는 해마나 소뇌처럼 뇌의 거대한 부분을 저격하지 않았다. 그들은 래슐리나 톰슨처럼 뇌의 커다란 부위를 그냥 드러내거나 자르는 대신 특정 '세포'들을 겨냥해 제거하는 방식을 이용했다.

대부분의 과학자는 자신의 연구가 자연 현상에 대한 조금 더 일반적이고 보편적인 설명이기를 바란다. 따라서 과학은 항상 복잡한 자연의 원리를 점점 더 작은 수준에서 점점 더 단순하게 설명하는 방향으로 발전해 왔다. 엔그램 연구도 마찬가지다. 정교한 기술 덕분에 더욱 작은 수준의 연구가 가능해지자, 과학자들의 관심은 자연스레 더 작고 더 환원적인 방향으로 집중됐다. 이제 그들은 생명의 기본 단위인 세포 수준에서 기억의 저장소를 추적하기 시작했다.

세포 수준의 엔그램 연구에서 가장 유용하게 활용된 기술 중 하나는 '광유전학optogenetics' 기법이다. 광光유전학이란, 이름 그대로 빛을 이용해 유전자를 조작하는 기술이다.

아주 긴밀한 연결

그림 25　　　　　　　　　　　　　　　　　　점점 작아지는 뇌 연구의 단위

원래 우리 뇌 속 신경세포들은 전기적 방식 혹은 화학적 방식으로 신호를 전달한다. 따라서 전기 자극과 화학 약물은 신경세포를 자극하는 가장 일반적인 도구로 사용되어 왔다. 그러나 전기 및 화학 자극은 그에 반응하는 뇌의 모든 세포를 자극하므로, 특정 세포만 선택적으로 자극할 수 없다는 한계가 있다. 따라서 세포 수준에서 정교한 연구를 계획하던 과학자들은 이를 보완할 새로운 기술이 필요했다.

　그러던 2002년, 빛이라는 아주 그럴싸한 대안이 등장했다. 바닷속 녹조류에서 포유류에게는 없는 빛을 감지하는 채널로돕신

channelrhodopsin이라는 단백질이 발견된 것이다. 연구팀은 '유레카!'를 외쳤다. 빛을 이용해 특정 신경세포만 자극할 길이 열렸기 때문이다. 채널로돕신을 가진 세포들은 빛 자극을 감지하고 반응한다. 그러나 채널로돕신이 없는 세포들은 빛에 반응하지 못한다. 따라서 우리가 원하는 세포에서만 채널로돕신을 합성시키면, 그 세포들만을 빛으로 자극하는 게 가능할 것이었다.

그럼 이제 동물 모델에서 원하는 세포만이 채널로돕신을 가지게만 하면 된다. 그러면 뇌의 작동 원리를 눈에 보이지도 않는 그 작은 세포 수준에서도 설명할 수 있다. 기억의 저장소 역시 세포 단위에서 찾아낼 수 있다. 정말 행복하게도 이 짜릿한 상상은 얼마 되지 않아 곧 현실이 되었다. 미국 연구팀이 유전자 재조합 기술을 활용해 특정한 신경세포에서만 채널로돕신을 합성하는 데 성공한 것이다. 그리고 예상했던 대로 채널로돕신을 가진 신경세포들은 특이적으로 빛 자극에 반응했다. 빛에 반응하는 단백질이 발견된 지 딱 3년 만에 이룬 쾌거였다.

광유전학 기술의 등장은 뇌에 대한 인류의 이해를 크게 높였다. 뇌에서 원하는 특정 세포를 자극하고, 그 자극이 어떤 결과로 이어지는지를 볼 수 있게 되면서 기억과 학습을 비롯한 다양한 행동에 관여하는 뇌의 회로들이 속속들이 밝혀졌다. 예를 들어, 뇌의 편도체에 있는 세포들이 공포 기억에 핵심적이라는 사실이 알려졌다. 광유전학을 활용한 공포 조건 형성 연구에서, CREB이라는 단백질을 가진 측면 편도체의 신경세포들을 제거했을 때

사진 4 **광유전학의 활용**
빛을 감지하여 반응하는 채널로돕신 단백질을 특정 세포에서 가지
는 쥐의 뇌에 그림처럼 광섬유optic fiber를 꽂고, 이를 통해 빛 자극을
주면 채널로돕신을 가지는 세포만 빛에 반응해 활성화된다.

쥐의 학습 능력이 현저히 떨어지는 결과가 관찰된 것이다. 엔그램과는 관계없지만, 광유전학을 통해 쥐의 인공 망막이 개발되기도 했다. 또 최근에는 이 기술로 알츠하이머, 파킨슨병 등의 정신질환을 치료할 가능성까지 열리면서 특히 주목받고 있다.

엔그램 세포

다양한 분야에 활용되고 있는 광유전학은 훌륭한 연구들을 정말 많이 탄생시켰다. 이 많은 업적 중, 누군가 나에게 그래도 광유전학이 과학사에 선사한 최고의 활약을 딱 하나만 꼽으라 묻는다면, 엔그램을 향한 사심을 듬뿍 담아 도네가와 스스무Tonegawa Susumu와 그의 연구팀이 엔그램 연구에서 해마를 자극해 공포 기억을 되살린 것이라 답하겠다. 스스무는 20세기 말부터 면역학, 유전학 등 다양한 분야에서 활약해 온 과학자인데, 특히 항체 생성의 유전적 원리를 발견한 공로를 인정받아 1987년에 노벨 생리의학상을 수상하기도 했다. 다양한 연구에 관심을 두던 그의 연구팀은 21세기 들어 신경생물학, 그중에서도 광유전학 분야에 집중했고, 엔그램에 관한 획기적인 발견을 해내기에 이르렀다.

지금부터 이 획기적인 엔그램 연구를 간단히 소개하려고 하는데, 그 전에 짚고 넘어가야 할 부분이 하나 있다. 이제야 이야기해서 정말 미안하지만, 지금까지 소개한 엔그램 연구들은 하나같

아주 긴밀한 연결

이 모두 커다란 논리적 구멍을 가지고 있다.

엔그램의 영웅인 래슐리와 톰슨은 기억의 저장소를 찾기 위해 뇌의 특정 부위를 제거했다. 이때 만약 실험대상이 학습 혹은 기억 기능을 잃는다면, 제거된 부위가 바로 기억의 저장소일 것으로 예측했다. 두 사람 이후에 광유전학 등 발전한 기술로 쥐의 공포 기억을 연구한 후배 학자들도 비슷한 방식을 활용했다. 가령, 편도체의 세포가 손상되면 쥐가 공포 학습을 제대로 하지 못한다는 사실을 통해 편도체의 특정 세포들이 공포 학습에 필요하다는 사실을 밝혀냈다. 그러나 이들은 아주 중요한 부분을 놓쳤다. 이런 연구는 뇌의 어느 부위가 학습 과정에 필요한지만 찾아낼 수 있을 뿐이다. 그 부위의 활성화가 특정 기억을 만들어 내기에 충분한지는 알 수 없다.

이를테면 라면을 끓이기 위해서는 면이 필요하다. 물도 필요하다. 그러나 물과 면을 끓이는 것만으로는 라면을 완성할 수 없다. 스프가 들어가지 않으면 그건 라면이 아니라 그냥 면이다. 면과 물은 라면에 필요한 재료이지만, 요리를 완성하기 위한 재료로서 충분하지는 못하다.

우리 뇌의 기억 형성에서도 마찬가지다. 공포 학습을 연구한 학자들은 편도체 세포가 공포 기억 형성에 없어서는 안 된다는 사실, 즉 공포 학습의 메커니즘에 꼭 필요하다는 사실을 밝혀냈을 뿐이다. 다시 말해 편도체 신경세포들이 공포 기억이라는 요리를 완성하기 위한 재료의 일부라는 걸 알아냈을 뿐이다. 그들은 공포 학습의 행동 결과가 편도체 작용만으로 충분히 일어날 수 있는 현상인지는 살펴보지 않았다. 인류의 엔그램 연구는 아직 반쪽짜리 결과물에 불과했다.

2012년, 스스무 연구팀은 광유전학의 도움을 받아, 세계 최초로 뇌 특정 부위의 작용이 기억 형성의 충분조건임을 밝혀냈다. 라면을 완성하기에 충분한 재료 조건을 찾기 위해서는 일단 그 재료들로 요리를 해봐야 한다. 요리를 완성했을 때 맛있는 라면이 만들어진다면 처음 재료가 충분했다고 결론 내릴 수 있다. 연구팀은 광유전학 기술을 이용해 일단 특정 세포들의 활성을 증가시켰다. 이들은 이미 엔그램과 깊은 연관이 있을 것으로 추정되던 해마의 한 부분인 치아이랑dentate gyrus이라는 곳에 있는 신경세포들을 활성화시켰다. 그리고 마침내 쥐의 공포 기억을 되살리는 데 성공했다.

연구팀은 먼저 쥐에게 해마 치아이랑의 세포만을 특이적으로 자극하는 광유전학 장치를 부착했다. 그리고 빛이 있을 때와 없을 때, 쥐가 각각 어떻게 행동하는지 5일 동안 관찰했다. 정확하게는 쥐가 공포를 느껴 꼼짝하지 않고 얼어붙어 있는 시간을 측정했다.

관찰 결과, 쥐들은 빛 자극을 받든 그렇지 않든 아주 활발하게 이동했다. 단순히 빛으로 해마의 세포를 자극하는 행위는 쥐에게 아무런 공포를 심지 못했다.

이후 연구팀은 빛이 없는 상태에서 하루 동안 공포 조건 형성 실험을 진행했다. 쥐의 발에 전기 충격을 가하면서 동시에 소리를 들려주는 조건 형성을 거쳤다. 그러고 나서, 다시 5일 동안 빛을 켰다 껐다 반복하면서 각각 쥐가 얼어붙는 시간이 어떤지 확인해 보았다.

놀랍게도 이번에는 빛의 유무에 따라 쥐가 얼어붙는 시간에 유의미한 차이가 나타났다. 빛 자극이 없을 때는 활발히 운동하던 쥐들이 빛으로 치아이랑 신경세포를 자극하자, 갑자기 공포에 떨며 얼어붙는 모습을 보였다. 앞선 처음의 실험과는 완전히 다른 결과였다.

지난 실험과 이번 실험의 차이는 딱 하나밖에 없다. 쥐가 공포 조건 형성을 경험했다는 것! 따라서 빛 자극을 받고 공포 반응을 보인 쥐의 행동은 바로 그 공포 학습의 영향을 받았을 가능성이 아주 크다. 정황상 치아이랑 세포를 자극한 빛이 쥐에게 어제 있었던 무서운 전기 충격의 기억을 다시 떠올리게 한 것으로 보인다. 아마도 치아이랑 세포가 공포 기억을 저장하는 엔그램일 것이다. 그리고 이 엔그램을 자극한 빛이 어제의 공포 기억을 회상하게 해 쥐가 공포에 떨었던 것으로 추측된다.

그러나 과학에서 추측과 정황상 근거는 힘이 없다. 과학은 그리 물렁물렁하지 않아서 이 정도 결과만으로는 쥐가 움직임을 멈추고 얼어붙었던 이유가 다른 어떤 예상치 못한 요인 때문인지, 아니면 정말 공포 학습, 즉 조건 형성 과정의 영향을 받았기 때문인지 장담할 수 없다.

'그렇다면 다른 모든 조건을 동일하게 하고, 공포 조건 형성만 되지 않게 하면 되지! 쥐가 빛에 공포를 느낀 게 조건 형성 때문인지 다른 실험 조건 때문인지 알 수 있잖아!'

연구팀은 내 지적에 대답이라도 하듯 논문의 바로 다음 부분에서 곧바로 보충 실험을 진행했다. 같은 시간 및 공간 조건에서 다른 모든 실험 과정을 똑같이 진행하고, 쥐의 발에 가했던 전기 충격만 없애 주었다. 똑같이 전극을 꽂아 빛 자극을 줬고, 5일 동안 쥐의 행동을 관찰했다. 이후 전기 충격 없이 중성 자극인 소리만 들려주는 이전 실험과 아주 유사한 과정을 거쳤다. 그리고 다시 빛이 있을 때와 없을 때 쥐의 행동을 관찰했다. 오로지 전기 충격만 없애 공포 기억이 학습되지 않도록 만들어 준 것이다.

그러자 이번에는 빛 자극이 있을 때든 없을 때든 쥐가 얼어붙는 시간이 매우 적은 결과를 볼 수 있었다. 소리를 들려주기 전에도 후에도 쥐들은 아주 신이 나서 자신의 집 여기저기를 돌아다녔다. 이 결과는 앞선 실험에서 쥐가 빛을 쬐면 무서워하며 벌벌 떤 행동의 이유가, 다른 무언가가 아닌 바로 공포 조건 형성 때문에 이라는 걸 보여 준다. 해마 치아이랑 세포의 자극이 쥐에게 공포 기억을 회상시킨 것이다.

정리하자면 광유전학 기법으로 해마 치아이랑의 세포를 자극했고, 그 결과 쥐가 며칠 전에 있었던 조건 형성 과정에서 느낀 공포 기억을 떠올리는 현상이 관찰됐다. 치아이랑 신경세포의 자극이 공포 학습의 결과를 끌어내는 데 충분하다는 사실이 드디어

아주 긴밀한 연결

확인된 것이다. 또 한 가지, 치아이랑 속 세포를 자극해서 공포 기억을 상기시킬 수 있었던 건 바로 그 세포 안에 공포 기억이 저장되어 있었기 때문이다. 공포 기억이 저장되는 엔그램의 정체는 바로 해마 치아이랑에 자리 잡은 신경세포들이었다.

결국 스스무팀의 광유전학 연구는 해마, 소뇌, 편도체 등 거대한 뇌 부위의 수준에서 연구되던 엔그램이 세포 수준에서도 존재한다는 걸 밝혀낸 결정적인 연구이다. 괜히 광유전학 최고의 퍼포먼스로 이 연구를 꼽은 게 아니다.

게다가 일 년 후, 이 연구팀은 비슷한 원리로 쥐에게 가짜 공포 기억을 심는 데도 성공했다. 그러고 나서 다시 1년 뒤에는 쥐의 나쁜 기억을 이성 쥐와 신나게 놀았던 좋은 기억으로 바꾸는 데도 성공했다. 마치 이 책의 시작 부분에서 소개한 SF 소설《도매가로 기억을 팝니다》의 기억 이식 회사 '리콜'이 주인공 퀘일의 기억을 조작했던 것처럼 말이다. 이제 이대로 조금만 더 가면, 정말로 기억 이식 회사가 인간 두뇌의 엔그램을 조작해 우주여행 기억을 주입하는 게 가능해질지도 모른다는 기대감이 커진다. 그리고 한편으로는 내 기억이 진짜 내가 한 경험이 아니게 되는 세상이 올지도 모른다는 공포도 스멀스멀 피어오른다.

　전기자동차, 태양열 주택, 로봇 청소기, 움직이는 도로, 인터넷신문, 화상 교육, 홈쇼핑, 휴대전화와 휴대용 TV, 그리고 달나라 수학여행. 이 모든 것들은 이정문 화백이 무려 약 50년 전인 1965년에 예상했던 2020년의 모습이다. 놀랍게도 마지막 달나라로 떠나는 수학여행을 빼고는 모두 현실이 되었다.

　이처럼 21세기 인류 사회의 기술 발전은 과거 예술작품들이 상상했던 미래의 모습을 꽤 많이 현실로 구현하고 있다. 어쩌면 SF 소설《도매가로 기억을 팝니다》의 기억 조작 장면도 현실이 되어 가고 있을지도 모르겠다.

　결론부터 말하자면 아직은 멀었다. 그렇지만 분명히 꽤 많은 진전이 있었다. 마음대로 기억을 제거하고 조작하는 건 불가능하지만, 특정 기억을 강화시키거나 약화시키는 정도로 조절할 수 있는 수준에는 이르렀기 때문이다.

　래슐리가 미로 실험을 진행하다 깨달은 것처럼 사람의 기억은 상당히 복합적이다. 따라서 어떤 사건이나 대상에 대한 기억을 바꾸기 위해서는 기억의 복합적인 요소들을 모두 조절할 수 있어야 하는데, 아직 우리의 기술은 그 정도에 훨씬 못 미친다. 대신 여러 기억 중 하나에 집중하여 이를 조절하는 것은 가능하다. 어떤 신경회로가 어떤 기억에 관여하는지 알고 있으므로, 특정 기억을 담고 있는 엔그램을 건드려 기억을 조절할 수 있다. 완전히 사라지게 하는 것이 아니라, 조금 덜 기억나게 하거나 더 기억하게 하는 수준에 불과하지만 말이다. 심지어 그 방법도 그렇게 정교하지 않다. 현재로서는 신경회로를 자극하는 약물을 먹거나 기억을 다시 떠올리는 습관화로 무서운 기억에 적응되게 하거나, 스트레스 호르몬을 이용하는 정도가 대부분이다.

그런데 고작 이 정도의 기억 조절이 무슨 의미가 있냐고? 당연히 의미가 있다. 우리 주변에는 떠올리기 싫은 기억 때문에 고통받는 이들, 그리고 떠올릴 수 없는 기억 때문에 고통받는 이들이 존재하기 때문이다. 단순한 형태의 기억 조절은 외상 후 스트레스 장애 환자를 비롯해 트라우마로 힘들어하는 많은 이들의 고통을 극복하는 데 유용하게 활용되고 있다.

게다가 최근에는 광유전학을 이용해 사람을 치료한 첫 임상 사례가 발표되어 많은 이들을 들뜨게 하기도 했다. 40년 전 색소성 망막염이란 병으로 시력을 잃었던 미국의 한 남성이 광유전학 기술 덕분에 다시 세상을 볼 수 있게 된 것이다. 물론 이 사례는 기억과는 아무런 연관이 없다. 그러나 실험실에서만 확인되던 광유전학의 세포 수준 조절이 사람의 몸에서 제대로 적용되어 그동안 치료할 수 없다고 생각했던 질환을 극복했다는 사실은 너무나 희망적이다. 어쩌면 머지않은 미래에 광유전학으로 여러 기억의 저장소 중 한둘 정도는 조절할 수 있게 될지도 모른다는 기대도 품어 본다.

물론 여전히 갈 길은 멀다. 그래 봤자 트라우마를 유발하는 여러 기억의 저장소 중 하나 정도만을 표적으로 치료할 수 있는 정도에 불과할 테니 말이다. 장면에 대한 일화 기억을 담당하는 해마나 무서운 기억을 머릿속에 남겨 다시 위험이 닥쳤을 때 효과적으로 방어하게 하는 편도체 등 여러 부위의 복합적인 작용을 조절하는 건 조금 더 뒤의 일이 될 가능성이 크다. 광유전학 등 훌륭한 기술 덕분에 우리가 무언가 시도해 볼 수는 있지만, 그 시도가 어떤 결과를 낳을지는 아직 알 수 없기 때문이다.

아쉬운가? 아직 단순한 조절밖에 안 된다는 수준에 실망스러울 수도 있겠지만, 원래 과학이 그렇다. 복잡한 현상을 단순하게 만들어 거기에서 힌트를 얻고, 다시 이를 통해 복잡한 현상을 설명한다. 이 과정에서 새로운 지식이 쌓이고, 그로부터 새로운 기술이 등장한다. 따라서 지금 신경과학은 《도매가로 기억을 팝니다》 속 기억 조작 기술로 향해 가는 첫걸음을 꽤 잘 뗀 것일지도 모른다. 계속 나아가다 보면 SF 영화 속 장면이 정말로 현실이 될 수도 있을 것이다. 기대되지 않는가? 10년, 100년 후 미래에 우리는, 신경과학의 기술은 과연 어디쯤 도달해 있을까?

아주 긴밀한 연결

8장

시간의 유전학

내 안에 시계 있다

'뭔가 이상하다. 저렇게 희한한 모습의 물체가 시계라니, 솔직히 별로 와닿지 않는다. 내가 아는 시계와는 달라도 너무 다르게 생겼다. 그렇다고 이해가 가지 않는 건 아니다. 지금 내가 보고 있는 건 무려 중세시대 16세기에 만들어졌으니까. 사실 지금의 시계와 같은 모습을 기대하는 게 더 이상하긴 하다.'

지금 나와 대치 중인 상대는 체코 프라하의 구시가지 광장 한쪽 끄트머리에 있는 천문시계다. 프라하 관광 명소 중 하나인 꽤 거대한 시계탑은 우리가 흔히 생각하는 시계보다 생김새와 쓰임이 훨씬 복잡하고 독특하다. 그냥 시간만 보여 주는 게 아니라 해와 달의 움직임도 기록하고, 심지어 달력 역할도 한다. 시계 하나에 이렇게나 공들인 걸 보면, 역시 과거 선조들에게 하늘의 뜻

사진 5 **프라하 천문시계**
1410년에 설치된 중세 말기의 천문시계. 지금도 작동하는 시계 중
에서는 가장 오래된 천문시계로 유명하다.

과 시간의 흐름을 이해하는 건 종교적으로, 그리고 실용적으로 정말 중요했었나 보다.

그때 문득 뜬금없는 질문이 하나 떠올랐다.

'실용적 관점에서 시계가 필요한 건 우리 인간뿐만이 아니잖아. 동물, 식물들도 시간을 알아야 할 텐데, 그래야 주기적인 생활을 할 수 있을 텐데, 시계를 못 보는 이 친구들은 도대체 어떻게 시간의 흐름을 파악하는 거지?'

하루를 주기로, 또 일 년을 주기로 생활하는 것은 인류만의 습성이 아니다. 시계를 볼 줄 모르는 다른 생물들도 시간의 흐름에 따른 주기적인 행동 변화를 보인다. 그들도 우리처럼 24시간을 주기로 활동과 휴식을 반복한다. 많은 동물이 낮에 활동하고, 밤에는 잠을 잔다. 어떤 동물들은 밤에 활동하고 낮에 잠을 잔다. 그 행동 양상은 다르지만, 거의 모든 생물이 24시간을 주기로 행동 변화를 보인다. 도대체 어떻게 이런 일이 가능한 걸까? 3년 전, 동유럽의 뜨거운 여름 햇볕에 지친 상태로 프라하 구시가지 광장 구석에 주저앉아 떠올린 나의 이 작은 궁금증은 놀랍게도 아주 오랜 시간 인류가 답을 찾아 헤맨 과학적 질문 중 하나였다.

인간이 하루 주기의 움직임 변화를 보이는 생물을 처음 관찰한 것은 무려 기원전 4세기의 일이다. 당시 세계는 그 유명한 알렉산드로스 대왕이 지배하고 있었다. 그의 휘하에 있던 장군들은 왕의 명령을 받고 페르시아만 항해를 떠나며 항해일지를 작성했는데, 이 기록에 타마린드 나뭇잎이 낮 동안은 활짝 펴졌다가 밤이 되면 쪼그라드는 현상을 관찰한 이야기가 적혀 있다. 이외에도 중국 등 여러 나라의 사료에서 하루를 주기로 생활 방식이 바뀌는 생물들을 관찰한 기록을 많이 찾을 수 있다. 그러나 인류는 오랫동안 이런 현상이 나타나는 이유를 전혀 설명하지 못했다.

18세기에 살았던 프랑스의 과학자 장-자크 도르투 드 메랑 Jean-Jacques d'Ortous de Mairan도 시계가 없는 생물들이 어떻게 24시간, 즉 하루 주기의 행동을 보일 수 있는지 궁금해했다. 구체적으로 그는 대부분 동식물이 일日주기 리듬 행동을 보이는 이유가 외부의 환경적 요인 때문인지, 아니면 우리 몸 안의 어떤 본능적인 작용 때문인지 알고 싶었다. 그는 참된 과학자였기에 나처럼 아무것도 하지 않고 시계만 노려보는 데 그치지 않았다. 자신의 질문에 답을 찾을 수 있는 과학적 실험을 설계하고 직접 수행했다.

그는 손으로 만지면 움츠러드는 식물로 유명한 미모사를 실험 모델로 활용했다. 해가 떠 있는 낮 동안 미모사의 잎은 해를 향해 활짝 열려 있다. 그러나 밤이 되면 잎이 아주 시들해진다. 그는 이 현상이 해라는 외부적 요인 때문인지, 아니면 어떤 생물학적 작용에 의한 식물의 내부적 요인 때문인지 확인하기로 했다. 그래서 미모사를 24시간 넘게 계속 어두운 장소에 두고, 잎의 움직임을 관찰했다.

정말 신기하게도 어둠 속에서도 미모사의 행동은 그대로 유지되었다. 잎은 여전히 하루의 반 정도는 열려 있고, 나머지 반 정도는 닫혀 있었다. 펴졌다 오므라졌다 하는 미모사 잎의 움직임은

아주 긴밀한 연결

아무래도 햇빛이라는 외부적 요인의 영향을 받지 않는 듯했다. 그렇다면 이제 남아 있는 가장 그럴싸한 가능성은 미모사 안에 24시간이 하루라는 사실을 알려 주는 생체시계가 있는 것뿐이다. 매일 아침 기상 시간이면 몸무게가 두 배가 된 듯 침대에서 떨어지기가 힘든 나와는 정반대로, 미모사에게는 해가 뜰 때쯤 저절로 잎이 고개를 들도록 하는 선천적인 프로그램이 설계되어 있다는 것이다.

이 발견 이후, 생물의 몸에 24시간 주기를 가지는 시계가 있다는 가설이 점점 더 힘을 얻었다. 다양한 연구와 관찰을 통해 식물뿐만 아니라 동물도 외부 환경과 무관하게 일정한 주기의 행동을 보인다는 걸 알게 됐기 때문이다. 우리 몸에 선천적인 시계가 존재할 가능성이 더 커졌다. 자연스레 많은 이들이 구체적인 생체시계의 실체에 대한 질문을 던지기 시작했다.

시모어 벤저, 신경유전학의 첫 장을 열다

우리 몸 어딘가에 있을 생체시계의 실체를 처음 밝혀낸 인물은 신경유전학의 아버지라고도 불리는 시모어 벤저이다. 2녀 1남의 막내로 태어난 벤저는 유일한 아들이라는 이유로 부모님의 사랑을 듬뿍 받으며 자랐다. 아들을 얼마나 아꼈는지, 벤저의 부모님은 그의 13살 생일 때 무려 현미경을 선물로 준다. 여느 평범한 13살이라면 그다지 좋아하지 않았을 이 생일선물이 놀랍게도 그의 인생에 엄청난 변곡점이 된다. 위인전에 아주 지겹게 등장하는 현실성 제로의 시나리오대로 그는 현미경을 처음 본 순간 새로운 세상에 눈을 떴다고 한다. 이후 과학에 큰 관심이 생긴 벤저는 물리학을 전공하는 과학도의 길에 들어선다.

대단한 엘리트였던 그는 금세 물리학 박사 학위를 취득하고, 곧바로 퍼듀대학교의 교수로 임용된다. 그러나 놀랍게도 탄탄대로일 것만 같았던 물리학자 시모어 벤저의 경력은 여기서 중단된다. 무슨 안 좋은 일이 있었던 건 아니다. 단지 그가 새로운 분야에 눈을 떴기 때문이었다.

교수가 된 지 2년 만에 그는 칼텍에 있던 막스 델브뤼크Max Delbrück의 연구실로 자리를 옮긴다. 당시 델브뤼크는 비공식적인 연구 그룹인 '파지 그룹phage group'을 이끄는 리더였다. 이 그룹은 이름 그대로 파지, 정확히는 박테리오파지를 연구했다. 박테리오파지라는 명칭에서 '박테리오bacterio'는 박테리아, 즉 세균을 의미하고 '파지phage'는 그리스어로 '집어삼키다'라는 뜻을 가진다. 바이러스는 혼자 힘으로 살아갈 능력이 없어 다른 생물의 세포에 기생해 살아간다. 이렇게 바이러스가 기생하는 세포를 숙주세포라고 부르는데, 박테리오파지는 숙주세포로 세균, 즉 박테리아를 이용하기 때문에 붙여진 이름이다.

벤저는 파지 그룹에 막내로 합류하여 세균에 기생해 살아가는 바이러스를 연구하기 시작했다. 조금 이상하지 않은가? 물리학자가 뜬금없이 바이러스라니? 당시의 사정을 잘 모르는 우리로

아주 긴밀한 연결

서는 이해하기 힘든 심경 변화다. 그러나 20세기 초중반 학계에서 생명 현상에 관심을 가진 물리학자들은 그리 드물지 않았다. 벤저의 스승이자 동료였던 델브뤼크를 비롯해 DNA의 이중나선 구조를 밝혀낸 프랜시스 크릭, 《생명이란 무엇인가What is Life?》를 통해 여러 과학도에게 생명에 관한 흥미와 영감을 선물해준 에르빈 슈뢰딩거Erwin Schrödinger 등 상당히 많은 물리학자들이 생명의 신비에 지적 호기심을 느꼈고, 그중 일부는 벤저처럼 아예 분야를 생명과학으로 옮기기까지 했다. 그렇게 연구대상을 생명으로 바꾼 물리학자들은 그들만의 방식으로 생명과학의 새로운 길을 개척해 나갔다. 책에서 지금까지 소개한 신경유전학이라는 학문도 물리학자 출신 시모어 벤저에 의해 세상에 등장했다.

20세기 초 물리학자들은 이 세계의 근본적인 원리를 설명하는 데 심취해 있었다. 그들은 상대성이론과 양자역학의 등장에 힘입어 오랜 시간 풀리지 않았던 우주의 비밀이 곧 완전히 파헤쳐질 것으로 기대했다. 이런 기대와 함께 많은 혁신적인 연구가 진행됐고, 심지어는 자연계의 모든 힘이 단 하나의 원리로 설명될 수 있다는 통일장 이론마저 등장했다.

어떤 복잡한 자연현상이라도 통합적인 이론으로 단순하게 설명할 수 있다는 그 당시 물리학자들의 환원적인 시각은 그들의 연구대상이 생명으로 바뀐 뒤에도 그대로 유지되었다. 그들은 양자역학이 눈에 보이지도 않는 양자 수준에서 일반적인 우주의 원리를 설명해 낸 것처럼, 생명 현상의 근본적인 원리도 아주 단순한 수준에서 직관적인 개념으로 설명될 수 있다고 믿었다. 벤저의 스승 델브뤼크는 이런 믿음을 가진 물리학자 중 하나였고, 그에게 생물도 무생물도 아닌 아주 단순한 형태의 박테리오파지는 딱 알맞은 연구 모델이었다.

사실 델브뤼크의 첫 모델 생물은 초파리였지만, 그는 자신의 연구대상을 그리 마음에 들어 하지 않았다. 그러던 중 우연히 에모리 엘리스Emory Ellis의 박테리오파지 연구를 보게 되었는데, 단순한 파지야말로 생명의 핵심 원리를 찾아 줄 최적의 모델이라는 걸 깨닫는다. 그렇게 델브뤼크와 에모리 엘리스는 공동 연구를 시작했다. 물리학자의 통찰과 지식은 엘리스의 연구에 큰 도움이 되었고, 둘은 함께 박테리오파지의 성장 곡선을 수학적으로 설명하는 데 성공했다.

몇 년 후, 교과서에도 등장하는 과학자 알프레드 허쉬와 제임스 왓슨 등이 델브뤼크의 연구에 참여하며 드디어 파지 그룹이 형성됐다. 그리고 1949년, 우리의 주인공 시모어 벤저도 이 그룹에 합류하여 T4 파지라는 바이러스의 유전자 구조 연구를 시작했고, 훌륭한 여러 성과를 이뤄 냈다. 그의 연구는 20세기 중반 유전자 돌연변이 연구의 발전에 많은 도움을 줬고, 젊은 박테리오파지 유전학자 벤저의 앞길은 탄탄대로일 것만 같았다.

그런데 이게 웬일인가?! 박테리오파지 유전학자로서의 그의 경력도 불과 10여 년 만에 멈추고 만다. 물론 이번에도 뭔가 안 좋은 일이 생겼던 건 아니다. 한 번 속아 봐서 이제 예상할 수 있겠지

아주 긴밀한 연결

만, 변덕스러운 벤저가 다시 한번 자신의 연구 분야에 변화를 준 것뿐이다.

그는 이번에는 뜬금없이 초파리 연구를 시작했다. 자신의 스승 델브뤼크가 재미없다고 말했던 바로 그 초파리 말이다. 그가 새롭게 시작한 연구의 대상이 왜 하필이면 초파리였는지는 정확히 알 수는 없다. 개인적인 추측이지만, 박테리오파지를 통해 생명의 유전 원리를 어느 정도 알게 된 벤저는 조금 더 고차원적인 생명 현상에 궁금증이 생겼던 것 같다. 그가 초파리를 통해 시작한 연구 주제가 바로 동물의 행동이었기 때문이다.

동물의 행동은 참 재미있는 연구 주제지만, 한편으로는 연구하기 매우 어렵고 까다로운 쪽에 속한다. 행동이 어떤 의도를 가지는지 설명할 수 있는 경우의 수가 너무나도 많기 때문이다. 가령, 내 눈동자가 남보다 큰 이유를 설명하는 것보다 내 여자친구가 평소보다 눈을 크고 동그랗게 뜬 이유를 설명하는 것이 훨씬 어렵다. 행동의 이유를 설명하려면 그 대상의 심리, 개인의 특성, 주변 환경 등을 모두 종합적으로 고려해야 하기 때문이다.

내 짐작일 뿐이지만, 파지 그룹에서 단순한 박테리오파지를 정복하고 분자유전학의 발전에 크게 이바지한 벤저는 새로운 정복지를 원했고, 따라서 비교적 연구가 복잡하고 까다로운 동물 행동을 다음 목표로 삼은 게 아닐까? 어찌 됐든 결론적으로 그의 변심은 성공적이었다. 분자유전학자 벤저 역시 뛰어난 학자였지만, 초파리 행동을 연구한 신경유전학의 아버지 시모어 벤저는 세상에 없던 새로운 분야를 개척하며 역사에 남을 업적을 이뤘기 때문이다. 그리고 그의 변덕 덕분에 우리는 생명이 시간을 인지하는 원리를 아주 잘 이해할 수 있게 되었다.

지금까지 변덕스러운 한 과학자의 학문적 배경을 자세히 소개했는데, 그 이유가 프라하에서 천문시계를 노려보며 던진 나의 작은 질문에 답하기 위해서라는 걸 부디 기억하고 있기를 바란다. 우리 몸 어딘가에 있을 생체시계에 대한 바로 그 질문 말이다. 이제 본격적으로 신경행동유전학자 시모어 벤저가 찾아낸 생체시계의 정체를 낱낱이 파헤쳐 보자.

첫 번째 시계 유전자, 피리어드

1971년, 벤저는 자신의 대학원생 로널드 코노프카Ronald Konopka와 함께 최초의 생체시계 유전자 '피리어드period'를 발견했다. 이는 단 하나의 유전자가 동물의 행동을 조절하는 현상을 처음으로 밝혀낸 것이기도 했다.

물리학자 출신에, 단순한 박테리오파지를 다뤘던 벤저는 기존의 초파리학자들과는 약간 다른 방식으로 행동 연구에 접근했다. 당시 많은 유전학자는 단일 유전자가 아닌 유전자 간의 복잡한 상호작용이 행동에 끼치는 영향에 집중했다. 그 복잡한 동물의 행동이 고작 유전자 단 하나로 조절될 리 없다고 생각했기

아주 긴밀한 연결

때문이다. 그러나 이전 연구 분야에서의 환원적인 시선을 그대로 유지한 벤저는 행동을 그렇게까지 까다로운 현상으로 여기지 않았다. 동물 행동이 직관적으로는 아주 복잡해 보일지라도 알고 보면 그 원리는 아주 단순할 것으로 생각했다. 따라서 그는 하나의 유전자 작용만으로도 충분히 초파리 행동을 설명할 수 있을 것으로 보았다.

운이 좋게도 벤저의 옆에는 자기 생각을 현실로 만들어 줄 능력 있는 제자 로널드 코노프카가 있었다. 코노프카는 먼저 초파리의 움직임과 행동 패턴이 우리처럼 24시간을 주기로 바뀐다는 것을 확인했다. 그리고 벤저와 함께 초파리의 일주기 리듬에 관여하는 유전자가 무엇인지 추적하기 시작했다.

유전자의 기능을 파악하는 가장 쉬운 방법은 그 유전자를 망가뜨려 보는 것이다. 유전자가 망가졌을 때 어떤 생명 현상에 문제가 생기는지를 확인해 그 유전자의 생체 내 역할을 밝혀낼 수 있다.

반대로 특정 생명 현상에 어느 유전자가 관여하는지를 알아내는 가장 쉬운 방법은 무엇일까? 일단 아무 유전자나 다 망가뜨리고, 그중에서 우리가 관심 있는 현상에 문제가 생긴 대상만을 골라내 분석하는 것이다. 특정 기능이 무너진 그 친구에게서 망가진 유전자가 무엇인지를 확인하면 해당 생명 현상과 연관된 유전자를 찾아낼 수 있기 때문이다.

놀랍게도 이 단순한 접근으로부터 많은 역사적인 발견이 이뤄졌다. 특정 역할을 하는 새로운 유전자를 규명했다는 〈9시 뉴스〉 속 과학 연구들도 대부분 이런 방법으로 진행되었다. 그리고 벤저와 코노프카 역시 정확히 똑같은 방법으로 일주기 리듬에 관여하는 초파리 유전자를 찾아냈다.

두 사람은 초파리 집단에 인위적인 유전자 돌연변이를 가했다. 그리고 돌연변이가 생긴 초파리들을 일주기 리듬 패턴에 따라 네 집단으로 분류했다. 첫 번째 집단은 정상적인 24시간 주기를 가지는 초파리들이었고, 두 번째 집단은 일주기 리듬이 완전히 무너져 생활 방식이 불규칙적으로 변한 초파리들이었다. 그리고 나머지 두 집단에는 각각 생활 주기가 19시간, 28시간 정도로 24시간보다 짧아지거나 길어진 초파리들이 포함됐다. 즉, 두 연구자는 정상적인 일주기 리듬을 가지는 한 집단과 비정상적인 리듬을 가지는 세 집단으로 초파리들을 분류했다.

코노프카와 벤저는 각각의 집단에 포함된 초파리들의 유전자 돌연변이 패턴을 확인해 보았고, 재미있는 사실들을 발견할 수 있었다. 먼저 일주기 리듬이 완전히 무너진 집단의 초파리들은 모두 하나의 같은 유전자에 하나의 같은 돌연변이를 공유하고 있었다. 그리고 흥미롭게도 일주기 리듬이 짧아진 다른 집단의 초파리들도 이들과 같은 유전자에 돌연변이를 가지고 있었다. 대신 이 집단의 초파리들에 공통으로 나타난 돌연변이는 일주기 리듬이 아예 불규칙해져 버린 앞 그룹의 돌연변이와 서로 다른 것이었다. 마찬가지로 일주기 리듬이 길어진 마지막 돌연변이 집단의 초파

아주 긴밀한 연결

리들 역시 앞선 두 집단에서 돌연변이가 나타난 바로 그 유전자에 또 다른 세 번째 돌연변이를 가지고 있었다.

결론적으로 24시간 주기 생체 리듬이 무너진 모든 초파리는 동일한 유전자에 돌연변이를 가지고 있었다. 이 결과를 통해 이 유전자에 돌연변이가 생겨 그 기능이 망가지면, 초파리의 생체시계가 고장 나고 일주기 리듬이 무너진다는 결론을 내릴 수 있다. 그리고 이 유전자에 생기는 돌연변이의 종류에 따라 초파리 몸속 시계가 고장 나는 부위와 정도가 달라진다는 사실도 알 수 있다.

벤저와 코노프카는 이렇게 초파리의 일주기 리듬을 조절하는 생체시계 유전자를 발견해 냈다. 이 유전자는 일주기 리듬의 '기간period'을 조절하는 유전자라는 뜻에서 피리어드라고 이름 붙여졌다. 두 사람의 발견 이후, 초파리의 일주기 리듬을 조절하는 다른 유전자들도 여럿 밝혀졌는데, 첫 유전자가 피리어드라고 불리게 된 전통을 이어받아 타임리스timeless, 더블타임doubletime, 클락clock 등 모두 시간과 관계된 이름을 부여받았다. 그리고 이런 새로운 유전자들의 발견과 이들의 역할 규명에 힘입어 서서히 초파리 몸속 시계의 작동 원리가 파헤쳐지기 시작했다.

벤저와 그의 동료 코노프카의 업적을 살펴보면, 흔히 과학자에게 최고의 영예라고 생각되는 노벨상도 충분히 받을 만하다는 생각이 든다. 그러나 아쉽게도 신경유전학이라는 새로운 분야의 문을 활짝 연 이 둘은 모두 노벨상 수상자가 되지 못했다. 이들이 한 연구의 가치가 다른 노벨상 수상자들보다 부족해서 그런 건 아니다. 안타깝게도 두 명의 위대한 과학자는 노벨상의 선정 기준 딱 하나를 만족하지 못했다. 그 기준은 바로 '노벨상이 주어질 때 살아 있어야 할 것.'

벤저와 코노프카는 자신들의 연구가 모두의 인정을 받기 전에 너무 일찍 세상을 뜨고 말았다. 물론 그렇다고 노벨상 선정 위원회가 그들의 초파리 생체시계 연구를 외면한 것은 아니었다. 존경하는 두 과학자가 상을 못 받은 건 조금 아쉽지만, 그래도 그들과 함께 일했으며, 그 연구를 이어받아 피리어드 유전자를 초파리에게서 분리해낸 제프리 홀Jeffrey C. Hall, 마이클 로스바쉬Michael Rosbash, 마이클 영Michael W. Young이 일주기 리듬을 조절하는 분자 메커니즘을 발견한 공로로 2017년에 노벨 생리의학상을 수상했다. 벤저와 코노프카가 시작한 초파리 생체시계 연구를 마무리한 인물들이 그 업적을 인정받은 것이다.

1984년, 벤저의 후계자 세 사람은 물리적으로 피리어드 유전자를 얻어내는 데 성공했다. 이후 이들은 방향을 약간 틀어 조금 더 고차원적인 문제에 도전하기 시작했다. 피리어드 유전자로부터 만들어지는 피리어드 RNA와 단백질로 관심을 옮긴 것이다.

벤저 이후의 연구자들이 RNA와 단백질에 관심을 가지기 시작했다는 것은 학문적으로 굉장히 의미가 깊다. 단순하게 '어떤 유전자가 우리 몸의 일주기 리듬 조절에 관여할까?'라는 질문을 던지던 생명과학계가, 이제는 그 중간 단계에 관심을 두고 '어떻게 피리어드 유전자가 우리 몸의 일주기 리듬 조절에 관여할까?'라는 궁금증을 갖기 시작했다는 것을 의미하기 때문이다. 바로 이 맘때부터 유전학의 연구대상이 유전자 그 자체에서 벗어나, 유전자에서 행동까지 이어지는 생물학적 과정 전체를 이해하는 방향으로 바뀌었다.

홀과 로스바쉬 연구팀은 1988년, 피리어드 유전자로부터 만들어지는 피리어드 단백질의 양이 24시간을 주기로 변한다는 사실을 발견했다. 특이하게도 초파리 몸속에서 이 단백질은 밤 동안 그 양이 점점 증가해 한밤중에 가장 많아졌다가 낮 동안 다시 조금씩 줄어들었다. 그리고 밤에 다시 그 양이 증가하고, 또 낮에 다시 감소하는 패턴을 보였다. 이 변화의 주기는 24시간으로 초파리의 정상적인 일주기 리듬과 일치했다.

연구자들은 피리어드 단백질량이 주기적으로 진동하는 이유가 궁금해졌다. 그 답을 찾기 위해 이들은 계속 피리어드 유전자를 파고들었고, 2년 후 아주 결정적인 힌트를 발견했다. 단백질뿐만 아니라 피리어드 RNA도 24시간 간격으로 주기적인 양의 변화를 보인다는 사실을 관찰한 것이다.

피리어드 유전자의 RNA 양이 단백질과 마찬가지로 24시간 주기의 진동을 보인다는 사실은 피리어드 유전자 발현이 이 진동에 큰 영향을 준다는 것을 알려 준다. 피리어드 DNA의 양은 그대로인데, RNA와 단백질의 양만 주기적으로 변한다는 것은 몸속 피리어드 DNA로부터 RNA와 단백질이 만들어지는 유전자 발현의 정도가 주기적으로 낮과 밤 시간대에 달라진다는 걸 의미하기 때문이다. 아마 RNA와 단백질량이 많아지는 밤 시간대에 피리어드 DNA의 유전자 발현이 증가하고, 낮 동안에는 다시 감소할 것으로 예상할 수 있다.

연구팀은 이 가설에서 더 나아가 벤저와 코노프카가 발견한

그림 26　　　　　　　　　　　피리어드 단백질과 RNA 양의 일주기 진동

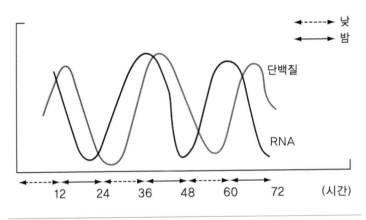

초파리의 피리어드 단백질과 RNA 양은 24시간을 주기로 진동한다.

　　　　　　　　　　　아주 긴밀한 연결

피리어드 유전자의 세 돌연변이(일주기 리듬이 24시간보다 짧아지거나, 길어지거나, 아예 무너지는 돌연변이)에도 관심을 가졌다. 그들은 세 돌연변이를 각각 가지고 있는 초파리들에게서 피리어드 RNA 양의 주기적인 진동이 어떻게 달라지는지 살펴보았다. 그리고 예상대로 일주기 리듬이 무너진 패턴대로 RNA 양의 진동 주기도 달라지는 현상을 관찰했다. 하루가 짧아진 돌연변이 초파리들은 RNA 양 진동 주기도 함께 짧아졌고, 반대로 길어진 경우에는 진동 주기도 함께 길어졌다.

연구자들은 돌연변이 초파리에서 보이는 이런 망가진 RNA 진동 패턴의 직접적인 원인이 DNA, 정확히는 피리어드 유전자의 문제에 있다는 것을 확실히 확인하고 싶었다. 그래서 이들은 일주기 리듬이 무너지고 피리어드 RNA의 진동 패턴도 함께 망가진 초파리에게 정상 피리어드 DNA를 넣어 주었다. 만약 돌연변이 초파리가 외부에서 정상 피리어드 DNA를 공급받은 후, 이 돌연변이의 RNA 양 진동이 24시간 주기 정상적인 패턴으로 회복된다면, 이 초파리의 RNA양 변화가 이상했던 직접적인 이유는 피리어드 유전자의 돌연변이라고 말할 수 있다.

결과는 연구자들이 예상한 결과 그대로였다. 정상적인 피리어드 유전자를 가지게 된 돌연변이 초파리는 정상적인 RNA 양 진동을 보였다. 초파리 내 RNA와 단백질의 양이 24시간 주기로 진동하는 현상은 피리어드 DNA의 작용에 직접적인 영향을 받는다는 것이 다시 한번 확인되었다.

이렇게 괜찮은 연구가 하나 마무리되나 싶던 바로 그 순간, 연구자들은 여기서 그치지 않고 딱 한 가지 실험만 더 진행해 보기로 했다. 그리고 이들이 수행한 이 마지막 실험의 결과는 그들에게 초파리 일주기 리듬의 분자 메커니즘 규명을 위한 핵심적인 단서를 선물해 주었다.

앞선 실험에서 돌연변이 초파리에게 정상 피리어드 DNA를 넣어 주었더니 피리어드 RNA 양의 진동이 정상적인 패턴으로 회복되는 것을 관찰했는데, 이 대목에서 깜빡 놓친 부분이 하나 있다. 바로 이 초파리의 몸에는 원래부터 있던 돌연변이와 인위적으로 넣어 준 정상 유전자, 두 종류의 피리어드 DNA가 있다는 사실 말이다. DNA가 두 종류면 당연히 초파리의 몸에 있는 RNA도 원래 있던 돌연변이로부터 온 것과 새로 넣어 준 정상 유전자로부터 온 것 두 가지다. 그리고 우리는 회복된 초파리의 몸에서 24시간 주기 정상 진동을 보인 RNA가 둘 중 어느 것인지 알지 못한다.

'RNA양의 진동 주기가 회복된 이유를 정확히 파악하려면, 초파리의 서로 다른 두 DNA를 구분해야 할 필요가 있겠군!'

연구자들은 초파리에게 도입할 정상 피리어드 유전자의 그리 중요하지 않은 앞쪽 서열 일부를 제거했다. 원래 몸에 있던 초파리의 돌연변이 피리어드 유전자와 구분해 주기 위해서 말이다.

그리고 나서 앞부분이 잘린 정상 유전자를 돌연변이 초파리의 몸에 넣어 주었고, 덕분에 이제 초파리 몸에 있는 두 RNA 양의 진동 주기를 서로 구분하여 확인할 수 있게 되었다.

두 RNA를 구분해 살펴본 결과, 먼저 새로 넣어 준 정상 피리어드 RNA 양은 예상대로 24시간 주기의 정상적인 패턴을 보였다. 이 RNA는 원래 24시간 주기의 일반적인 진동을 보이던 것이니 당연한 결과였다. 놀라운 쪽은 돌연변이 RNA였다. 원래는 완전히 무너진 진동 패턴을 보이던 기존 피리어드 유전자의 RNA 양 진동 주기 역시 정상적인 24시간으로 변한 결과가 관찰된 것이다.

이 현상은 조금은 의아한 결과였다. 돌연변이 피리어드 RNA 양의 진동 패턴이 바뀌었다는 것은 돌연변이 피리어드 DNA의 유전자 발현 패턴이 바뀌었다는 것을 의미한다. 그러니까 인위적으로 넣어 준 정상 피리어드 DNA가 원래 몸 안에 있던 돌연변이 피리어드 DNA의 발현을 정상적으로 되돌렸다는 것인데, 이게 어떻게 가능한지 별로 와닿지 않는다. DNA는 유전 정보를 저장 및 전달하는 기능을 할 뿐인데, 어떻게 독립적인 다른 DNA의 유전자 발현에 영향을 줄 수 있단 말인가? 당시 알려진 지식에 의하면, 새로 넣어 준 정상 DNA가 무언가 직접 활동을 했을 가능성은 그리 크지 않았다. 그래서 연구자들은 피리어드 DNA가 아닌 다른 대상에 집중했다.

인위적으로 정상 피리어드 DNA를 넣어 주면, 그 DNA가 발현하여 정상 피리어드 RNA, 그리고 단백질을 만들어 낼 것이다. 연구자들은 이렇게 만들어진 정상 피리어드 단백질이 돌연변이 유전자의 발현을 정상적으로 되돌렸을 거라는 가설을 세웠다. 단백질이 유전자 발현을 조절할 수 있다는 사실은 당시에 이미 잘 알려져 있었다. 만약 피리어드 단백질이 피리어드 유전자 발현 과정을 조절한다면, 외부에서 들어온 정상적인 피리어드 단백질이 돌연변이 피리어드 유전자의 발현을 정상적으로 되돌릴 수 있을 것이었다. 그리고 이렇게 돌연변이 유전자의 발현 양상이 회복된다면, 돌연변이 피리어드 RNA양의 변화 패턴도 정상적인 24시간 주기로 돌아올 것이었다. 따라서 연구자들은 피리어드 단백질이 피리어드 DNA의 유전자 발현을 조절할 것이라고 주장했다.

놀랍게도 이 가설은 피리어드 RNA와 단백질의 양이 하루 주기로 진동하는 현상마저 꽤 그럴싸하게 설명해 준다. RNA와 단백질의 양이 밤에는 늘어났다가 낮에는 줄어드는 현상은 피리어드 DNA의 발현 정도가 밤에는 증가하고 낮에는 감소한다는 사실을 의미한다. 밤에 피리어드 유전자의 발현이 증가하면(그림 27, ①), 그 결과 피리어드 단백질량이 늘어날 것이다(그림 27, ②). 이 피리어드 단백질이 앞에서 이야기한 가설대로 피리어드 유전자의 발현을 조절한다면(그림 27, ③), 구체적으로는 이 단백질이 직·간접적으로 피리어드 유전자의 발현을 억제한다면, 단백질량이 늘어난 한밤중부터 피리어드 유전자의 발현은 점점 줄어들 것이다(그림 27, ④, ⑤). 그럼 발현 정도가 줄어든 낮에는 자연스레 피리어드

RNA와 단백질량이 훨씬 적어질 거다(그림 27, ⑥). 그럼 유전자 발현을 억제하는 피리어드 단백질이 없으니 다시 밤에는 피리어드 RNA와 단백질량이 늘어나고(그림 27, ①~③), 그러면 다시 유전자 발현을 억제해 낮에는 RNA와 단백질량이 또 줄어들 것이다(그림 27, ④~⑥).

그림 27   초파리 생체시계 메커니즘의 첫 가설

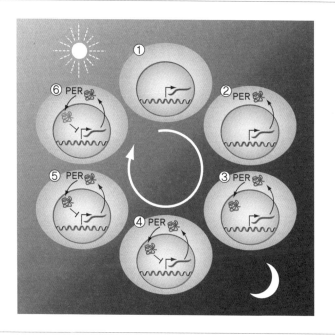

밤에 피리어드의 발현이 증가하면, 이 단백질이 직·간접적인 방법으로 피리어드 발현을 억제하여 낮에 피리어드 단백질 양이 줄어든다. 따라서 밤에 피리어드 발현이 다시 유도된다(PER: 피리어드 단백질).

연구자들은 이 깔끔한 설명과 앞선 실험 결과를 바탕으로, 초파리의 일주기 리듬 조절 메커니즘이 되먹임 루프feedback loop 형태를 가질 것으로 확신하게 되었다. 이들은 피리어드 DNA가 RNA를 합성하고 이 RNA가 단백질을 만들어 내면, 피리어드 단백질이 다시 직접 혹은 간접적으로 피리어드 DNA의 유전자 발현을 억제하는 것을 통해 초파리의 하루가 완성될 것으로 생각했다.

연구팀의 예상은 정확했다. 유전자 발현의 첫 단계, DNA가 RNA를 만드는 전사는 세포 안의 핵nucleus이라는 장소에서 일어난다. 따라서 피리어드 단백질이 피리어드 유전자의 발현을 억제하기 위해서는 이 단백질이 세포의 핵에 존재해야 한다. 1992년, 앞선 연구를 이끈 홀과 로스바쉬는 많은 양의 피리어드 단백질이 초파리 세포의 핵 안에 있다는 사실을 발견했다.

이 결과를 시작으로 점점 그들 가설의 빈틈이 하나둘 채워졌지만, 그렇다고 한 번에 모든 것이 다 설명된 건 아니었다. 일반적으로 단백질들은 세포 내에서 핵 밖의 세포질cytosol에 위치한다. 따라서 피리어드 단백질이 도대체 어떻게 세포핵 안으로 들어갈 수 있는지를 설명하지 못하면 그들이 예상했던 되먹임 루프의 정확한 실체를 완성할 수 없었다.

1994년 홀, 로스바쉬와 함께 노벨상을 수상한 마이클 영은 새로운 초파리 생체시계 유전자 타임리스를 발견했다. 이 유전자가 망가진 초파리들에게서 피리어드 유전자 때와 마찬가지로 일주기 리듬이 무너지는 모습이 관찰되었다. 연구자들은 타임리스 단백질이 초파리 몸 안에서 첫 번째 생체시계 유전자 피리어드의 단백질과 서로 결합하는 것을 발견했다. 그리고 이와 함께 돌연변이 타임리스 유전자를 가지는 초파리들의 피리어드 단백질은 대부분 핵 바깥에 있다는 사실도 알아냈다. 피리어드 단백질은 타임리스 단백질이 제대로 발현될 때만 핵 안으로 들어갈 수 있었다. 이 사실들을 통해 영의 연구팀은 타임리스 단백질이 피리어드 단백질에 결합해 이 단백질을 끌고 핵 안으로 함께 들어가는 역할을 한다는 것을 알아냈다. 피리어드 단백질이 핵 안의 피리어드 DNA를 만나 유전자 발현을 조절할 수 있었던 건 모두 타임리스 단백질 덕분이었다.

정리하면, 초파리 몸속에서는 하루 동안 다음과 같은 일이 일어난다. 밤에 초파리 피리어드 DNA의 유전자 발현이 증가하면, 이에 따라 피리어드 단백질이 만들어진다. 이렇게 세포질에 점점 쌓이게 된 피리어드 단백질이 타임리스 단백질을 만나게 되면, 둘은 함께 세포핵 안으로 들어가게 된다. 그러면 피리어드 단백질이 직접 혹은 간접적으로 피리어드 DNA의 유전자 발현을 억제해 낮에는 피리어드 단백질량이 줄어든다. 그럼 이제 피리어드 DNA를 억제하는 단백질이 줄어들었으니, 다시 피리어드 유전자 발현량이 증가할 것이다. 그러면 다시 피리어드 단백질이 합성되는 밤이 오고, 이렇게 두 번째 날이 시작되는 것이다.

이처럼 두 번째 생체시계 유전자 타임리스의 발견은 가설로만 여겨졌던 일주기 리듬 메커니즘의 처음(핵 안에서 발현되는 피리어드 DNA)과 끝(핵 안의 피리어드 단백질)을 연결해 마침내 되먹임 루프를 닫아냈다. 드디어 초파리 일주기 리듬을 조절하는 분자 메커니즘의 밑그림이 완성된 것이다.

물론 이 정도 설명으로 생체시계의 원리를 완벽히 파악할 순 없다. 아직 우리는 피리어드 단백질이 피리어드 유전자 발현을 억제하는 정확한 방법을 모른다. 게다가 초파리를 비롯한 대다수 생물은 단순히 하루 주기의 행동 패턴을 보이는 것을 넘어, 낮과 밤을 구분하는 능력이 분명히 있어 보이는데, 도대체 이것이 어떻게 가능한지는 여전히 제대로 답할 수 없다. 따라서 홀, 로스바쉬, 영의 연구 이후에도 많은 학자들이 남은 문제를 풀기 위해 초파리 생체시계 연구를 이어 갔다. 그 결과, 방금 두 질문에 대한 답은 물론 초파리 생체시계의 작동 원리를 완전히 설명할 수 있게 되었다. 이제 드디어 프라하 구시가지 광장 구석에 주저앉아 던진 생체시계에 관한 내 작은 질문에 구체적으로 과학적인 답을 할 수 있는 배경이 완성되었다.

포유류의 시계

"생물학과 역사학이 우리에게 주는 교훈에는 공통점이 있다. 그것은 타자를 이해함으로써 자신을 더 잘 이해하게 된다는 것이다."

아주 긴밀한 연결

시간이 흘러도 꾸준히 대중에게 사랑받는 과학 교양서적《코스모스Cosmos》에 등장하는 문구다. 놀랍게도 천문학자 칼 세이건 Carl Edward Sagan은 이 짧은 문장 하나로 현대 생물학의 기본 원리를 아주 명쾌하게 설명해냈다.

생명과학의 궁극적인 목적은 나를 이해하는 데 있다. 내가 어떤 존재인지 알고 싶은 순수한 호기심과 나를 아프고 죽게 하는 병의 원리와 치료 전략을 알아내고자 하는 실용적 목적, 이 두 가지가 바로 생명과학 연구를 이끌어 가는 가장 강력한 원동력이다. 따라서 생명과학 연구는 당연히 나, 즉 사람을 대상으로 하는 게 자연스러워 보이는데, 이상하게도 많은 생명과학자들이 사람이 아닌 다른 생물을 대상으로 실험과 연구를 수행한다.

생체시계에 관한 연구만 해도 그렇다. 벤저와 그의 동료들은 모두 초파리의 일주기 리듬을 열심히 연구했다. 그러나 많은 이들이 정말 궁금해하는 것은 사실 초파리가 아닌 내 몸 안에 있는 생체시계다. 물론 프라하 천문시계 앞에 섰던 나는 '시계가 없는 다른 동물들은 어떻게 하루를 파악할까?'라는 질문을 던졌지만, 앞선 연구들을 통해 이 질문의 답을 찾고 나니 다른 동물의 행동이 궁금했던 나 역시 '그럼 내 몸 안에서도 생체시계가 같은 원리로 작동하고 있을까?' 하는 인간에 관한 다음 질문이 자연스레 떠올랐다.

이처럼 생명과학 연구는 사람을 이해하는 것이 최종 목적인데도 특이하게 다른 생물을 연구대상으로 삼을 때가 많다. 사람을 대상으로 실험을 진행하기에는 윤리적으로 큰 문제가 따르기 때문이다. 게다가 사람은 많은 생물종 중에서 특히 복잡한 편이라, 윤리적인 문제가 없다고 해도 연구하기 쉽지 않은 대상이다.

따라서 벤저와 그의 동료들은 비교적 단순한 초파리를 모델 생물로 이용해 일주기 리듬의 분자 메커니즘을 연구했다. 초파리는 한 세대가 12주 정도로 아주 짧고, 자손의 수도 엄청 많아서 들어가는 시간과 돈과 노력에 비해 많은 결과를 얻어 낼 수 있다. 벤저가 수명이 일 년이 넘어가는 다른 포유류를 대상으로 생체시계 유전자를 찾으려 했다면 성공을 장담할 수 없었을 것이다. 초파리 덕분에 지금의 유전학이 있을 수 있었던 셈이다. 인류가 페닐케톤뇨증, 난치성 뇌전증, 자폐 스펙트럼 장애와 맞서 싸울 수 있는 것도 모두 벤저의 초파리 실험실이 신경유전학 분야의 문을 처음으로 활짝 열어 준 덕분이다. 베란다 한구석 음식물 쓰레기통 주위를 계속 맴돌고 있는, 모두가 무시하는 저 초파리가 인류 문명을 바꿔 버린 셈이다.

효율적인 연구에 아주 적합해 일주기 리듬 연구 외에도 현대 생명과학의 발전에 많은 공을 세운 초파리지만, 초파리 연구에는 명확한 한계가 있다. 바로 생명과학이 알고자 하는 최종 목적지인 나와의 거리가 꽤 멀다는 것이다. 그러니 초파리 몸에서 일어나는 생명 현상이 우리 몸에서도 그대로 재현되리라고 무작정 기대할 수는 없다. 사람의 생명 현상을 더 정확히 이해하려면 초파리보다 우리와 더 비슷한 다른 모델 생물이 꼭 필요하다.

20세기 유전학은 모델 생물로 쥐를 자주 이용했다. 사람과 같은 포유류에 속하는 쥐는 유전자 서열이 사람과 아주 유사하다. 게다가 몸집이 작고 세대도 그리 길지 않아 실험에 쓰기 적합한 동물이다. 그래서 지금은 쥐가 다양한 모델 생물 중 의학적으로 활용될 가치가 있는 생명과학 연구에 가장 많이 쓰이고 있다.

생체시계와 일주기 리듬에 관한 연구 역시 초파리 모델로 처음 시작된 이후, 사람과 더 닮아 있는 쥐로 대상이 확장되었다. 1994년, 생체시계 분야의 세계적권위자인 조셉 다카하시Joseph S. Takahashi 연구팀은 쥐를 모델로 이용해 클락Clock이라는 새로운 시계 유전자를 발견했다. 얼마 지나지 않아 이 클락 유전자는 초파리의 일주기 리듬 조절에도 아주 결정적인 역할을 한다는 사실이 밝혀졌다. 조금 특이하게도 복잡한 포유류에서 먼저 규명되어 초파리에서도 연구되기 시작한 이 유전자가 일주기 리듬 조절에서 맡은 역할은 첫 번째 시계 유전자였던 피리어드 유전자의 발현을 직접 억제하는 것이었다.

초파리 세포의 세포질에 있던 피리어드 단백질이 타임리스 단백질을 만나면 세포핵 안으로 함께 들어간다는 사실을 아마 다들 아직은 기억하고 있을 것이다. 이렇게 초파리 세포핵에 들어간 피리어드 단백질은 두 유전자의 DNA에 결합한다. 이 두 유전자는 피리어드 유전자의 발현 시작 부위에 붙어 직접 발현을 촉진하는 기능을 한다. 이 핵심적인 두 유전자 중 하나가 바로 클락 유전자다. 나머지 하나의 이름은 사이클Cycle로, 피리어드 단백질은 클

그림 28　　　　　　　　　　　　　　완성된 초파리 생체시계 메커니즘

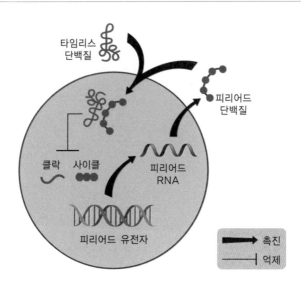

락 유전자와 사이클 유전자의 발현을 억제하는 것을 통해 피리어
드 유전자의 발현을 감소시켜 일주기 리듬 조절 되먹임 루프를 완
성한다(그림 28 참조).

　쥐의 일주기 리듬 조절 메커니즘도 이와 상당히 유사하게 조
절된다. 그러나 완전히 똑같은 건 아니다. 쥐와 초파리 메커니즘
에는 큰 차이점이 하나 있는데, 바로 피리어드 단백질을 세포핵
안으로 데리고 들어오는 단백질의 종류다. 초파리에서는 타임리
스 단백질이 이 역할을 했다. 아직 설명하지 않은 조금 더 구체적
인 방법을 소개하자면, 타임리스 단백질은 햇빛이 강한 낮동안에

만 피리어드 단백질을 데리고 핵 안으로 들어갈 수 있다. 초파리 몸 안에서 타임리스 단백질은 원래 크립토크롬cryptochrome 이라는 단백질과 결합하고 있다. 이 크립토크롬은 햇빛을 받으면 분해되고, 그러면 타임리스 유전자가 자유의 몸이 되어 피리어드 유전자와 결합해 핵으로 들어갈 수 있다. 따라서 크립토크롬 단백질이 제 기능을 못 하는 낮에 피리어드 단백질은 핵에 들어가 클락 유전자를 억제하고, 결론적으로 피리어드 유전자 발현을 억제하는 음성 되먹임 루프를 완성한다.

쥐의 피리어드 단백질이 핵으로 들어가는 방법은 이와 조금 다르다. 여기서는 크립토크롬이 직접 피리어드 단백질과 결합한다. 그리고 피리어드 단백질을 데리고 함께 쥐의 세포핵 안으로 들어가 클락 유전자의 발현을 억제해 음성 되먹임 루프를 닫는다. 그러니까 크립토크롬이 초파리 생체시계에서 타임리스의 역할을 대신하는 셈이다. 초파리에서 피리어드 단백질을 핵으로 에스코트하는 주요 역할을 맡았던 타임리스 단백질이 쥐의 일주기 리듬 조절에서 맡은 역할은 아직 분명히 밝혀지지 않았다.

사람을 비롯한 대부분 포유류는 쥐와 거의 유사한 분자 메커니즘으로 일주기 리듬을 조절한다. 즉, 사람과 초파리의 일주기 리듬 조절 메커니즘이 서로 다르다는 건데, 이는 생명과학 연구에 사람과 더 유사한 동물 모델이 필요한 이유를 잘 보여 준다. 만약 과학자들이 쥐를 연구하지 않았더라면, 우리는 사람의 일주기 리듬 조절 메커니즘이 초파리와 완전히 같을 것이라고 생각했을 수도 있다. 그러나 사실 포유류와 초파리의 메커니즘은 크립토크롬 단백질의 역할에서 분명한 차이를 보인다. 이 경우에서처럼 다양한 지식을 더 쉽게 알아낼 수 있다는 이유로 초파리처럼 단순한 모델 생물만 이용했을 때는 정작 사람에 관한 잘못된 정보를 얻을 수도 있다는 단점이 있다.

하지만 너무 걱정하지 않아도 된다. 현대 과학에는 쥐처럼 인간과 꽤 유사한 동물 모델이 있고 사람의 세포를 얻어 직접 배양할 수 있는 시험관 내(in vitro) 실험 기술도 있다. 덕분에 초파리에서 시작된 아주 기초적인 생체시계 연구는 최근에 매우 실용적인 방향으로도 진행되고 있다. 대표적으로 수면 사이클이 사람의 건강에 미치는 효과에 관한 연구가 아주 흔하게 수행되고 있으며, 비슷한 맥락에서 빛 공해와 실내등이 사람 일주기 리듬에 주는 영향에 관한 지식도 많이 밝혀지고 있다. 게다가 하루 중 특정 약물이 부작용 없이 효과적으로 기능할 수 있는 시간대에 관한 의학적 접근도 이뤄지고 있다. 심지어 비만 및 당뇨와 일주기 리듬의 인과관계도 연구되고 있다.

당연히 현재의 실험 모델이 완벽하지는 않다. 쥐도 엄연히 사람과 다른 동물이므로, 쥐를 활용한 연구에서도 초파리에서와 같은 문제가 나타난다. 생체시계 메커니즘은 쥐와 사람이 유사할지라도 사람의 모든 생명 현상이 쥐와 같지는 않을 테니 말이다. 초파리보다 조금 더 낫다고 해서 쥐를 맹신해서는 안 된다. 그래서 최근에는 쥐에서 더 나아가 사람과 아주 유사한 영장류, 그중에서도 몸길이가 20센티미터에 불과해 실험에 적합한 마모셋이라는 동물이 차세대 모델 생물로 많은 기대를 받고 있기도 하다.

이뿐만 아니라 인체 유사 장기 오가노이드organoid 모델도 나날이 발전하고 있다. 아무리 유사하다고 해도 동물 모델은 결국 동물일 뿐이다. 사람과 완전히 같을 수는 없다. 그래서 인간 세포를 시험관 내에서 배양하는 방법을 이용하지만, 세포를 바닥에 붙여 키우는 지금의 이차원 배양 방식은 세포 간 상호작용과 실제 생체 내 환경을 거의 재현하지 못한다는 치명적인 한계가 있다. 이런 단점들을 보완하기 위해 인간의 줄기세포에서 유래해 실제 장기와 유사한 미세환경까지 구현할 수 있는 삼차원 시험관 내 배양 기술 오가노이드가 등장했고, 아주 유용한 실험 모델로 촉망받고 있다.

물론 아직 갈 길은 멀고, 기술적으로 더 발전해야 할 필요가 있다. 그래도 아마 가까운 미래에는 이처럼 더욱 사람과 비슷한

사진 6 작은 몸집 덕분에 차세대 동물 모델로
주목받는 영장류, 마모셋.

실험 모델이 학계에 정착되어 지금보다 훨씬 유용한 정보를 선물해 주지 않을까? 사람과 상당히 유사한 영장류 모델이 자리 잡고, 시험관 내에서 인간 세포를 3D로 배양할 수 있는 오가노이드 기술이 더 발전하고, 또 아직은 상상하지 못하는 더 나은 실험 모델이 등장하면, 우리는 지금보다 훨씬 실용적인 지식을 얻을 것이고, 생명과학의 최종 목적지인 나를 더 잘 이해하게 될 것이다.

초파리의 행동에 관한 벤저와 코노프카의 순수한 호기심에서 시작된 기초 연구가 이제는 실용적인 의학 연구로 활용되고 있듯이, 아직 빛을 보지 못한 다른 기초 생명과학 연구들도 우리의 삶을 더 건강하고 행복하게 만들어 주는 유용한 지식으로 쓰일 것이다. 그땐 사람들이 과학의 진짜 매력을 눈치채지 않을까? 언젠가 그런 날이 오기를 바란다.

9장

노래 속의 신경과학

조용해진 도시

어느새 깜깜해진 밤, 주섬주섬 짐을 챙기고 연구실에서 나와 혼자 집으로 걸어간다. 귀에 이어폰을 꽂고 큰소리로 노래를 들으며 아무 걱정 없이 멍하니 길을 따라 걷는 이때가 하루 중 내가 가장 좋아하는 시간이다. 온종일 연구실에서 해결할 수 없을 것 같은 문제에 붙들려 있다가도 잠시 모든 걸 잊고 시원한 밤공기를 쐬면 오늘 하루도 열심히 살았다는 생각에 괜히 뿌듯해진다. 머리도 맑아지고, 가끔 고민하던 문제에 답이 떠오르기도 한다.

하루의 끝을 즐기며 학교 캠퍼스를 벗어나 15분 정도 큰길가로 집을 향해 걷다 보면 조그만 시장이 하나 나온다. 놀랍지만 이 시장이 다른 큰 대학으로 치면 대학가라고 부를지도 모르는 학생들의 아지트 겸 모임 장소다. 우리 학교 학생들의 하루가 남들보다 늦게 문을 닫는 탓에 이 시장 골목은 밤 11시는 되어야 활기가 돌기 시작한다. 삼삼오오 모여 떠드는 학생들의 말소리와 웃음소리로 늦은 새벽까지 왁자지껄하다. 아니, 왁자지껄했다.

요즘엔 시장에 사람이 없다. 예전이라면 분명히 한창 북적거릴 시간대에 길을 걸어가도 사람과 마주치기가 쉽지 않다. 술집에는 손님이 없고 길거리는 조용하다. 이게 다 코로나 19 때문이다. 작년부터 대부분의 강의가 비대면으로 전환되면서 캠퍼스에 사람이 확 줄었다. 당연히 시장 골목에서 술을 마시는 학생들도 보이지 않는다. 조용히 집까지 걸어갈 수 있어서 좋기는 한데, 그래도 아쉬운 마음을 감출 수 없다. 이곳만의 정겨운 분위기가 자취를 감췄기 때문이다.

코로나 19는 우리 사회의 많은 모습을 바꿔 놓았다. 각종 규제로 문을 일찍 닫는 가게가 늘어났고, 사람들은 집 밖으로 나오지 않고 있다. 어쩔 수 없지만, 이제 더는 이전의 활기찬 도시 분위기를 느낄 수 없다.

이렇게 바뀌어 버린 도시의 모습은 사람뿐만 아니라 우리와 함께 살아가는 도심 속 다른 생물들의 생활도 변화시켰다. 잘 느끼지 못하지만 사실 도심에는 사람 외에도 많은 종의 생물들이 살고 있다. 그중에서도 특히 새들이 많다. 조금만 신경 써서 둘러보면 지금까진 미처 발견하지 못했던 다양한 새들이 보인다. 팬데믹은 바로 이 도심 속 새들의 생활을 크게 바꿔 놓았다.

사람의 손이 닿지 않는 산이나 숲속에 가면 아름다운 소리로 노래하는 새들의 울음소리를 쉽게 들을 수 있다. 안타깝게도 도시에서는 소음이 심해 그 노래가 잘 들리지 않지만, 도심 속 새들 역시 나름대로 최선을 다해 노래하고 있다. 2020년 10월 〈사이언스〉에 발표된 연구에 따르면 코로나 19 팬데믹 이후 이 도심 속 새들의 노랫소리가 달라졌다고 한다. 사회적 거리두기 이후 사라진 도시 소음이 새들의 노래에 영향을 주었다는 것이다.

연구진은 팬데믹 이후에 샌프란시스코만 근방에 서식하는 흰왕관참새white-crowned sparrows의 노랫소리를 분석했다. 먼저 코로나 19 유행 이후 샌프란시스코의 도시 소음이 유의미하게 감소한 것을 확인했다. 이들의 분석에 따르면 지난 수십 년간 꾸준히 증가하던 소음이 2020년부터 급격히 줄어들어 4월경에는 거의 50년 전 수준으로 조용해졌다. 도시가 조용해지자 새들의 노랫소리도 작아졌다. 굳이 큰 소리를 낼 이유가 없기 때문이다.

재미있는 것은 새들이 지저귀는 소리의 크기뿐만 아니라 소리의 형태도 바뀌었다는 점이다. 연구진들이 분석한 결과에 따르면 도시가 조용해진 이후 새들이 보여 주는 노래 퍼포먼스가 이전보다 더 좋아졌다고 한다. 시끄러운 도시에서 어떻게든 소통하기 위해 소리의 질이 떨어뜨리더라도 최대한 크게 소리를 내야 했지만, 이제 여유가 생겨 더 아름다운 노래를 부르는 데 집중하게 된 것이다.

팬데믹으로 도시가 조용해진 덕분에 예쁜 새소리를 들을 수 있게 되었으니, 이걸 전화위복이라고 해야 할까? 우리의 자유를

아주 긴밀한 연결

빼앗아 간 대신 새들의 아름다운 노래를 선물해 주었으니 말이다. 곧 다시 이전의 왁자지껄한 시장 골목으로 돌아가길 바라며 오늘 밤 집에 돌아가는 길엔 예쁘게 지저귀는 새의 노랫소리에 귀 기울여 봐야겠다.

사랑 때문에 노래 연습하는 건 자연의 이치

새들이 부르는 다양한 노래는 생물학적으로 상당히 흥미로운 행동이다. 사람과 비슷하게 발성 기관을 갖추고 이를 적극적으로 활용하는 몇 안 되는 사례이기도 하다. 다른 동물들도 소리로 의사를 전달하지만, 새나 사람처럼 복잡하고 다양한 이야기는 하지 못한다. 따라서 새의 발성을 연구하면 인간의 의사소통을 생물학적 관점에서 이해하기 위한 힌트를 얻을 수 있다. 또한 이는 의사소통에 어려움을 겪는 질환을 이해하는 데도 활용될 수 있다.

새들의 노래에는 여러 가지 목적이 있는데, 가장 큰 목적은 이성을 유혹하는 것이다. 노래방에서 짝사랑하는 상대가 좋아하는 노랠 무심한 척 부르는 인간들과 마찬가지로 새들도 사랑 노래를 부른다. 보통은 짝짓기 선택권을 가진 암컷에게 잘 보이려는 수컷들이 아름다운 노래로 자신의 매력을 뽐낸다. 암컷은 수컷들의 노랫소리를 듣고 자신의 짝을 선택한다.

암컷과 수컷의 지위가 다른 이유는 생식에 들어가는 비용이 서로 다르기 때문이다. 생물종마다 차이가 있지만, 보통 수컷은 짝짓기 이후 출산과 양육에 암컷보다 적은 비용을 투자한다. 물론 양육에 최선을 다하는 수컷 새들도 있다. 그러나 이들도 출산의 짐을 지진 않는다. 하지만 암컷의 경우, 일단 새끼를 가지고 나면 제대로 된 활동이 힘들어진다. 임신한 상태로는 먹이를 구하기도 어렵고, 포식자로부터 도망치기도 녹록치 않다. 임신 자체가 건강에 무리를 주는 경우도 꽤 많다. 심지어 출산한다고 끝이 아니다. 알이 부화하기까지 또 시간이 필요하고, 새끼를 키우는 데도 노력이 들어간다. 그래도 수컷이 출산 후 새끼를 돌보는 데에 적극적인 종들은 그나마 조금 낫다. 하지만 어떤 새들은 암컷만이 양육의 책임을 진다.

이런 차이는 암컷과 수컷의 번식 전략을 서로 다르게 만들었다. 새끼 한 마리 한 마리에 책임을 질 필요가 없는 수컷들은 자신의 유전자를 남기기 위해 최대한 많은 새끼를 얻으려고 한다. 반대로 새끼를 키우는 데 큰 비용을 투자하는 암컷들은 적은 수의 새끼라도 제대로 길러 내는 데 집중한다. 수컷의 전략이 질보다 양에 가깝다면, 암컷의 전략은 양보다 질에 가깝다. 그러므로 새끼를 낳는 것 자체에 관심 있는 수컷들은 적극적으로 구애하며 짝짓기를 시도하고, 한 번 새끼를 낳더라도 제대로 낳아서 기르려는 암컷들은 최대한 신중하게 최상의 짝을 고른다. 자연스레 수컷은

아주 긴밀한 연결

선택받는 처지가 되고, 암컷은 선택하는 처지가 된다[*].

선택을 받아야 하는 수컷들은 최대한 아름답게 노래를 불러 암컷들을 유혹해야 한다. 하지만 선택하는 암컷들은 그럴 필요가 없다. 굳이 수컷에게 잘 보일 이유가 없으니 괜히 목 아프게 소리를 지르지 않아도 된다. 따라서 구애 노래를 부르는 건 대부분 수컷이다. 예를 들어 발성 연구에 자주 활용되는 새 동물 모델의 하나인 금화조zebra fish는 수컷만 노래를 부른다. 암컷은 노래를 듣고 짝을 고르는 평가단 역할을 한다.

이런 역할 차이는 동물의 모든 행동을 조절하는 뇌의 구조와 기능 차이로도 이어진다. 아무래도 수컷이 주로 노래를 부르다 보니, 암컷에게는 없거나 작은 뇌의 구조와 기능이 수컷에게만 발달하는 것이다. 수컷이 암컷보다 노래에 더 힘을 쏟는 대부분의 새는 발성을 담당하는 뇌 부위의 크기나 세포의 수, 신경 회로에서 성적 이형성sexual dimorphism[**]을 보인다. 금화조는 이 차이가 특히 심한 종으로, 수컷 금화조는 소리를 내는 데 필요한 HVC 및 RA

[*] 이 사례를 사람의 경우에 그대로 적용하는 이가 없기를 바란다. 일단 우리는 짐승이 아니다. 자연이 그러한 것과 도덕적으로 그리해야 하는 것은 전혀 다른 문제다. 게다가 본문의 내용은 다수 생물종이 공유하는 하나의 예시를 설명한 것뿐이다. 특정 생물종의 상황을 정확히 설명하려면 이보다 훨씬 구체적인 생물학적 배경을 이해해야 한다. 더구나 사람은 지구상에서 가장 특이한 생물종이다. 사람의 생물학적인 성적 역할을 과학적으로 분명히 설명하기는 어렵다. 그러니 본문의 내용은 그저 새의 특성에 관한 생물학적 설명으로만 받아들이길 바란다.

[**] 암수가 서로 다른 특성을 보이는 현상

라는 뇌의 영역 크기가 암컷보다 최소 세 배, 최대 여섯 배 정도 크다. 게다가 발성 학습에 연관된 부위인 뇌의 X 영역은 암컷에게는 아예 없고, 수컷 금화조에게만 나타난다.

성별에 따라 뇌의 한 영역이 나타나기도 하고 사라지기도 한다니 정말 신기한 일이다. 그럼 이런 뇌 구조의 성적 이형성은 태어나기 전부터 이미 정해져 있을까? 암컷 금화조로 태어나면 무조건 뇌의 HVC, RA, X 영역이 작거나 없고, 노래를 부를 수도 없는 걸까? 꼭 그렇진 않다. 당연히 어느 정도 선천적 요인이 있지만 그게 전부는 아니다. 태어난 직후 암컷 금화조에 스테로이드 성호르몬을 투여해 주면 발성과 관계된 뇌 영역의 크기가 수컷만큼 커지고 그럴싸하게 노래 부를 수 있는 능력도 생긴다. 후천적인 호르몬의 양이 가창 능력을 결정하는 핵심으로 작용하는 셈이다.

노래 실력을 기를 수 있는 후천적인 방법은 호르몬뿐만이 아니다. 사람은 아니 동물은 역시 배워야 하는 법이라고, 족집게 과외로도 가창 실력을 향상할 수 있다.

새끼 금화조에게 노래를 가르쳐 주는 족집게 선생님은 다름 아닌 아버지다. 방금 수컷 새만 노래를 부르는 이유를 설명할 때 마치 수컷들이 부모의 역할을 제대로 하지 않는 파렴치한인 것처럼 소개했지만 사실은 그렇지 않다. 수컷 금화조는 자식들을 사랑으로 돌보는 멋진 부모다. 심지어 자식에게 노래 잘 부르는 법을 알려 주는 뛰어난 과외 선생님이기도 하다.

사진 7 노래 연구에 활용되는 새 모델, 금화조

과학자들은 금화조의 노래 선생님이 아버지인지 확인하고 싶었고, 잔인하게도 아버지가 없는 환경에서 수컷 금화조들을 성장시켜 보았다. 그러자 아들들의 노래 실력에 문제가 생겼다. 제대로 배우지 못한 탓인지 암컷이 혹할 만한 멋진 노래를 부르지 못하는 것이 아닌가? 듣기 싫은 이상한 소리를 내지르기만 했다. 수컷 금화조의 훌륭한 노래 실력의 비결은 바로 어린 시절 아버지의 깊은 가르침이었다.

번식에 꼭 필요한 형질인 가창 실력을 개체 간 학습으로 획득할 수 있다는 사실은 상당히 흥미롭다. 개체 간 학습은 꽤 복잡한 사회적 활동이기 때문이다. 동물의 학습에는 크게 세 종류가 있다. 첫 번째는 스스로 깨우치는 것이고, 두 번째는 같은 세대의 다른 개체, 쉽게 말해 친구에게 배우는 것이며, 세 번째는 윗세대, 즉 부모 세대로부터 배우는 것이다. 수컷 금화조의 노래 학습은 부모에게서 배우는 세 번째에 해당한다. 그리고 이는 세 학습법 중 가장 강력한 사회적 활동으로 집단 내 문화를 만들 수 있다.

혹시 동물 사회에 문화라는 단어가 쓰이는 게 어색한가? 전통과 문화가 사람만의 전유물이라고 생각해 왔다면 그럴지도 모르겠다. 하지만 세대를 잇는 학습 덕분에 특정 행동이 같은 집단 내에서 오랜 시간 계승되고, 그렇게 긴 시간이 흐르면 그 집단만이 공유하는 독특한 행동 양상이 나타나는 건 상당히 자연스러운 현상이다. 우리나라에서는 식사할 때 숟가락과 젓가락을 주로 쓰지만, 영국에서는 포크와 나이프를 주로 쓰는 것처럼 동물들도 종

별로 다른 그들만의 문화를 가질 수 있다. 실제로 일부 연구에서 같은 지역 새들이 공유하는 노래에도 일종의 방언이 존재한다고 주장한다. 인간은 사회적 동물이라는 말은 마치 인간만 대단한 생명체인 것처럼 치켜세우지만, 사실 조그만 새들도 서로 노래를 가르치고 배우는 사회적 활동을 한다. 심지어 이를 계승시켜 고유한 문화를 만들어 내기까지 한다.

다시 한번, 유전자 vs 환경

금화조 수컷과 암컷의 뇌에서 노래를 담당하는 부위의 차이가 있는 것을 보면, 멋진 노래를 부르기 위해 중요한 요인은 선천적인 특성이라는 생각이 든다. 하지만 학습을 통해 부모에게 노래 부르는 법을 배운다는 사실을 떠올려 보면, 이번에는 반대로 후천적인 환경이 노래를 잘 부르기 위한 핵심 조건이라는 생각이 든다. 둘 중 뭐가 맞을까? 유전과 환경, 무엇이 더 중요할까?

이제는 꽤 뻔한 얘기로 들리겠지만, 새들의 노래에도 선천적인 유전과 후천적인 학습이 모두 중요하게 작용한다. 따라서 이들의 뇌에는 다양한 노랫소리를 만들어 낼 수 있는 선천적인 능력과 연관된 부위와 이성을 유혹하도록 아름답게 노래 부르는 법을 학습하는 후천적인 능력에 연관된 부위가 모두 존재한다.

새들의 노래를 조절하는 첫 경로인 후뇌 발성 메커니즘은 노랫소리를 생산하는 역할을 한다. 아름다운 노래를 부르려면 노래를 구성하는 다양한 음역의 매력적인 소리를 낼 수 있어야 한다. 따라서 적절한 성대 구조와 그 성대를 울려 다양한 소리를 만들게 유도하는 뇌 신경계의 특화된 기능이 꼭 필요하다. 이를 담당하는 부위가 바로 금화조 뇌 HVC 영역에서 RA 영역으로 이어지는 후뇌 발성 메커니즘이다(그림 29).

노래와 연관된 또 다른 뇌 경로인 전뇌 발성 메커니즘은 노래 학습에 관여한다. 후뇌 발성 메커니즘 덕분에 새가 다양한 소리를 낼 수 있는 선천적 능력을 갖췄다고 해도 이성을 유혹할 수 있는 아름다운 노래가 무엇인지, 그 노래를 어떻게 부르는지 알지 못하면 아무 소용이 없다. 따라서 듣기 좋은 노래가 무엇인지 듣고 배우는 노래 수업이 있어야 하는데, 이 수업을 이해하는 과정에 필요한 뇌의 부위가 바로 X 영역이 포함되는 전뇌 발성 경로다(그림 29). 새들의 가장 주된 노래 훈련법은 다른 새의 노래를 듣는 것이다. 노래 선생님인 아버지의 소리를 듣고 자기와의 차이를 감지해 선생님을 닮아 가도록 노력하면서 실력을 키운다. 전뇌 발성 메커니즘은 이 학습 과정을 담당한다.

흥미로운 건 이 두 메커니즘이 서로 독립적으로 작용한다는 것이다. 과학자들이 실험실에서 직접 금화조의 두 발성 메커니즘을 각각 망가뜨려 본 결과, 두 경로 중 하나라도 망가진 새들은 이성을 유혹할 만한 아름다운 노래를 부르지 못했다. 그러나 예외가 하나 있었는데, 아버지로부터 노래를 배울 시기를 지난 성체 금화조의 경우는 노래 학습에 관여하는 전뇌 발성 메커니즘이 망가져도 노래 실력에 아무런 변화가 없었다. 이는 전뇌 발성 메커니즘이 후천적인 노래 학습에만 영향을 줄 뿐 노랫소리를 만들어 내는 선천적 능력과는 관련 없다는 사실을 시사한다.

만약 이 경로가 선천적으로 다양한 소리를 만들어 내는 능력에도 영향을 준다면 시기와 무관하게 이 경로가 망가진 새들은 제대로 노래를 부르지 못했을 것이다. 하지만 이 경로는 후천적인 학습에만 중요하므로, 노래를 학습해야 하는 시기에 이 부위가 망가진 상태였던 금화조들은 노래 실력이 꽝인 음치가 되었지만, 그 시기를 무사히 넘긴 후에 이 부위가 망가진 새들은 아무 문제 없이 멋지게 노래를 부를 수 있었다.

요약하자면 금화조는 서로 독립적으로 작용하는 두 조건, 노

그림 29   금화조 뇌 발성 경로

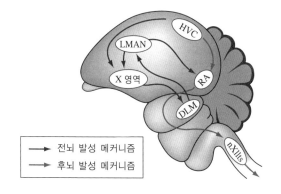

랫소리를 만들어 내는 선천적인 발성 능력과 훌륭한 가수로 성장하기 위한 후천적인 학습 과정을 모두 갖추어야 아름답게 노래할 수 있다. 하지만 이번에도 예외가 있다. 역시 자연은 물렁물렁하지 않고, 생명은 참 복잡하다. 한 개체 수준에서는 두 가지 요인이 모두 갖추어져야만 제대로 노래 부를 수 있지만, 시간 단위를 조금 더 늘여 여러 세대를 지나다 보면 놀랍게도 학습이 잘 안 된 새들도 얼마든지 아름다운 노래를 부를 수 있다.

아버지에게 노래를 배우지 못한 수컷 금화조는 좋은 노래를 부르는 방법을 모른다. 시간이 지나면 노래를 썩 잘하지 못하는 이 수컷도 아버지가 되어 자식을 낳는다. 아버지가 노래를 잘 못 부르니 과외를 받지 못해 노래 실력이 별로인 그 자식 세대의 금화조도 다시 아버지가 되어 자식을 낳는다. 이 과정이 계속 이어지면, 이 가문은 앞으로도 쭉 노래를 못하는 수컷들만 태어날 것으로 예상된다. 그런데 그렇지 않다. 놀랍게도 이렇게 세대가 계속되다 보면 어느 순간 노래를 잘 부르는 자손이 태어난다. 아무것도 배운 게 없는 데 말이다.

사실 수컷 금화조들은 유전자에 선천적으로 암컷을 유혹할 멋진 노래를 부르는 방법을 새기고 태어난다. 아버지에게 훌륭한 가르침을 받기 전에도 자신조차 모르는 내면의 어딘가에 훌륭한 노래 실력을 숨기고 있다. 다만, 이 재능을 꽃피우기 위해 좋은 선생님이 필요할 뿐이다. 따라서 한 개체 수준에서는 아버지의 학습 없이 제대로 노래를 부를 수 없지만, 충분한 시간이 흘러 여러 세

아주 긴밀한 연결

대가 지나면, 이미 유전자에 잠재력이 숨겨져 있던 수컷 금화조는 아버지의 가르침 없이도 자기 매력을 충분히 어필할 노래 실력을 스스로 갖추게 된다. 노래 과외가 끊긴 순간 이 가문이 완전히 끝났다고 생각했겠지만, 사실 그렇지 않은 셈이다. 오히려 그때부터 이들의 유전자에 새겨져 있던 잠재력이 다시 발휘되기 시작하여 스스로 힘으로 조금씩 조금씩 노래 실력을 기르게 되고, 마침내 몇 세대 후에 다시 이전과 같은 멋진 노래를 부르는 금화조로 복귀하게 된다.

이런 일이 가능한 이유는 선천적인 능력과 후천적인 학습이 완전히 구분된 개념이 아니기 때문이다. 보통의 경우 노래를 잘 부르려면 유전과 환경(학습)이 모두 필요하지만, 이처럼 어떤 경우에는 유전자에 있는 정보만으로도 학습이 담당하는 부분을 채울 수 있다. 이를 반대의 관점에서 보면, 원래 금화조는 학습 없이 선천적인 능력 만으로도 몇 세대마다 한 번 정도 노래를 잘 부르는 개체를 탄생시킬 수 있는 셈이다. 하지만 당연히 그 정도로는 부족하고, 학습이라는 다른 과정을 더해 대부분 개체가 아름다운 노래를 부르고 번식에 성공할 수 있도록 진화했다.

이처럼 유전과 환경은 복합적으로 작용한다. 태어난 이후 다른 개체로부터 노래를 배우는 학습은 후천적인 변화라고만 생각하기 쉽지만, 만약 이 메커니즘에 연관된 유전자에 선천적인 문제가 있다면 노래 부르는 법을 제대로 학습할 수 없지 않겠는가? 사실 학습은 이를 담당하는 뇌 메커니즘 혹은 유전자의 선천적인 영향도 받을 수밖에 없다.

지금까지 금화조의 노래에 영향을 주는 선천적·후천적 요인을 쭉 살펴보았는데, 한마디로 쉽게 정리되지는 않는다. 유전자가 중요하다고 했다가 또 후천적인 과외가 필요하다고 했다가, 다시 장기적인 관점에서는 필요 없다고 말한다. 너무 복잡하다. 그러나 복잡한 게 당연하다. 생명의 형질에 영향을 주는 것은 유전과 환경뿐만 아니라, 그 사이에 있는 후천적 환경에 대응하는 선천적 능력도 포함된다. 피부색은 선천적이고 햇볕에 그을려 피부색이 검게 변하는 건 후천적이지만, 같은 시간 햇볕에 노출되었을 때 피부색이 타는 정도가 다른 것은 유전과 환경 요인의 복합적인 작용인 것처럼 말이다. 다시 한번 물어보겠다. 유전이냐, 환경이냐? 정답은 둘 다 그리고 함께이다.

새의 노래를 연구하는 이유

다양하고 아름다운 새의 노래는 생명과학자들에게 충분히 매력적인 연구 주제이다. 하지만 신경유전학을 통해 나의 의미를 찾아가고자 하는 우리의 여정에서 굳이 자세히 다뤄야 할 필요가 있는 내용일까? 금화조의 노래는 사실 사람과 크게 관련이 없어 보이는데 말이다.

금화조를 비롯한 새들, 즉 조류는 사람이 속한 포유동물 영장류와 분류학적으로 꽤 먼 친척이다. 따라서 전체적으로는 사람의 생물학적 특성과 비슷한 면이 그리 많지 않다. 즉, 사람에 대한 질문을 던지는 신경유전학 연구에 적절하지 못한 생물일 수도 있다는 이야기다. 이런 면에서는 우리와 같은 영장류에 속하는 원숭이나 침팬지 혹은 영장류와 진화적으로 상당히 가깝고 이미 실험실에서 활용되고 있는 쥐 등의 설치류가 훨씬 더 연구에 적합한 대상일 것이다. 심지어 쥐는 소리로 소통하는 동물이다. 사람의 가청 음역을 벗어나긴 하지만 쥐들도 초음파로 의사를 주고받는다. 그리고 이미 과학자들은 이를 분석해 언어와 발성을 연구하고 있다.

하지만 쥐의 언어에는 우리와 크게 다른 결정적 차이가 있다. 쥐들은 태어날 때부터 이미 알고 있는 처음의 방식으로만 계속 소통한다. 다른 개체의 소리를 듣고 무언가를 배우며 스스로 발전하지 않는다. 다시 말해 금화조나 사람처럼 다른 개체의 소리를 듣고 자신과 비교해 학습하는 능력이 없다. 따라서 어릴 때의 결정적 시기에 어른들의 말을 듣고 따라 하며 언어능력이 발달하는 사람을 연구하기에는 치명적인 단점이 있다. 인간의 언어능력에 관여하는 핵심 요인 중 하나인 학습을 전혀 고려하지 못하기 때문이다.

이러한 단점을 메꿔 줄 수 있는 게 바로 금화조 연구이다. 발성을 다른 개체로부터 학습하는 몇 안 되는 동물인 금화조의 노래를 통해 인간의 복잡한 언어와 소통을 연구할 수 있다. 학습과 생산의 영역이 완전히 구분되는 금화조의 발성 메커니즘은 사람의 발성 메커니즘과 상당히 유사하여, 새의 뇌가 노래를 부르게 하는 원리는 인간 뇌의 언어 기능에도 그대로 적용된다.

대표적으로 사람의 언어 학습에 필요한 기저핵basal ganglia이라는 부위는 금화조 전뇌 발성 메커니즘의 핵심인 X 영역과 거의 비슷하게 작동한다. 기저핵 역시 X 영역과 마찬가지로 노래 학습 기능을 담당하는데, 금화조의 전뇌 발성 메커니즘이 금화조의 노래 소리 생산과 관련 없는 것처럼 기저핵도 이미 학습된 소리를 만들어 내는 데는 영향을 주지 않는다. 금화조처럼 사람도 발성을 배우고 익히는 기능과 소리를 생산하는 기능이 서로 독립적으로 작동하는 것이다. 이외에도 금화조는 사람의 뇌와 닮은 구석이 많아 신경유전학 연구에 아주 적합하다.

물론 금화조의 뇌가 사람과 완전히 똑같은 것은 아니다. 아무리 좋은 모델이라 해도 실제 사람의 언어 기능을 연구하기에 한계가 있는 것은 명백하다. 그렇다고 크게 걱정할 필요는 없다. 이를 보완해 줄 다른 좋은 방법이 있으니 말이다. 바로 다른 생물종이 아닌 사람을 직접 연구하는 것이다. 아니, 생체 실험 같은 비윤리적인 이야기를 하는 거냐고? 당연히 절대 아니다. 발달한 유전공학 기술은 약간의 생체 조직만으로도 유전자 분석을 가능케 했다. 이를 활용해 다른 사람과 언어적 능력과 소통 방식에 조금 차이가 있는 이들의 유전적 특성을 살펴보면 언어 기능을 이해할 결정적인 힌트를 얻을 수 있다.

아주 긴밀한 연결

제일 대표적인 예가 언어 기능 이상을 동반하는 자폐의 유전적 특성을 연구하고, 이를 확장해 일반적인 사람의 언어 및 소통을 설명하는 것이다. 언어능력과 사회적 기능의 상실은 잘 알려진 자폐의 증상 중 하나다. 따라서 이런 증상을 가진 이들의 유전적 특성을 그렇지 않은 이들과 비교하면 언어 기능과 관련될 것으로 보이는 후보 유전자를 찾아낼 수 있다. 그리고 금화조나 쥐 동물 모델 혹은 사람 세포 모델을 활용한 실험실 연구에서 이 후보 유전자들의 구체적인 기능과 언어능력에서의 영향을 더 자세히 파헤칠 수 있다. 이 접근으로 자폐나 언어장애를 가진 이들에게서 돌연변이가 잘 발견되는 FOXP2(팍쓰피투), FOXP1(팍쓰피원), TSC1(티에스씨원) 등의 유전자가 언어와 소통에 주요한 역할을 한다는 사실이 밝혀졌다(그림 30).

그림 30　　　　　　　　　　　　　　　사람의 언어 조절 유전자 및 뇌의 부위

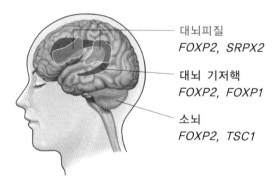

대뇌피질
FOXP2, SRPX2

대뇌 기저핵
FOXP2, FOXP1

소뇌
FOXP2, TSC1

이 중 TSC1 유전자의 돌연변이는 4장, 5장에서 자세히 살펴본 대뇌 피질 발달 결함의 한 종류인 결절성 경화증Tuberous Sclerosis Complex을 유발한다. 참고로 이 유전자는 5장에서 꽤 자세히 만났던 PI3K-AKT-mTOR 신호 전달 경로의 플레이어 중 하나다. TSC1 돌연변이에 의한 결절성 경화증 환자들은 뇌전증 발작을 비롯한 여러 신경의학적 증상을 동반하는 경우가 흔한데, 특히 소뇌의 푸르킨예 세포purkinje cell에 생긴 TSC1 돌연변이는 자폐의 여러 증상과 함께 언어 및 발성 능력에 문제를 일으킨다고 알려져 있다. 이는 TSC1 유전자, 그리고 소뇌 푸르킨예 세포가 언어 기능에 중요한 역할을 한다는 사실을 시사한다.

사람의 언어를 연구하는 이유

이제 우리는 새의 노래를 연구하는 것이 인간의 언어를 생물학적으로 이해하는 데 큰 도움이 된다는 사실을 알게 되었다. 하지만 여전히 궁금한 게 하나 있다. 인간의 언어를 이해하는 건 나를 알고자 하는 신경유전학 분야에서 어떤 의미가 있는 걸까?

언어는 인간의 진화와 밀접한 연관이 있다. 흔히 인간과 동물의 가장 큰 차이 중 하나로 언어능력을 말한다. 특정 대상에 이름을 부여하고 공동체의 구성원이 그 약속을 지키며 소통하는 특별한 능력이 없었다면 오늘날 인류 문명은 없었을지도 모른다.

아주 긴밀한 연결

이뿐만이 아니다. 많은 사람들이 언어 발달 외에 인간 진화의 결정적 순간으로 꼽는 부분은 아마도 이족보행의 등장일 것이다. 놀랍게도 이족보행 역시 언어의 진화와 관련되어 있다.

언어능력의 발달을 위해 꼭 필요한 두 가지가 있는데, 하나는 의사를 제대로 표현하고 이를 이해할 수 있는 지능, 나머지 하나는 다양한 표현을 만들어 낼 수 있는 신체적인 조건이다. 소리로 소통하는 인간으로서는 두 번째 조건을 위해 발성 기관의 발달이 필수적이다. 사족보행을 하는 동물들은 구조적으로 척추와 얼굴이 수직을 이룬다. 이렇게 목이 직각으로 꺾여 있으면 소리를 내는 목의 후두개가 닫히게 된다. 그러나 두 다리로 일어설 수 있는 인간은 얼굴과 몸통이 서로 평행을 이루고 있다. 따라서 목이 몸통에서부터 얼굴까지 일자로 곧게 뻗어 있고, 덕분에 후두개가 활짝 열려 다양한 소리를 쉽게 낼 수 있다. 두 다리로 일어서게 되면서 소리로 소통하는 능력도 한 단계 발전하게 된 것이다.

여기에 개인적인 가설도 하나 보태려고 한다. 나는 이족보행 덕분에 손을 쓰게 된 것도 인간의 언어 진화와 연관되어 있다고 생각한다. 손을 사용하는 것이 인간의 소통을 원활하게 만들어주었을 가능성이 매우 크기 때문이다. 지금도 수화를 비롯해 손을 이용하여 다양한 보디랭귀지를 하지 않는가? 마찬가지로 과거의 인류도 자유로워진 손을 활용해 사회적 상호작용을 했을 가능성이 크다. 물론 이에 대한 확실한 과학적 증거가 거의 없어 아직 작은 가설에 불과하지만, 어쩌면 손의 사용과 발성 기관의 변화, 그리고 지능의 발달이 서로 양성 피드백을 주고받은 덕분에 인간의 화려한 언어 기술이 진화하게 되었을지도 모른다.

어찌 되었든 언어는 사람, 즉 내가 속한 생물종의 근본적인 특성을 알기 위해 꼭 이해해야 할 행동 중 하나다. 따라서 많은 신경생물학자들이 금화조를 비롯한 여러 모델을 이용해, 그리고 사람 유전자 분석을 통해 언어를 연구하며 나의 정체성에 관한 힌트를 찾고 있다.

그럼 이쯤에서 지금까지의 여정을 간단히 정리해 보자. 책의 후반부에서 평생 유지되는 뉴런을 만드는 신경 발생 과정과 이 과정에 문제가 생겼을 때 나타나는 발달 질환, 특히 발작을 동반하는 뇌전증과 언어 이상을 동반하는 자폐 스펙트럼 장애에 대해 알아보았다. 또 질환이라는 특수한 현상을 넘어 일상적인 행동과 관련된 엔그램, 생체시계, 언어의 유전학도 살펴보았다. 더 간단히 정리하자면, 뇌 신경계에서 유전자가 망가지면 나타날 수 있는 여러 현상을 이해한 후 이를 확장해 일반적인 행동에 대해서도 공부했다.

실용적인 의학 연구와 나의 정체성을 알아보려는 기초 연구를 모두 살펴본 셈이니, 이제 신경유전학의 큰 줄기는 거의 파악하지 않았나 싶다. 하지만 이야기하지 않은 부분이 하나 남았다. 바로 신경유전학을 알아야 하는 이유가 무엇인지다. 나는 과학을 직업으로 하지 않는 많은 이들이 과학을, 특히 신경유전학을 공부했으면 하는데, 아직 그 이유를 설명하지는 않았다.

사실 답은 단순하다. 우리가 함께 살펴본 다양한 지식과 연구 사례가 21세기 한국 사회를 한걸음 더 나아가게 할 지혜를 가르쳐 줄 것으로 믿기 때문이다. 특히 지금까지 소개한 여러 연구 결과와 사실뿐만 아니라, 과학적 사실이 등장하기까지의 중간 과정과 과학적 태도에서 배울 수 있는 교훈이 정말 많다. 흔히 사람들은 과학이 만들어 낸 여러 유용한 지식과 공학, 기술, 의학적 활용에 주목하지만, 사실 과학의 진짜 가치는 결과가 아니라 그 과정에 있다. 과학적 결과는 유용한 지식을 알려 주지만 과학적 과정은 삶을 살아가는 지혜를 가르쳐 주기 때문이다.

그럼 이제 드디어 긴 이야기를 마무리 지을 때가 되었다. 마지막으로 신경유전학이 우리 삶에 알려 주는 지혜를 배워 보도록 하자.

유전학과 우생학 그 사이 어딘가

유전자의 시대

4시 정각, 드디어 강연 시작이다. 우레와 같은 환호와 박수를 받으며 오늘의 주인공이 등장하고 있다. 평소와는 조금 다른 청중들의 열광적인 반응을 볼 때 오늘은 대단한 연사가 오는 듯하다. 그러고 보니 강단에 선 희끗희끗한 머리의 노인이 뿜어내는 아우라가 장난 아니다. 수많은 청중 앞인데도 전혀 긴장하지 않고 있다. 이런 무대에 올라본 게 한두 번이 아닌 듯하다.

이제 본격적으로 시작한다. 아! 연사의 자기소개를 듣고 나니 학생들의 반응과 연사의 여유가 이해된다. 예상대로 정말 대단한 사람이었다. 생명과학을 공부하는 사람이라면 모르기 힘든 이름이다. 게다가 잠시 들어 보니 말도 참 잘한다. 나도 언젠가는 저렇게 좌중을 압도하는 학자가 될 수 있을까? 연구를 잘하는 것도 모자라, 대중들과의 소통까지도 저렇게 훌륭하다니, 정말 감탄스럽다. 존경스럽다. 훌륭한 과학자가 되려면 더 열심히 노력해야겠다는 생각이 든다. 의욕이 마구 샘솟는다. 역시 노벨상 수상자는 뭔가 달라도 다른가 보다. 게다가 저분은 역대 노벨상 수상자 중에서도 가장 뛰어난 업적을 남겼다고 말할 수 있는 대가 중의 대가가 아니던가! 이 자리에서 역사적인 과학자의 이야기를 들을 수 있다는 것만으로도 정말 영광스럽다.

강연을 들으면 들을수록 점점 빠져든다. 그런데 뭔가 찝찝하다. 중간중간에 조금씩 이상한 말이 들린다. 뭐, 내가 잘못 이해한 거겠지. 분명히 20세기 최고의 유전학자니까 그런 말도 안 되는 얘기를 했을 리가 없다. 조금 더 들어 봐야 할 것 같다.

"피부색과 성적 욕구 사이에는 생화학적 연결 고리가 있습니다. 그게 바로 '라틴 러버*'라는 표현이 있는 이유입니다. '잉글리시 러버'라는 말은 없잖아요? '잉글리쉬 페이션트'만 있죠."
(That's why you have Latin lovers. You've never heard of an English lover. Only an English patient.)

음, 잠시만……. 아무래도 내가 잘못 들은 건 아닌 듯하다. 충격적이다. 뭔가 확실히 잘못되었다. 이 사람, 내가 아는 그 제임스 왓슨이 맞나? DNA의 이중나선 구조를 처음으로 규명해 유전학의 발달에 지대한 영향을 준 뛰어난 학자라고 알고 있었는데, 그

---

* 성적인 것을 좋아하고 연애를 잘한다고 여겨지는 라틴 아메리카계 남자를 부르는 말.

런 사람이 지금 무슨 뚱딴지같은 소리를 하는 거지? 피부색과 성적 욕구 사이에 연관성이 있다니? 무슨 근거로 하는 이야기지?

2000년 11월 13일, UC 버클리에서 진행된 노벨상 강연의 연사로 나선 제임스 왓슨은 '피부색은 성적 욕구와 강하게 연관되어 있으며, 이는 피부색을 검게 만드는 멜라닌이 성적 욕구를 촉발하기 때문'이라고 주장했다. 당연히 아무런 근거가 없는 이야기다. 이뿐만 아니라 그는 이후에도 몇 번씩이나 매체를 통해 인종차별, 성차별적인 발언을 내뱉었다. 심지어 흑인과 백인의 평균 IQ 차이가 유전적 원인 때문이라고 주장하기도 했다.

세상에 참 많은 차별주의자가 있지만, 제임스 왓슨의 발언이 특히 당황스러운 이유는 그가 유전학의 역사를 논할 때 빠질 수 없는 엄청난 학자이기 때문이다. 그는 1953년 프랜시스 크릭과 함께 DNA 이중나선 구조를 밝혀냈고*, 이 공로를 인정받아 1962년 노벨 생리의학상을 수상했다. 이후 20세기 분자유전학 분야를 선도한 콜드스프링하버 연구소Cold Spring Harbor Laboratory의 총 책임자가 되어 학계 최전선에서 활약했고, 인간 유전체 프로젝트에서도

---

* DNA의 구조를 규명한 그의 연구에 대한 여러 논란이 있다. 로잘린드 프랭클린의 허가 없이 그녀가 찍은 X선 회절 사진을 연구에 이용하는 연구 부정행위가 있었고 이를 프랭클린이 데이터를 해석하지 못해 자기에게 부탁했다는 식으로 변명해 자신의 잘못을 정당화하기까지 했다. 그러나 일부 학자들은 그녀의 논문 초안을 바탕으로 프랭클린은 왓슨과 크릭의 도움 없이도 이미 DNA의 이중나선 구조를 파악하고 있었다고 주장한다. 누구의 말이 맞는지 정확히 알 수는 없다. 하지만 적어도 그가 연구자의 허락 없이 데이터를 자신의 논문에 무단 활용한 것은 21세기였다면 결코 허용될 수 없는 부정행위라는 점은 명백하다.

핵심적인 역할을 했다.

왓슨은 지난 수십 년간 유전학계를 이끌어 온 리더 중 한 명이며, 동시에 대중에게 가장 익숙한 생명과학자다. 당연히 그의 말 한마디 한마디가 가지는 무게는 가볍지 않다. 그의 개인적인 의견이 마치 모든 유전학자를 대변하는 것처럼 표현될 수도 있고, 그의 인터뷰가 생명과학을 향한 사회의 시선에 큰 영향을 줄 수도 있다. 제임스 왓슨의 지지와 참여가 큰 도움이 되었던 인간 유전체 프로젝트처럼 그의 사회적 영향력이 긍정적으로 발현되기도 하지만, 앞에서 이야기한 강연에서의 인종차별 발언은 매우 부정적인 결과로 이어질 수도 있다. 왓슨의 주장은 과학적인 사실이 아니고 비과학적인 개인 의견일 뿐이지만, 누군가는 왓슨의 발언을 근거로 들어 '노벨상을 받은 유전학자가 흑인과 백인의 지능에 유전적 차이가 있다고 말했다'라며 자신의 인종차별을 정당화할 것이다. 또 누군가는 이런 잘못된 생각을 하는 사람들 때문에 상처받을 것이다.

당연히 과학자들은 가만히 있지 않았다. 문제의 발언이 이어지자, 콜드스프링하버 연구소는 그를 소장직에서 내쫓았다. 그런데도 왓슨이 발언을 멈출 기미를 보이지 않자 그나마 유지해 주던 연구소의 명예직들마저도 모두 박탈했다. 과학계에서 그를 퇴출한 것이다.

학계가 이렇게 민감하게 반응한 건 왓슨의 발언이 사회적으로 잘못되었을 뿐만 아니라 과학적으로도 완전히 틀렸기 때문이다. 우리도 이미 알고 있다시피 단순한 유전자가 복잡한 생명체를 그려 내는 과정을 설명하는 건 상당히 어렵고 까다로운 일이다. 피부색과 관련된 유전자가 지능이나 사람의 다른 성격까지도 결정한다고 주장하는 건 그리 간단한 일이 아니라는 말이다.

한 사람의 세포는 모두 같은 유전자를 가지지만, 세포마다 유전자 발현 조절 과정에 차이가 있어 각 세포는 서로 다른 형태와 기능을 보인다. 사람의 특성을 설명하려면 유전자뿐만 아니라 이 발현 조절 과정의 차이도 이해해야 한다. 그뿐인가? 유전자들은 아주 복잡하게 상호 작용하며, 여러 유전자가 여러 표현형에 복합적으로 영향을 준다. 하나의 유전자가 하나의 표현형에만 영향을 주는 것도 아닐 뿐더러, 하나의 표현형이 하나의 유전자에만 영향을 받는 것도 아니다. 게다가 유전자와 독립적으로 작용하는 환경적 요인도 사람의 특성을 설명할 때 결코 빼놓을 수 없는 요소다. 또 환경과 유전의 상호작용도 무시할 수 없다.

심지어 피부색과 지능은 여러 표현형 중에서도 특히 더 많은 유전자의 복잡한 영향을 받는다고 알려져 있다. 이토록 인과관계가 복잡하게 얽혀 있는 서로 다른 두 형질이 서로에게 직접 결정적인 영향을 줄 리가 없다.

백인이 유색인종보다 생물학적으로 우월하다고 생각하는 인종차별주의자들은 당연히 피부색이 개인의 능력과 관련 있다고 여기겠지만, 정말로 피부색이 지능과 성적 욕구에 영향을 준다면, 이것이 오히려 유전학의 기존 패러다임을 부수는 혁명적인 발견

아주 긴밀한 연결

이 될 것이다. 적어도 아직까지는 그런 증거가 발견되지 않았고, 아주 높은 확률로 앞으로도 발견되지 않을 것이다.

이처럼 제대로 된 유전학은 인종차별을 옹호하지 않는다. 그러나 전 세계에서 가장 유명한 유전학자 제임스 왓슨은 인종차별을 옹호하는 발언을 했다. 그는 20세기 최고의 유전학자였지만, 21세기 유전학의 흐름을 완전히 따라오지는 못했다.

20세기 후반, 특히 개별 유전자의 기능이 하나둘 밝혀지기 시작한 1970년대부터 인간 유전체 프로젝트가 완료된 2000년대 초반까지, 유전학은 앞으로 인류 사회를 이끌어 갈 전도유망한 분야로 주목받았다. 나는 이 시기를 감히 '유전자의 시대'라 부르고 싶다. 이 시기부터 폭력 유전자, 비만 유전자 등의 단어가 등장했고, 사람의 특징을 소개할 때면 늘 유전자가 언급되기 시작했다. 자연스레 개인의 성격과 외모는 모두 유전자에 의해 결정된다는 유전자 결정론이 사회에 만연하게 자리 잡았다. 개인의 개성도 사회의 특성도 모두 유전자라는 한 단어로 쉽게 설명되었다.

현재의 시선에서 바라보면 제임스 왓슨이 이끌던 20세기 후반 '유전자의 시대'에 등장한 이러한 관점은 과학적으로도 도덕적으로도 대부분 맞지 않다. 지금의 생명과학은 유전자는 만능이 아니고 단지 생명이라는 엄청나게 복잡한 건물을 그리기 위한 설계도일 뿐이며, 개인의 특성은 이 설계도를 보고 건물을 그려 내는 중간 과정에서 얼마든지 달라질 수 있다는 사실을 잘 알고 있다. 따라서 21세기 유전학은 유전자에만 집착하지 않는다. 하지만 이건 학계의 변화일 뿐, 아직 우리 사회는 이 흐름을 완전히 따라오지 못하고 있다. 여전히 유전자 하나로 사람의 특성을 설명할 수 있다고 믿는 사람들이 많은 걸 보면 말이다. 이제는 학계와 사회 모두 유전자의 시대에서 벗어날 때가 되었다.

이제는 도킨스와 헤어져야 할 시간

생명이란 무엇인가? 교과서는 여러 가지 방법으로 생명을 정의한다. 세포로 구성된다거나, 물질대사를 한다거나, 생식과 발생을 한다거나, 그 과정에서 유전 정보가 전해지고 이것이 시간의 흐름에 따라 진화한다거나 하는 식으로 말이다. 이 질문에 더 깊이 접근한 학자들은 이런 나열식 정의에서 벗어나 자신만의 접근으로 생명 현상을 설명하기도 한다. 예를 들어 생명에 관심이 많았던 물리학자 슈뢰딩거는 생명을 '열역학 법칙을 벗어난 존재'로 정의했다. 열역학 법칙에 따르면 우주의 무질서도(엔트로피)는 항상 증가해야 하는데, 생명은 오히려 무질서도(엔트로피)를 낮추는 방식으로 작동한다는 것이다. 참 재미있는 설명이다.

여기 또 다른 재미있는 방식으로 생명을 정의한 사람이 한 명 있다. 그는 자신의 저서에서 산은 무생물이고 사람은 생명인 이유를 '복잡성'과 '질서'로 설명했다.

사람을 나누고 또 나누고 또 나누다 보면 몸을 구성하는 기본 단위인 약 30조 개의 세포가 나타날 것이다. 그렇다면 사람을 구성하고 있던 이 세포들을 다시 쌓는다면 원래대로 사람이 될 수 있을까? 사람의 모든 세포를 무작위로 다시 배열했을 때 생명체가 다시 만들어질 확률은 얼마나 될까? 나는 자신 있게 '0'이라 말할 수 있다. 복잡한 생명은 단순히 그 구성요소를 쌓아 올린다고 만들 수 있는 존재가 아니다. 반면에 산은 어떠한가? 산을 나누고 또 나누고 또 나누다 보면 돌과 흙이 될 것이다. 그럼 이 돌과 흙을 모두 끌어모으면 다시 산이 될까? 그렇다. 그냥 돌이랑 흙을 쌓아 올리기만 해도 다시 산이 만들어진다. 물론 모양과 특성이 약간 다르겠지만, 어쨌든 구성요소를 마구 모으는 것만으로도 산을 쉽게 만들 수 있다.

이 비유는 《이기적 유전자The Selfish Gene》로 유명한 리처드 도킨스의 저서 《만들어진 신The God Delusion》에 등장하는 내용이다. 도킨스는 생명이란 단순히 그 구성요소를 쌓는 것만으로 만들 수 없는 복잡성과 질서를 가진 존재라고 주장하며 위의 비유를 들었다. 아주 그럴싸한 이야기다. 어쩌면 지금까지 책 한 권 내내 열변을 토하며 소개하고자 했던 생명의 복잡성을 단 한 문단으로 깔끔히 설명해 낸 엄청난 비유라는 생각도 든다. 역시 이 시대 최고의 과학 저술가는 달라도 뭔가 다르다.

하지만 내가 도킨스를 추어올리기 위해 이 이야기를 꺼낸 것은 아니다. 오히려 반대에 가깝다. 이토록 생명의 복잡성을 강조하는 그조차 아직 20세기 유전학의 패러다임을 제대로 벗어나지 못했기 때문이다. 안타깝지만 도킨스와 그의 베스트 셀러《이기적 유전자》도 '유전자의 시대'를 벗어나기 위해 우리가 꼭 떠나보내야 할 대상이다.

도킨스는 제임스 왓슨과 함께 20세기 말 유전자의 시대를 이끌던 대표 주자였다. 왓슨이 학계에서 꾸준히 활동했다면, 도킨스는 《이기적 유전자》와 《만들어진 신》 그리고 《확장된 표현형 The Extended Phenotype》과 《눈먼 시계공 The Blind Watchmaker》 등 많은 베스트셀러를 써내며 대중과의 소통에 힘썼다. 학자로서의 업적은 거의 없지만, 사회적 영향력만 놓고 보면 그가 아마 현존하는 과학자 중 최고라고 할 수 있을 것이다. '유전자'라는 단어가 지금 이렇게 사회의 관심을 받을 수 있게 만든 공로를 딱 한 명에게만 돌린다면, 아마도 그 주인공은 도킨스가 되지 않을까? 학문적 성취가 부족하다고 비판하는 사람들도 있지만 그래도 도킨스는 대단한 능력을 지닌 사람임에 틀림없다.

특히 그가 대단한 이유는 '이기적 유전자'라는 단 두 단어만으로 학계와 사회 전체의 패러다임을 바꿔 버렸기 때문이다. 인간이 자유의지를 가진 고등한 생명체라기보다 이기적인 유전자의 생존과 복제를 위해 움직이는 유전자의 기계에 가깝다고 말한 그의 첫 책은 전 세계를 발칵 뒤집어 놓았다. 어떤 이들은 그의 충격적인 주장을 강력히 비난했고, 어떤 이들은 겸허히 받아들인 채 그동안 인류가 보여 온 교만한 태도를 스스로 꾸짖었다. 다양한 의견과 여러 논란이 있었고, 그 과정에서 리처드 도킨스의 '이기

아주 긴밀한 연결

적 유전자'는 인류 사회를 크게 변화시켰다. 하지만 이 변화가 모두 좋은 방향으로 일어난 것은 아니었다.

《이기적 유전자》를 읽고, 언어의 마술사 같은 도킨스의 그럴 싸한 이야기에 혹해 유전자 결정론에 빠진 많은 이들은 사람의 모든 행동과 특성을 유전자만으로 설명할 수 있다는 위험한 생각을 하기 시작했다. 그리고 그중 일부는 유전학을 자신들의 인종차별, 성차별을 합리화하기 위한 수단으로 사용했다. 잘못된 지식이 잘못된 도덕적 관념을 합리화하는 데 쓰이다니, 이래서는 100년 전 유대인을 학살한 우생학과 지금의 유전학이 전혀 다를 바가 없지 않은가? 과학을 공부하는 사람으로서 정말 안타까운 일이다.

물론 도킨스로서는 억울할 수도 있다. 그가 책에서 정말로 유전자가 생명의 모든 것을 결정한다고 주장한 건 아니기 때문이다.[*] 아마 도킨스는 책의 메시지가 원래 의도와 다르게 읽혀 오해를 불러일으킨 것뿐이라고 말할 것이다. 실제로 그렇게 말하기도 했다. 몇 년 전 출간된 《이기적 유전자》 초판 40주년 기념 개정판 서문에서 그는 책의 제목을 '이기적 유전자'로 지은 것을 후회한다고 밝혔다. 더불어 자신의 주장이 많은 오해를 불러일으켜 미안하다

[*]　　　도킨스가 완전히 억울한 입장은 아닐 수 있는 게, 2020년의 시선에서 보면 《이기적 유전자》는 오류투성이다. 물론 진화가 유전자 수준에서도 일어난다는 도킨스와 그에게 영향을 준 선배 학자들의 주장은 사실이다. 유전자의 생존과 복제가 생명 현상의 주요 원리라는 것도 부정할 수 없다. 하지만 조금 더 깊게 들어가 살펴보면, 그가 주장하는 유전자의 이기적인 행동에는 그 어떠한 실체와 과학적 근거가 없다. 책 속에는 개념적인 이야기만 가득할 뿐 수학적 설명도 실험적 증거도 부족하다.

고 말하며, '이기적 유전자'라는 단어는 유전자가 실제로 이기적인 감정을 느낀다는 뜻이 아니라 복제를 위해 애쓰는 유전자의 행동이 이기적인 결과를 낳는다는 뜻일 뿐이라고 설명했다. 자신은 유전자가 모든 행동과 형질을 결정한다는 유전자 결정론을 주장하는 게 아니라 유전자가 진화의 중요한 단위라는 걸 주장하고 싶었을 뿐이라는 이야기다.

나도 이런 도킨스의 주장을 믿고 싶다. 생명의 복잡성을 돌과 산의 비유로 놀랍게 설명해 낸 그에게 '이기적 유전자'라는 기막힌 두 단어 이상의 깊은 생물학적 통찰이 있다고 생각하고 싶다. 하지만 재작년에 있었던 조그마한 소동을 살펴보면 그러기가 쉽지 않다. 리처드 도킨스가 자신의 SNS에 '우생학은 도덕적으로 말이 안 되는 것일 뿐 과학적으로는 얼마든지 구현할 수 있다'라는 글을 올린 것이다. 와, 단 한 번도 유전학 실험실 의자에 앉아 직접 파이펫을 들고 실험해 본 적 없는 티를 이렇게 내신다. 우생학의 인종 개량? 한 집단의 유전적 특성을 완전히 바꿔 버리는 그런 일이 정말 실험실에서 가능하다고 생각하는 걸까? 물론 특정 유전자형, 특정 표현형을 가지는 개체 위주로 구성된 집단을 만드는 것 정도야 가능하다. 하지만 육체적으로나 정신적으로나 진보한 개체만을 남기는 우생학의 종 개량은 불가능하다. 계속 말했지만, 유전자에서 행동까지 이어지는 과정은 너무 복잡하고, 우리는 아직 실험실 안에서조차 이를 제대로 통제하지 못한다.

우생학은 도덕의 문제를 넘어 과학적으로도 정말 힘든 일이다. 그리고 이건 21세기 유전학 실험실에 한 번이라도 들어와 본 사람이라면 누구나 쉽게 깨달을 수 있는 사실이다. 하지만 과거 유전자의 시대를 이끌던 리처드 도킨스는 아직 이를 제대로 알지 못하는 듯하다. 여전히 그 시대의 이론과 사상에 갇혀 있기 때문이다. 이것이 우리가 이기적인 유전자에서 빠져나와야만 하는 이유다. 발전하는 사회를 따라오지 못하는 과거의 유산이 여전히 세상을 선도하게 돼서는 안 되지 않겠는가? 이제는 도킨스와 헤어져야 할 시간이다.

다윈의 두 번째 실수

책이 거의 마무리 되어가는 이 시점에서, 모든 것의 시작이었던 찰스 다윈을 다시 한번 불러올 때가 된 것 같다. 그런데 안타깝게도 그리 좋은 일은 아니다. 제임스 왓슨과 리처드 도킨스에 이어, 이번에는 정말 죄송스럽게도 내가 가장 존경하는 과학자 찰스 다윈의 실수를 소개해야 할 듯하다.

사실 그의 실수는 책의 첫 부분에 이미 소개한 적이 있다. 바로 유전의 원리를 제대로 설명하지 못한 점 말이다. 진화론과 자연선택으로 생명의 다양성을 설명한 찰스 다윈은 미시적인 관점에서 이를 이해하고자 부모에게서 자식에게로 유전 정보가 전달되는 원리를 공부했다. 그리고 부모 몸에 퍼져 있던 제뮬이 생식

세포를 통해 자식에게 전달된다는 혼합 유전 가설을 제안했다. 그러나 이 가설은 자신의 진화론으로 곧바로 반박당하며 기각되었다. 그리고 다윈이 실패한 유전 원리를 설명해 보겠다고 시도하는 이들이 하나둘 나타나며 유전학이 세상에 등장했다.

이것이 다윈의 첫 번째 실수였다. 사실 이 정도 실수는 얼마든지 있을 수 있는 일이다. 어떻게 단 한 사람이 생명의 모든 원리를 전부 제대로 이해할 수 있겠는가? 과학은 원래 실패하는 과정이고, 그 실패를 발판으로 삼아 천천히 발전하는 학문이다. 그의 가설이 틀린 것은 부끄러운 실수가 아니다. 과학자로서 당연한 인간적인 모습이다.

하지만 두 번째 실수는 이야기가 조금 다르다. 사실 이것도 마냥 다윈을 탓하기는 어려운 문제긴 한데, 그래도 그의 실수가 낳은 사회적 후폭풍이 너무 커서 책임을 물을 수밖에 없다. 너무 많은 사람을 힘들게 하고 다치게 했다. 그의 두 번째 실수는 바로 자신의 뜻과 신념을 제대로 이을 후계자를 기르지 않은 것이다.

다윈은 매우 소심한 사람이었다. 어떤 이들은 그를 진화론으로 당시 권력의 중심이던 종교계와 맞서 싸운 투쟁적인 인물로 생각하기도 하지만 실제로는 그렇지 않았다. 다윈은 굳이 갈등을 만들고 싶어하지 않은 소심하고 겁 많은 평범한 사람이었다. 하지만 그의 의도나 성격과 무관하게 자연선택 이론은 당시 사회의 패러다임을 뒤집는 도발적인 주장이었고, 어쩔 수 없이 논란의 중심이 되었다. 이런 상황이 부담스러웠던 다윈은 최대한 주목과 논란

아주 긴밀한 연결

을 피해 집에 숨어 지내기도 했다.

그럼 이론을 주장한 과학자가 집에 숨어만 지냈는데, 어떻게 진화론이 널리 퍼지고 사회가 바뀔 수 있었던 걸까? 다윈은 직접 나서지 않았지만, 그를 대신해 다른 이들이 나섰기 때문이다.

대표적인 인물이 다윈의 불독이라 불리기도 했던 열렬한 지지자 토마스 헉슬리Thomas Henry Huxley였다. 그는 진화와 창조를 주제로 한 '1860 옥스퍼드 논쟁'에서 토론 상대였던 윌버포스 주교의 미꾸라지 같은 질문에 대한 사이다 같은 발언으로 잘 알려져 있다. 토론을 이어 가던 윌버포스가 '그래서 원숭이가 당신의 조상이라면, 할머니 쪽이요? 아니면 할아버지 쪽이요?'라는 비아냥 섞인 질문을 던지자, '증거가 있는 과학적 사실을 부정하는 부끄러운 사람이 될 바에야 차라리 원숭이의 손자가 되겠다'라고 받아 쳤다는 유명한 일화의 주인공이 바로 토마스 헉슬리다.

사회적 영향력이 있었던 또 다른 다윈의 지지자를 꼽는다면, 그의 사촌이었던 프랜시스 골턴, 그리고 다윈과 독립적으로 자연선택 이론을 떠올린 앨프리드 러셀 월리스Alfred Russel Wallace가 있다. 골턴 이야기는 앞서 많이 했으니, 이번에는 월리스에 관해 얘기해 볼까 한다. 아마 생명과학에 관심 있는 사람이라면 그의 이름과 다윈과의 일화를 한 번쯤은 들어봤을 거다. 사실은 자연선택 이론이 다윈의 단독 이론이 아니며, 그와 비슷한 시기에 같은 생각을 했던 젊은 학자가 한 명 더 있었다는 이야기 말이다.

러셀 월리스는 다윈보다 14살 어린 유망한 지리학자이자 탐

험가였다. 찰스 다윈의 《비글호 항해기》에서 많은 영감을 받기도 했던 그는 1854년부터 말레이시아 근방을 탐험하며 진화와 관련된 여러 유의미한 데이터를 얻기 시작했다. 당시 이미 자연선택에 관한 아이디어를 모두 정리한 상태였던 다윈은 월리스가 자기와 비슷한 이론을 생각 중이라는 소식을 듣게 되고, 점점 초조해졌다. 소심한 성격과 불편한 몸 때문에 집 안에서 은둔 생활을 하며 무려 20년이나 공개하지 않았던 이론이 다른 사람의 이름으로 발표될지도 모른다는 생각에 불안해진 것이다.

결국 다윈의 친구였던 지질학자 찰스 라이엘Charles Lyell에 의해 둘의 상황이 중재되고, 1859년 린네 학회에서 두 사람이 동시에 각자 연구 결과를 발표하기로 합의한다. 이 과정은 성과 다툼에 열을 쏟는 현대 과학자들에게 좋은 본보기가 될 정도로 아주 품격 있는 과학자의 모습을 보여 주었다. 월리스는 자기가 존경하는 다윈과 함께 이론을 발표할 수 있게 되어 영광이며, 자연선택 이론이 다윈의 업적으로 돌아가는 것은 당연하다는 뜻을 여러 차례 밝혔다. 다윈 역시 《종의 기원》 서문에서 월리스의 공을 언급할 정도로 그를 존중했다. 또 다윈과 달리 좋은 가문 출신이 아니었던 월리스가 노년에 재정적인 어려움을 겪자 국가의 지원금을 받을 수 있도록 돕기도 했다.

그럼 이렇게 둘이 사이가 좋은데, 앞서 다윈이 후계자를 잘못 골랐다고 이야기한 이유가 뭘까? 월리스가 과학적으로는 대단해도 사회적으로는 잘못된 영향을 끼쳤을까? 월리스는 자신의 연구

분야뿐만 아니라 영국 사회의 개혁에도 관심이 많았다. 영국의 토지 제도가 노동자들에게 불리하다는 주장을 펼치며 사회 운동을 이끌기도 했다. 심지어 당시에 유행했던 우생학에 대해 '부의 경쟁에서 승리한 사람들은 최적화된 사람도, 가장 똑똑한 사람도 아니다'라고 말하며 확실히 반대 의사를 밝혔다. 스스로 잘난 모습에 빠져 인류를 갈아엎을 생각을 한 우생학자 골턴에 비하면 정말 멋진 과학자였다.

개인적으로 월리스는 훌륭한 과학자였다고 생각한다. 늘 다른 학자를 존중했고, 자신의 연구가 과학적 지식을 넘어 사회적으로 갖는 의미를 인식하고 이를 실천하기도 했다. 하지만 딱 한 가지 안타까운 점이 있는데, 그의 이론이 어느 한 부분에서 다윈의 진화론과 결정적으로 차이가 있었다는 점이다.

다윈이 설명한 진화 메커니즘은 크게 두 가지로 요약할 수 있다. 하나는 지금까지 계속 언급한 자연선택이고, 나머지 하나는 다윈이 자연선택과 독립적으로 기능한다고 생각한 성 선택sexual selection이다. 1859년 출판된《종의 기원》에서 자연선택의 원리를 소개한 다윈은 1871년《인간의 유래와 성 선택The Descent of Man, and Selection in Relation to Sex》에서 진화의 다른 주요 원리로 성 선택을 소개한다. 자연선택을 한마디로 '생존에 성공한 개체가 살아남았다'라고 정리할 수 있다면, 성 선택은 한마디로 '번식에 성공한 개체가 살아남았다'라고 정리할 수 있다. 다윈은 포식자의 눈에 잘 띄는 수컷 공작새의 화려한 꼬리처럼 자연선택으로 설명할 수 없는 동물 형질에 의문을 품었고, 그런 형질들 대부분이 생존에는 불리하더라도 번식에는 유리한 특성이라는 사실을 깨달은 것이다. 따라서 그는 생명의 진화가 자연선택과 성 선택 사이 균형의 결과라고 주장했다.

자연선택이 진화의 유일한 메커니즘이 아니라는 다윈의 통찰은 놀랍도록 정확했다. 지금의 지식에서 살펴보면 생명 진화에는 다양한 메커니즘이 있고, 자연선택으로 환경에 적합한 개체가 살아남는 적응 진화는 그중 하나에 불과하다. 만약 환경에 대한 적응이 진화의 유일한 방법이라면 비슷한 환경에 사는 생물들은 모두 비슷한 형태와 기능을 가질 것이다. 그러나 실제로는 그렇지 않다. 우리 사람들도 다 각자 다른 신체적 특징을 가지고 있고, 성격도 다 제각각이지 않은가? 적응이 진화의 주요 메커니즘인 것은 분명하지만, 모든 생명 기능을 설명해 낼 수 있는 것은 아니다. 생명의 진화를 제대로 설명하려면 다윈이 이야기한 성 선택은 물론 유전적 부동과 유전자 흐름 등 특수한 상황에서 나타나는 우연적 사건들까지도 고려해야 한다. 실제 진화는 주변 환경의 선택압과 우연적 사건의 균형으로 일어나는 일이기 때문이다.

다윈이 이 모든 것들을 이해한 건 아니었다. 하지만 적응만으로 진화를 완벽히 설명할 수 없다는 사실을 깨달은 것만으로도 충분히 대단한 것이다. 당시 학자들 중 다윈을 제외하면 이를 제대로 받아들인 이가 아무도 없었다. 대표적으로 월리스는 성 선택을 자연선택의 한 갈래로 보았으며, 자연선택에 의한 환경에서의 적

아주 긴밀한 연결

사진 8 수컷 공작의 화려한 꼬리

응이 가장 중요한 진화의 메커니즘이라고 생각했다. 우연 요소를 제외하고 진화를 이해한 것이다. 월리스뿐만 아니라 골턴으로 대표되는 우생학자들도 마찬가지였다. 다윈의 후계자를 자처하는 이들 중 예상할 수 없는 우연적 사건이 진화를 일으킨다는 다윈의 두 번째 진화론을 제대로 이해하고 받아들인 이는 거의 없었다.

이게 바로 다윈의 두 번째 실수다. 다윈은 자연선택 못지않게 중요한 자신의 두 번째 이론을 이해하지 못한 후계자들을 그대로 내버려 뒀다. 자연스레 자연선택을 곧 진화로 보는 이들의 생각이 정설로 자리 잡았고, 모든 생명에 적합한 표현형이 존재한다고 생각하는 게 당연한 일이 되었다. 다들 우연이라는 요소를 고려하지 않은 채 환경에 적합한 생물이 살아남는 것만이 진화의 전부라고 받아들였으니, 당연히 환경에 적합하고 진화에 유리한 우월성이 있다고 믿은 것이다. 그렇게 이 잘못된 진화론의 이해에 더해 생물학적으로 그러한 것과 도덕적으로 그리해야 하는 것은 전혀 다르다는 사실을 구분하지 못하는 자연주의의 오류까지 더해지며, 끔찍한 우생학이 세상에 등장했다. 생명에게는 적합한 표현형이 있고, 적합한 능력을 갖춘 자들이 살아남는 게 당연하므로, 인간 사회의 발전을 위해서는 적합한 이들만 살아남는 인종 개량이 필요하다고 주장하는 이들이 나타난 것이다.

우생학의 탄생 배경을 살펴보면 유전자 결정론의 등장과 상당히 유사하다는 것을 깨달을 수 있다. 우생학은 다윈의 진화론을 제대로 소화하지 못한 다윈의 후예들이 내세운 잘못된 다윈주

아주 긴밀한 연결

의에서 시작되었으며, 유전자 결정론은 생명의 복잡성을 확실히 이해하지 못한 '유전자의 시대' 당시의 단순한 유전학 이론들에서 비롯되었다. 그리고 이런 잘못된 생물학적 지식이 자연주의의 오류와 더해져 각종 차별과 혐오의 합리화에 활용되며 우생학과 유전자 결정론이 사회를 지배하기 시작했다.

지금도 여전히 우리 사회에는 우생학적 사고와 유전자 결정론적 사고를 하는 사람들이 차고 넘친다. 상당히 많은 사람들이 흑인과 백인, 남자와 여자는 완전히 다른 존재라고 생각하지 않는가? 그런데 이 역시 마찬가지로 유전자에서 행동까지 이어지는 생명의 복잡성을 제대로 이해하지 못하고 유전자에만 집중한 우생학적 결론이다. 물론 흑인과 백인은 다르고, 남자와 여자도 다르다. 하지만 같은 흑인끼리도 다르고, 같은 남자끼리도 다르다. 개인의 특성은 정말 다양한 요소로 결정된다. 모든 사람은 다 다르다. 따라서 하나의 생명을 단순한 한두 요인으로 설명하는 건 과학적으로 틀린 주장이다. 과학은 발전하고 유전학은 생명의 복잡성을 밝혀내고 있는데 아직도 유전자만 고려하려는 21세기 우생학이 판을 친다니, 참 안타깝다. 이제는 제발, 유전학이 우생학의 굴레에서 벗어나기를 바란다.

관상은 사이언스다?

사람들은 왜 잘생긴 이들을 좋아할까? 아니, 그 이전에 우리는 뭘 보고 잘생겼다, 이쁘다를 판단하는 걸까? 사람들은 왜, 어떻게 아름다움을 느끼는 걸까? 어렸을 때부터 정말 궁금했던 질문이다. 우리는 그 어떤 약속도 한 적이 없는데, 다들 왜 비슷한 외모를 보고 비슷하게 아름답다고 생각하는 건지 도무지 이해가 되지 않았다. 물론 개인의 취향이란 게 있지만, 어찌 되었든 외모에 대한 개인의 선호는 분명히 존재하고, 논리적으로 그 선호의 이유를 설명하는 건 참 난감한 일이다. 이게 본능이라면 무언가 선천적으로 아름다움을 판단하는 기준이 정해져 있다는 건데, 도대체 그게 뭘까?

생명과학자들은 외모 선호도에 관한 문제를 성 선택으로 설명한다. 다윈이 강조했지만, 월리스를 비롯한 후계자들은 무시했던 바로 그 성 선택 말이다. 동물의 세계라면 상대의 외모에 호감을 느꼈을 때 더 좋은 관계로 발전할 가능성이 크고, 그러면 번식 성공률이 올라갈 테니 당연히 외모는 성 선택에서 아주 중요한 요소일 것이다. 다시 말해 동물들이 특정 외모를 좋아한다는 것은 그 외모를 가진 개체를 번식 상대로 점찍었다는 뜻과 비슷하다.

따라서 우리가 왜 어떤 이들을 아름답다고 느끼는지 생물학적으로 이해하려면 성 선택을 알아야 한다. 과연 외모 선택의 기준이 무엇인지 궁금하지 않은가? 그 답을 찾으려면 성 선택의 두

아주 긴밀한 연결

가지 키워드를 알아야 한다. 그 주인공은 바로 다양성 그리고 우연이다.

세상에는 정말 다양한 생명이 있다. 그리고 진화는 생명의 다양성을 설명하는 핵심 원리다. 진화의 핵심 메커니즘인 자연선택은 생명이 환경에 맞게 변화하는 사실을 보여 주는 것으로 다양성의 유래를 설명한다. 하지만 이 설명은 완벽하지 못하다. 같은 환경에 사는 이들이 보이는 다양한 형질의 이유를 보여 줄 수 없기 때문이다. 자연선택만으로는 비슷한 환경에 사는 개체가 보이는 다양성, 예를 들어 사람들의 외모나 성격이 다양한 현상을 설명할 수 없다.

이 다양성을 설명할 수 있는 핵심 메커니즘이 바로 성 선택이다. 성 선택을 자세히 이야기하려면 바로 앞 장에서 만났던 새의 이야기를 다시 꺼내야 하는데, 새가 사람 못지않게 외모를 꾸미는 데 관심이 많기 때문이다. 수컷 공작새의 화려한 꼬리를 떠올려 본다면 확실히 느낌이 올 것이다. 공작뿐만 아니라 다른 새들도 화려한 깃털로 치장하고 이성을 유혹한다.

새의 아름다움이 진화한 메커니즘은 크게 두 가지 상반되는 관점으로 설명할 수 있다. 첫 번째는 월리스를 비롯한 적응론자들의 가설이다. 이들은 환경에 맞게 적합한 형질이 살아남는 게 진화의 전부라고 생각했으므로 새들의 아름다운 외모는 각자 생존에 유리하게 진화한 결과라고 생각했다. 하지만 이 주장은 명백히 틀린 이야기다. 공작새의 꼬리를 떠올려 보라. 도대체 무슨 진화적 이점이 있단 말인가? 화려한 무늬는 포식자들의 눈에 잘 띄어 오히려 생존 가능성을 줄이기만 할 뿐이다.

하지만 적응주의자들은 여기서 포기하지 않았다. 처음의 주장이 막히자 이번에는 완전 반대의 관점에서 개성 있는 외모를 설명했다. 적응주의자들의 구원투수로 멋있게 등장한 이는 이스라엘 출신의 조류학자 아모츠 자하비Amotz Zahavi였다. 그는 새들이 자기가 생존에 불리한 형질을 가졌는데도 살아남았다는 사실을 뽐내기 위해 화려하게 치장한다고 주장했다. 포식자의 눈에 잘 띄고 생존에는 도움이 전혀 안 되는 형질을 가진 자기가 여태껏 생존한 데는 다 이유가 있다고 말하기 위해 굳이 불리한 형질을 과시하여 유전적 우월성을 드러낸다는 거다. 아주 그럴싸한 자하비의 이 설명을 핸디캡 이론handicap theory이라 부른다.

하지만 핸디캡 이론은 결정적인 문제를 하나 안고 있다. 바로 핸디캡의 증가로 인한 손해와 형질을 과시하여 얻는 이익이 함께 증가하고 감소한다는 것이다. 새들이 정말 핸디캡을 과시하여 성선택에서 유리한 고지를 선점하는 거라면, 이익과 손해의 차이가 최대가 되는 균형을 향해 진화가 진행될 것이다. 하지만 핸디캡이 증가하면 과시하여 얻는 이익도 증가하고 핸디캡으로 인한 손해도 증가한다. 이익이 감소하면 손해도 감소한다. 따라서 이 경우에는 이익과 손해의 최적점이 만들어질 수 없다.

정말로 화려한 외모가 과시 형질이라면 새들은 그 이익을 늘리기 위해 더 강한 핸디캡을 드러낼 것이다. 단순히 눈에 잘 띄는 치장을 넘어, 본격적으로 살아남기에 불리하도록 다리나 날개를 하나 없앨지도 모른다. 물론 이러면 생존에 더 불리해지겠지만, 이를 과시함으로 인해 얻는 이익도 늘어나니 딱히 손해 볼 것도 없는 장사다. 하지만 자연에서 이런 일은 벌어지지 않는다. 그저 새의 아름다움만 관찰될 뿐이다. 자하비의 핸디캡 이론은 아주 그럴싸하지만, 수학적으로 깔끔히 설명되지 않는 반쪽짜리 가설에 지나지 않는다.

새의 다양한 외모를 설명하는 더 논리적인 가설은 바로 '우연'이다. 다윈 이후 성 선택의 원리를 처음 제대로 이해했던 이는 책의 앞부분에서 한 번 만난 적 있는 집단유전학자 로널드 피셔였다. 다윈과 멘델의 이론을 만나게 한 바로 그 사람 말이다. 피셔는 새들의 화려한 외모가 특별히 생존에 유리하거나 불리한 형질이라고 생각하지 않았다. 그는 새들이 아름다움을 느끼는 데에 특별한 이유 따위는 없다고 생각했다. 마치 패션 유행이 시즌마다 바뀌고, 언제는 촌스럽다고 여겨지던 옷이 몇 년 뒤에는 세련되다고 평가받는 것처럼 새들의 외모도 합리적인 이유보다는 아름다움 그 자체로 평가받는다고 생각했다.

피셔가 설명한 성 선택의 작동 원리는 다음과 같다. 어느 집단의 암컷 새들이 꼬리 길이가 10센티미터 정도 되는 수컷들을 선호한다고 생각해 보자. 그 이유는 꼬리가 이보다 길면 포식자에게 잡아먹히기 쉽고 이보다 짧으면 몸의 균형을 잡기 힘들기 때문이다. 이 경우는 앞선 적응주의자들의 주장대로 적응이 성 선택의 주요 요소로 작용하는 상황이다. 하지만 꼬리 길이가 생존에 아주 중요한 요소는 아니다. 꼬리보다 생존에 훨씬 결정적인 영향을 주는 다른 형질들이 많고, 꼬리는 그중 아주 작은 요소에 불과하다. 따라서 암컷 새들이 수컷 새의 꼬리를 다른 요소보다 더 중요한 배우자 선택 요건으로 볼 리는 없어 보인다.

성 선택의 목적은 자기 유전자를 후대에 많이 남기는 것이다. 따라서 성 선택의 성공을 위해서는 단순히 내 자식을 잘 낳는 것을 넘어 그 이후 세대의 번식 성공까지도 고려해야 한다. 그러니 자식을 낳는 것도 중요하지만, 이왕이면 번식에 성공할 확률이 높은 자식을 낳는 것도 중요하다. 그럼 암컷 새가 되어 다시 한번 생각해 보자. 만약 꼬리 길이가 10센티미터 정도인 아들을 낳는다면 그 아들의 번식 성공률이 조금 올라갈 것이다. 어? 그럼 좋은 방법이 하나 있지 않은가? 만약 꼬리가 10센티미터 정도인 수컷과 결혼한다면 비슷한 길이의 꼬리를 가진 아들을 낳을 확률이 커질 것이다. 생존에 이점이 있어서 뿐만 아니라, 매력 있는 아들을 얻기 위해서도 10센티미터 꼬리 수컷과 번식을 하는 게 유리한 셈이다.

피셔는 이렇게 이성의 호감을 약간 끌어낸 적응에 유리한 형질이 매력적인 자식을 얻기 위한 이성의 관심으로 인해 더 폭발적인 인기를 끌게 될 것이라고 설명했다. 쉽게 말해 사실은 약간의 이득밖에 안 되는 형질이 아직 생기지도 않은 아들 때문에 그 가치를 더 폭발적으로 인정받게 된다는 것이다. 마치 17세기 과열된 투기 현상으로 벌어진 네덜란드 튤립 파동과 유사하게, 아름다움

　　　　　　　　　　　　아주 긴밀한 연결

의 기준도 별다른 이유 없이 특정 형질이 그 가치를 너무 과대평가받게 되고 가치에 거품이 생기는 우연한 사건으로 인해 만들어진다.

결국 아름다움을 결정하는 핵심 요소는 우연이다. 그 시작은 적응이었을지 몰라도 최종적으로 이성에게 선택받는 매력이 무엇이 될지 결정하는 가장 중요한 요소는 연속된 우연한 사건이다. 무엇을 아름답다고 느끼고 무엇을 아름답다고 느끼지 않는 데는 딱히 특별한 이유가 없는 것이다.

이쯤에서 요즘 장난삼아 많이들 하는 '관상은 사이언스'라는 말이 떠오른다. 그런데 이 말은 너무 비과학적이다. 굳이 자세히 이야기할 필요도 없이 관상은 당연히 과학이 아니지만, 그게 통계학이라 주장하는 이들이 워낙 많으니 이야기한다. 사람의 얼굴은 진화 중에서도 다양성 진화의 대표적 예시다. 아름다운 얼굴이 아름답다고 느껴지는 건 아무 이유 없는 우연에 의한 진화다. 어떤 얼굴이 어떤 성격, 어떤 특성을 대표할 수 없다는 뜻이다. 계속했던 얘기를 한 번만 더 하자면, 생명은 복잡하고 하나의 유전자가 하나의 특성을 결정하지 않는다. 외모와 성격이 서로 상관관계를 가지는 건 유전자에서 행동까지 이어지는 골치 아프지만 신비로운 생명의 복잡성을 전혀 이해하지 못하는 사람들이나 할 만한 얘기다. 관상은 사이언스가 아니고, 아름다움에는 이유가 없다.

사실 관상뿐만 아니라, 우리 주변에는 각종 유사과학이 넘쳐
난다. 이렇게나 발전된 시대에 말이다. 이 안타까운 현실은 우리
사회가 과학적 결과에만 집착하고 과정은 살펴보지 않은 결과다.

많은 이들이 논문이 주장하는 결과, 교과서에 등장하는 사실
을 진리로 받아들인다. 그리고 이를 바탕으로 세상을 바라볼 때가
많다. 최근에 과학이 많은 이들의 사랑을 받게 되면서 과학적 사
실을 바탕으로 사회 현상을 설명하는 예도 많아지고 있다. 하지만
논문과 책 속 지식이 항상 정답은 아니다. 사실 과학에 정답이라
는 것은 없다. 제임스 왓슨과 리처드 도킨스, 그리고 월리스와 우
생학자들의 사례에서 볼 수 있듯이 과거에는 당연히 여겨졌던 사
실이 시간이 흐르며 자연스레 기각되는 경우가 정말 흔하다. 게다
가 과학도 사람이 하는 일이다 보니, 사회의 영향을 받게 되고 또
개인의 특성을 반영하게 된다. 그래서 과학은 상당히 주관적이고
상대적이다. 개인의 사상이 과학적 결론에 얼마든지 영향을 줄 수
있다는 뜻이다.

그래서 우리는 지식에만 의존하는 태도를 경계해야 한다. 과
학자의 말이라고 무조건 받아들이는 건 좋지 않은 태도다. 과학이
라는 과정을 전문적으로 하는 이들이 자신의 분야에서 내놓은 결
론을 존중하지 말라는 뜻은 아니다. 다만, 정보가 쏟아지는 이 복
잡한 사회 속에서 수많은 과학적 사실들을 직접 보거나 듣고 판단

할 수 있는 능력은 갖추어야 한다는 얘기다. 관상이 과학인지 아닌지 판단할 정도는 되어야 이 복잡한 세상을 살아갈 수 있지 않겠는가? 안 그랬다가는 언제 누구에게 속아 잘못된 결정을 하고, 삶을 망치고, 사회를 어지럽게 할지 모른다. 너무 나쁘게 이야기해 정말 미안하지만, 올바른 결정을 위해서는 그만큼 과학적 태도가 중요하다.

나는 과학적인 태도가 개인의 삶을 행복하게, 우리 사회를 아름답게 만들 수 있다고 생각한다. 인생은 B(irth)와 D(eath) 사이의 C(hoice)라는 말이 있을 정도로 우리는 살아가면서 다양한 선택과 결정의 순간을 마주하는데, 매번 쉽지 않다. 한순간의 결정이 생각보다 많은 걸 바꿀 때가 있으니 늘 망설이게 된다. 나는 이렇게 어려운 결정을 마주할 때마다 누군가 나에게 현명한 결론을 내릴 방법을 알려 줬으면 좋겠다는 생각을 한다. 그리고 지금까지 우리가 만났던 위대한 혹은 평범한 과학자들을 하나둘 떠올린다.

원인을 되돌리기 어려운 유전병인 페닐케톤뇨증을 행동으로 치료한 의과학자들이 보여 준 발상의 전환, 몇천 년간 이어져 온 사회와 종교의 기본 사상을 뒤집어 버린 찰스 다윈의 자신감, 그리고 진화를 시간과 공간 두 가지 축으로 살펴본 그의 차원을 뛰어넘는 생각, 누구의 말도 믿지 않고 심지어 자신의 소신까지 버려 가며 실험적 증거만을 고집했던 토머스 모건의 이성적인 태도, 복잡한 발달 질환을 세포 신호 전달 경로로 간단히 설명하고, 발생 시기별 증상에 집중해 난치성 뇌전증의 발병 원인을 밝히고 있는 유전학자들의 번뜩이는 아이디어, 기억의 저장소 엔그램을 찾기 위한 신경과학자들의 체계적인 논리 전개와 끈기, 자폐를 치료의 대상뿐만 아니라 개성으로 바라보는 정신의학자들의 공감 능력, 환원주의적 관점으로 행동을 조절하는 유전자를 처음 발견한 시모어 벤저의 통찰, 마지막으로 생명의 신비를 이해하기 위한 임상연구팀과 실험생물학팀의 협업과 이를 가능하게 하는 현대 유전학의 효율적인 시스템까지. 그들로부터 배울 수 있는 교훈이 정말 많다. 과학적 과정이 나에게 세상을 살아갈 지혜를 알려 주는 셈이다.

이런 다양한 교훈 중 이 책의 메시지를 딱 하나만 꼽자면, 역시 '생명은 복잡하다'라는 사실이다. 그리고 여기에 한마디만 덧붙이자면, '그중에서도 행동은 특히 복잡하다'일 거다. 그럼 이 복잡한 사람들의 복잡한 행동이 모여 구성되는 우리 사회는 얼마나 복잡하겠는가? 한 번 잘 생각해 보자. 우리는 우리가 사는 사회를 너무 쉽게 생각할 때가 많다. 내가 본 게 다라고, 내가 살아 봤는데, 내가 해 봤는데, 내가 지켜 봤는데 이렇더라 하는 말을 다들 참 쉽게 한다. 그런데 정말 그럴까?

인류는 아직 사람 한 명의 생물학적 특성조차 제대로 설명하지 못한다. 나를 구성하는 뇌 네트워크 원리를 알아보겠다고 책한 권 내내 열심히 신경유전학을 공부했지만, 아직 제대로 아는건 거의 없다. 이를 한평생 연구하는 신경유전학자들도 여전히 아는 것보다 모르는 게 더 많다. 사람 한 명만 해도 이렇게 복잡한데,

아주 긴밀한 연결

이런 이들이 수없이 많이 모여 구성하는 사회 네트워크는 어떻겠는가? 우리가 어찌 감히 인간 사회를 제대로 이해할 수 있겠는가? 세상을 쉽게 보는 이들이 많고, 타인을 쉽게 이해한다고 생각하는 이들도 많다. 하지만 너무 오만한 생각이다. 이 세상은 그리 물렁물렁하지 않다. 나를 구성하는 뇌 네트워크가 복잡한 만큼 내가 구성하는 사회 네트워크도 정말 복잡하다. 그러니 내가 모른다는 것을 인정하고, 나와 다른 경험을 하고 다른 생각을 하는 이들을 존중하자. 그것이 유전자에서 행동까지 이어지는 생명의 복잡성을 공부한 우리가 가져야 할 올바른 삶의 태도다.

끝으로

끝으로 딱 한 단락만 덧붙이려 한다. 가끔 주변에 나에게 왜 과학을 하느냐고 묻는 이들이 있다. 언론과 매체에서 과학자는 흰 가운을 입고 보안경을 낀 채 실험실에서 세상의 비밀을 밝혀내는 멋진 모습으로 그려지지만, 실제는 이와 꽤 거리가 있기 때문이다. 과학은 힘들고 어려운 일이다. 수많은 실패를 반복하고, 잠도 제대로 못 자면서 연구실에서 반복되는 실험에 지쳐 쓰러지는, 확실히 자리 잡기 전까지는 십수 년 동안 돈도 제대로 못 벌면서도, 위험한 약물과 기기에 노출된 채 생활해야 하는 게 진짜 과학자의 일상이다. 이를 아는 주변인들은 왜 그런 일을 선택한 거냐고, 도대체 이유가 뭐냐고 묻곤 한다.

내 대답은 간단하다.

"재미있고, 또 의미 있는 일을 하고 싶었어요. 그래서 과학을 선택했습니다."

자연 현상을 이해하려는 순수한 열정에서 시작된 과학은 어느새 인류의 문명을 지금 수준까지 발전시킨 일등공신이 됐다. 이렇게 단순히 재미로 시작한 일이 아주 의미 있는 결과를 낳을 수 있다는 것이 과학의 진짜 매력이지 않을까? 그리고 숨겨진 '나'라는 존재의 비밀을 파헤쳐 가며, 동시에 운명 같은 아픔으로 고통받는 이들을 도와줄 수 있는 신경유전학이야말로 진짜배기 과학을 보여주기에 딱 맞는 분야라는 생각이 든다.

발달 질환과 자폐 연구가 찾아낸 지식은 뇌 신경 발생 과정과 언어 기능의 생물학적 원리도 밝혀내고 있다. 유용한 질병 연구가 인류라는 종의 생물학적 특성을 이해하는 연구로 활용되고 있는 거다. 이렇게 의미 있는 연구가 재미있는 연구도 될 수 있다면, 그 반대 역시 가능할 것이다. 실제로 단순한 호기심에서 출발한 생체시계 및 엔그램 연구가 최근에는 의학적으로 활용되고 있다. 사람의 기능과 특성을 살펴보는 기초 연구가 누군가의 고통을 덜어 줄 수 있는 실용적 연구로도 이어질 수 있는 것이다. 이렇게 생각하면 신경유전학 연구 중에 중요하지 않은 연구가 없다. 조금만 관점을 틀어 보면 기초 연구가 곧 의학 연구고, 의학 연구가 곧 기초 연구이기 때문이다.

이 책에서 여러분에게 신경유전학 연구를 소개했던 이유가 바로 여기에 있다. 내 호기심의 답에 가까워지면서 동시에 누군가에게 희망까지 줄 수 있다니, 정말 대단하지 않은가? 물론 과학 연구를 통해 신경유전질환을 완전히 정복하는 것도, 나라는 존재를 제대로 이해하는 것도 모두 어려운 일이다. 사실 불가능에 가까운 일이라 해도 할 말이 없다. 그러나 쉬운 일만 해서는 무슨 재미가 있겠는가! 과학은 실패하는 과정의 연속이고, 연구는 늘 예상대로 흘러가지 않지만, 그 좌충우돌하는 과정에서 나타나는 우연한 성공이 세상을 바꾸고 사람을 구한다.

그 약간의 가능성에 희망을 품고서 오늘도 과학자들은 복잡한 뇌에 숨겨진 비밀을 풀기 위해 실험실로 향하고 있다. 그리고 우리는 지금까지 이들의 여정을 함께 따라가 보았다. 교과서에 이름을 남긴 위대한 과학자들에서부터, 각자의 자리에서 최선을 다하며 힘겨운 여정을 이어 가고 있는 여느 평범한 과학자들까지, 그들이 지금까지 걸어온 길을, 그리고 지금 걷고 있는 길을 함께 따라가 보았다.

이 여정이 앞으로 어떤 방향으로 흘러갈지 또 어떤 결과를 가져올지는 아무도 모른다. 어쩌면 우생학과 유전자 결정론처럼 또 다시 사회에 안 좋은 영향을 끼칠지도 모르고, 생명의 복잡성에 길이 막혀 발전 속도가 더디어질지도 모른다. 하지만 지금까지 그래 왔듯이 과학은 결국 길을 찾을 것이고, 세상을 조금 더 아름답게 만들 것이다. 그러니 여러분도 신경유전학이 앞으로 걸어갈 여정을 계속 함께해 주기를 부탁드린다. 언젠가는 유전자에서 행동까지 이어지는 생명의 신비를 연구하는 이 어려운 과학 분야가 마침내 뇌의 비밀을 풀고 우리가 살아가는 것을 조금 더 쉽게 만들어 줄 테니 말이다.

참고문헌

프롤로그: 유전자에서 행동까지

· Siegried A. Centerwall, Willard R. Centerwall (2000). The Discovery of Phenylketonuria: The Story of a Young Couple, Two Retarded Children, and a Scientist. *Pediatrics* 105 (1): 89 – 103.

· Sverre O. Lie. "Asbjørn Følling". Norsk biografisk leksikon. Retrieved February 1, 2018.

· "phenylketonuria". Genetics Home Reference. September 8, 2016. Archived from the original on 27 July 2016. Retrieved 12 September 2016.

· Marelene Rayner-Canham, Geoff Rayner-Canham (2008). "Evelyn Hickmans", Chemistry was Their Life: Pioneer British Women Chemists, 1880 – 1949. *World Scientific*, p. 198.

· Al Hafid N, Christodoulou J (October 2015). Phenylketonuria: a review of current and future treatments. *Translational Pediatrics* 4 (4): 304 – 17.

· Lechardeur D, Lukacs GL (2002). Intracellular barriers to nonviral gene transfer. *Curr Gene Ther* 2002;2:183-94.

· DaelynY. Richards, Shelly R. Winn, Sandra Dudley, et al. (2020). AAV-Mediated CRISPR/Cas9 Gene Editing in Murin Phenylketonuria. *Molecular Therapy Methods & Clinical Development*. VOLUME 17, P234-245.

· Huijbregts SC, de Sonneville LM, Licht R, et al. (2002). Sustained attention and inhibition of cognitive interference in treated phenylketonuria: associations

with concurrent and lifetime phenylalanine concentrations. *Neuropsychologia*
2002;40:7-15.

· "Genes, the Brain, and Behavior". iBiology. 1:10:20. Cori Bargmann. from
November 2011. https://www.ibiology.org/neuroscience/brain-and-
behavior/.

제1부. 다윈에서 유전자 가위까지: 유전학의 역사

· Keynes, Richard (2000). *Charles Darwin's zoology notes & specimen lists from H.M.S.
Beagle*. Cambridge University Press. Archived from the original on 5 December
2008. Retrieved 22 November 2008.

· Keynes, Richard (2001). *Charles Darwin's Beagle Diary*. Cambridge University
Press. Archived from the original on 4 June 2012. Retrieved 24 October 2008.

· Browne, E. Janet (1995). *Charles Darwin:vol.1 Voyaging*. London: Jonathan Cape.

· Jane Reece, Lisa A. Urry, Peter V. Minorsky, et al. (2014). *Campbell Biology* (11th
Revised Edition).

· Garland E. Allen (2011). Eugenics and Modern Biology: Critiques of Eugenics,
1910-1945. *Ann.hum.genet.* 75(3):314-25.

· R. J. Konopka, S. Benzer (1971). Clock mutants of Drosophila melanogaster.
Proc.Natl.Acad.Sci.U.S.A. 68, 2112 – 2116.

· Greenspan, Ralph J. (2008). The origins of behavioral genetics. Current
Biology. 18 (5): R192 – R198

· Tim Tully (1996). Discovery of genes involved with learning and memory:
An experimental synthesis of Hirschian and Benzerian perspectives. *Proc.Natl.
Acad.Sci.USA*. 24, 13460-13467.

· U. Banerjee, S. L. Zipursky (2007). Seymour Benzer 1921 – 2007. *Cell* 131,
1217 – 1219.

· Nicholas J. Timpson, Celia M. T. Greenwood, Nicole Soranzo, et al. (2017).
Genetic architecture: the shape of the genetic contribution to human traits an
disease. *Nature Reviews Genetics* 19, 110-124.

- "Human Genome Project Reults". National Human Genome Research Institute.
- Hong EL, Sloan CA, Chan ET, et al. (2016). Principles of metadata organization at the ENCODE data coordination center. *Database (Oxford)*. 2016: baw001.
- Martin Jinek, Krzysztof Chylinski, Ines Fonfara, et al. (2012). A programmable dual-RNA-guided DNA endonuclease in adaptive bacterial immunity. *Science* 17;337(6096):816-21.
- "Pioneers of revolutionary CRISPR gene deiting with chemistry Nobel". *Nature news*. Heidi Ledford & Ewen Callaway. 07 October 2020.
- 싯다르타 무케르지. (2017).《유전자의 내밀한 역사》이한음 옮김. 까치.
- 마틴 브룩스. (2013).《초파리》이충호 옮김. 갈매나무.
- 김우재. (2018).《플라이룸》김영사.
- Craig, Cohen-Fix, Green. (2014).《분자생물학 유전체 기능의 원리》강창원, 서연수, 설재홍, 유주연, 최길주 공역. 홍릉과학출판사.

제2부. 뇌에서 나를 발견하다: 신경발생유전학

- Joan Stiles, Terry L. Jernigan (2010). The Basis of Brain Development. *Neuropsycol Rev* 20:327-348.
- Trudy Pang, Ramin Atefy, Volney Sheen (2008). Malformations of coritcal development. *Neurologist* 14(3): 181-191.
- Jacqueline N. Crawley, Wolf-Dietrich Heyer, Janine M. LaSalle. (2016). Autism and cancer share risk genes, pathways, and drug targets. *Trends in Genetics* 32(3):139-146.
- Judith TML Pariden, Wieland B. Huttner (2014). Neurogenesis during development of the vertebrate central nervous system. *EMBO reports* 15(4) 351-364.
- Esther Klingler, Fiona Francis, Denis Jabaudon, Silvia Cappello (2021). Mapping the molecular and cellular complexity of cortical malformations.

Science 371 (6527):eaba4517.

- Alissa M. D Gama, Christopher A. Walsh (2018). Somatic mosaicism and neurodevelopmental disease. *Nature neuroscience* 21, 1504 – 1514.
- Sebastian Rademacher, Britta J. Eickholt (2019). PTEN in Autism and Neurodevelopmental Disorders. *Cold Spring Harb Perspect Med* 9(11):a036780.
- MA Davies, K Stemke-Hale, C Tellez, et al. (2008). A novel AKT3 mutation in melanoma tumours and cell lines. *British Journal of Cancer* 99, 1265-1268.
- Anurag Saxena, Julian R. Sampson (2014). Phenotypes associated with inherited and developmental somatic mutations in genes encoding mTOR pathway components. *Semin Cell Dev Biol.* 36:140—6.
- John R. Hughes (2003). Emperor Napoleon Bonaparte: did he have seizures? Psychogenic or epileptic or both?. *Epilepsy & Behavior* 4(6):793-6.
- AnnaPoduri, Gilad D. Evrony, Xuyu Cai, Christopher A. Walsh (2013). Somatic Mutation, Genomic Variation, and Neurological Disease. *Science* 341(6141):1237758.
- Philip H. Iffland, Peter B. Crino (2017). Focal cortical dysplasia: gene mutations, cell signaling, and therapeutic implications. *Annu. Rev. Pathol. Mech* 12:547-71.
- E. Marsan, S. Baulac (2018). Review: Mechanistic target of rapamycin (mTOR) pathway, *focal cortical dysplasia and epilepsy.* 44,6-17.
- Jae Seok Lim, Woo-il Kim, Hoon-Chul Kang, et al. (2015). Brain somatic mutations in MTOR cause focal cortical dysplasia type II leading to intractable epilepsy. *Nature medicine* 21, 395 – 400.
- Jeong Ho Lee, My Huynh, Jennifer L. Silhavy, et al. (2012). *De novo* somatic mutations on components of the PI3K-AKT3-mTOR pathway cause hemimegalencepahly. *Nature genetics* 44, 941 – 945.
- Seung Tae Baek, Brett Copeland, Eun-Jin Yun, et al. (2015). An AKT3-FOXG1-reelin network underlies defective migration in human focal malformations of cortical development. *Nature medicine* 21, 1445 – 1454.

· Lena H. Nguen, Angellque Bordey (2021). Convergent and Divergent Mechanisms of Epileptogenecsis in mTORopathies. *frontiers in Neuroanantomy* 9;15:664695.

· Hidetoshi Kassai, Yuki Sugaya, Shoko Noda et al. (2014). Selective Activation of mTORC1 Signaling Recapitulates Microcephaly, Tuberous Sclerosis, and Neurodegenerative Diseases. *Cell Reports* 7, 1626-1639.

· Lawrence S. Hsieh, John H. Wen, Kumiko Claycomb, et al. (2016). Convulsive seizures from experimental focal cortical dysplasia occur independently of cell misplacement. *Nature communications* 7:11753.

· Simona Lodato, Ashwin S. Shetty, Paola Arlotta (2015). Cerebral cortex assembly: generating and reprogramming projection neruon diversity. *Trends Neurosci.* 38(2): 117 - 125.

· Vahid H. Gazestani, Tiziano Pramparo, Srinivasa Nalabolu, et al. (2019). A perturbed gene network containing PI3K-AKT, RAS-ERK and WNT-b-catenin pathways in leukocytes is linked to ASD genetics and symptom severity. *Nature neruoscience* 22, pages1624 - 1634.

· Mustafa Cahin, Mriganka Sur. (2015). Genes, circuits, and precision therapies for autism and related neurodevelopmental disorders. *Science* 350(6263):10.1126 aab3897.

· Autism Spectrum Disorder, 299.00 (F84.0). In: American Psychiatric Association. Diagnostic and Statistical Manual of Mental Disorders, Fifth Edition. American Psychiatric Publishing; 2013.

· "The evolution of 'autism' as a diagnosis, explained". SPECTRUM. Lina zeldovich. 9 MAY 2018.

· Kellen D. Winden, Darius Ebrahini-Fakhari, Mustafa Sahin (2018). Abnormal mTOR activation in autism. *Annu. Rev. Neurosci* 41:1-23.

· Dmitry Velmeshev, Lucas Schirmer, Diane Jung, et al. (2019). Single-cell genomics identifies cell type-specific molecular shanges in autism. *Science* 364:685-689.

· John P. Hegarty, Luiz F. L. Pegoraro, Laura C. Lazzeroni, et al. (2018). Genetic and environmental influences on structural brain measures in twins with autism spectrum disorder. *Molecular Psychiatry* 25:2556–2566.

제3부. 행동에서 인간을 마주하다: 신경행동유전학
에필로그: 유전학과 우생학 그 사이 어딘가

· Gomulicki BR (1953). The development and present status of the trace theory of memory. *Br J Psychol Monogr Suppl* 29:1–94.
· Jack Orbach (1999). *The neuropsychological theories of Lashley and Hebb*. University of Ameira.
· Sheena A. Josselyn, Stefan Kohler, Paul W Frankland (2017). Heroes of the Engram. *J Neurosci* 37(18):4647–4657.
· K. S. Lashley (1933). Integrative functions of the cerebral cortex. Physiol Rev 13:1–42.
· Steinmetz JE, Lavond DG, Ivkovich D, Logan CG, Thompson RF (1992). Disruption of classical eyelid conditioning after cerebellar lesions: damageto a memory trace system or a simple performance deficit? *J Neurosci* 12:4403–4426.
· Berger TW, Thompson RF (1978). Identification of pyramidal cells as the critical elements in hippocampal neuronal plasticity during learning. *Proc Natl Acad Sci USA* 75:1572–1576
· Berger TW, OrrWB (1983). Hippocampectomy selectively disrupts discrimination reversal conditioning of the rabbit nictitating membrane response. *Behav Brain Res* 8:49–68.
· McCormick DA, Thompson RF (1984). Neuronal responses of the rabbit cerebellum during acquisition and performance of a classically conditioned nictitating membrane–eyelid response. *J Neurosci* 4:2811–2822.
· Welsh JP, Harvey JA (1991). Pavlovian conditioning in the rabbit

아주 긴밀한 연결

during inactivation of the interpositus nucleus. *J Physiol* 444:459 – 480.

· Silva, A. J. et al. (2009). Molecular and cellular approaches to memory allocation in neural circuits. *Science* 326, 391 – 395.

· Berger TW, Orr WB (1983). Hippocampectomy selectively disrupts discrimination reversal conditioning of the rabbit nictitating membrane response. *Behav Brain Res* 8:49 – 68.

· Jin-Hee Han, Stevan A. Kushner, Adelaide P. yiu, et al. (2009). Selective erasure of a fear memory. *Science* 323, 1492 – 1496.

· Nagel G, Ollig D, Fuhrmann M, Kateriya S, Musti AM, Bamberg E, Hegemann P (2002). Channelrhodopsin-1: a light-gated proton channel in green algae. *Science* 296 (5577): 2395 – 8.

· Boyden ES, Zhang F, Bamberg E, Nagel G, Deisseroth K (2005). Millisecond-timescale, genetically targeted optical control of neural activity. *Nature Neuroscience*. 8, 1263 – 1268.

· Josselyn, S. A. (2010). Continuing the search for the engram: examining the mechanism of fear memories. *J. Psychiatry Neurosci.* 35, 221 – 228.

· Hebb, D. O. (1949). *The Organization of Behavior: A Neuropsychological Theory*. New York: Wiley and Sons.

· Bliss T, Lomo T (1973). Long-lasting potentiation of synaptic transmission in the dentate area of the anaesthetized rabbit following stimulation of the perforant path. *J Physiol* 232 (2): 331 – 56.

· Clugnet MC, LeDoux JE (1990). Synaptic plasticity in fear conditioning circuits: induction of LTP in the lateral nucleus of the amygdala by stimulation of the medial geniculate body. *J Neurosci.* 10 (8): 2818 – 24.

· David Anderson, Sydney Brenner (2008). Seymour Benzer(1921-2007). *Nature* 451, 139.

· Benzer Seymour (1991). "Seymour Benzer (1921-2007) Interviewed by Heidi Asputrian". Oral History Project. California Institute of Technology Archives. Retrived 19 April 2011.

· Ellis E. L., Delbrück M. (1939). THE GROWTH OF BACTERIOPHAGE. *J Gen Physiol.* 20;22(3):365-84.

· Zehring, W.A., Wheeler, D.A., Reddy, P., Konopka, R.J., Kyriacou, C.P., Rosbash, M., and Hall, J.C. (1984). P-element transformation with period locus DNA restores rhythmicity to mutant, arrhythmic Drosophila melanogaster. *Cell* 39, 369 – 376.

· Bargiello, T.A., Jackson, F.R., and Young, M.W. (1984). Restoration of circadian behavioural rhythms by gene transfer in Drosophila. *Nature* 312, 752 – 754.

· Hardin, P.E., Hall, J.C., and Rosbash, M. (1990). Feedback of the Drosophila period gene product on circadian cycling of its messenger RNA levels. *Nature* 343, 536 – 540.

· Liu, X., Zwiebel, L.J., Hinton, D., Benzer, S., Hall, J.C., and Rosbash, M. (1992). The period gene encodes a predominantly nuclear protein in adult Drosophila. *J Neurosci* 12, 2735 – 2744.

· Vosshall, L.B., Price, J.L., Sehgal, A., Saez, L., and Young, M.W. (1994). Block in nuclear localization of period protein by a second clock mutation, timeless. *Science* 263, 1606 – 1609.

· Vitaterna MH, King DP, Chang AM, Kornhauser JM, Lowrey PL, McDonald JD, Dove WF, Pinto LH, Turek FW, Takahashi JS (1994). Mutagenesis and mapping of a mouse gene, Clock, essential for circadian behavior. *Science* 264 (5159): 719 – 25.

· Dunlap JC (1999). Molecular bases for circadian clocks. *Cell.* 96 (2): 271 – 90

· King DP, Zhao Y, Sangoram AM, et al. (1997). Positional cloning of the mouse circadian clock gene. *Cell* 89 (4): 641 – 653.

· Elizabeth P. Derryberry, Jennifer N. phillips, Graham E. Ferryberry, et al. (2020). Singing in a silent spring: Birds respond to a half-century soundscape reversion during the COVID-19 shutdown. *Science* 370(6516):575-579.

아주 긴밀한 연결

· Bradley M. Coloquitt, Devin P. Merullo, Genevieve Konopka, et al. (2021). Cellular transcriptomics reveals evolutionary identities of songbird vocal circuits. *Science* 371(6530):eabd9704.

· Genevieve Konopka, Todd F. Roberts. (2016). Insights into the Neural and Genetic Basis of Vocal Communication. *Cell* 164(6):1269-1276.

· C. B. Cunningham, N. Schilling, C. Anders, D. R. Carrier, The influence of foot posture on the cost of transport in humans. *J. Exp. Biol* 213(5):790-7.

· Teruo Hasimoto, Kenichi Ueno, Akitoshi Ogawa, et al. (2013). Hand before foot? Cortical somatotopy suggests manual dexterity is primitive and evolved independently of bipedalism. *Philos. Trans. R. Soc. Lond. B. Biol. Sci.* 368(1630):20120417.

· 정용, 정재승, 김대수(2014), 《1.4 킬로그램의 우주, 뇌》사이언스북스.

· 김우재(2020), 《선택된 자연》김영사.

· 칼 세이건(2010), 《코스모스》홍승수 옮김, 사이언스북스.

· 강문일 외(2013), 《생물학 명강1》한국분자세포생물학회 편집, 해나무.

· 에르빈 슈뢰딩거(2021), 《생명이란 무엇인가: 물리학자의 관점에서 본 생명현상》한울.

· 리처드 도킨스(2007), 《만들어진 신: 신은 과연 인간을 창조했는가?》이한음 옮김, 김영사.

· 리처드 도킨스(2018), 《이기적 유전자》(40주년기념판) 홍영남, 이상임 옮김, 을유문화사.

· 리처드 프럼(2019), 《아름다움의 진화》양병찬 옮김, 동아시아.

· 니콜라스 B. 데이비스, 존 R. 크렙스, 스튜어트 A. 웨스트(2014), 《행동생태학》김창회, 김화정, 장병순, 이진원, 남기백, 이윤경 옮김, 자연과생태.

아주 긴밀한 연결

유전자에서 행동까지 이어지는 뇌의 비밀

1판 1쇄 펴냄 | 2022년 1월 14일

지은이 | 곽민준
발행인 | 김병준
편 집 | 박강민
디자인 | 최초아
마케팅 | 정현우·차현지
발행처 | 생각의힘

등록 | 2011. 10. 27. 제406-2011-000127호
주소 | 서울시 마포구 독막로6길 11, 우대빌딩 2, 3층
전화 | 02-6925-4184(편집), 02-6925-4188(영업)
팩스 | 02-6925-4182
전자우편 | tpbook1@tpbook.co.kr
홈페이지 | www.tpbook.co.kr

ISBN 979-11-90955-49-2 (93470)